Ranqi-Zhengqi Lianhe Xunhuan Jizu Yunxing Yu Jianxiu · Fuji Fence

燃气-蒸汽联合循环机组运行与检修 辅机分册

深圳市广前电力有限公司 编

華南理工大學出版社
SOUTH CHINA UNIVERSITY OF TECHNOLOGY PRESS
·广州·

内容提要

本书是“燃气－蒸汽联合循环机组运行与检修”系列丛书之辅机分册，以 MPCP1－M701F3 型燃气－蒸汽联合循环发电机组为例，结合实际运维经验，介绍了燃气－蒸汽联合循环发电机组相关辅助系统的系统流程、主要设备、运行维护、异常处理及优化改造。本书共二十二章，分别介绍泵与风机的工作原理与性能特点、天然气调压站系统、燃气供应系统、燃气轮机风烟系统、压气机水洗系统、燃气轮机罩壳通风及二氧化碳灭火系统、主蒸汽系统、辅助蒸汽系统、轴封系统、凝结水系统、给水系统、炉水再循环系统、凝汽器真空系统、控制油系统、润滑油系统、密封油系统、顶轴油系统、盘车系统、发电机氢气系统、循环水系统、工业水系统、压缩空气系统等辅助系统。

本书适合从事大型燃气轮机及其联合循环电厂调试、运行、维护的技术人员和管理人员使用，可作为运行人员及相关生产人员的培训教材，也可供能源与动力工程类专业师生参考。

图书在版编目(CIP)数据

燃气－蒸汽联合循环机组运行与检修·辅机分册/深圳市广前电力有限公司编．—广州：华南理工大学出版社，2019.4

ISBN 978－7－5623－5595－3

Ⅰ.①燃…　Ⅱ.①深…　Ⅲ.①燃气－蒸汽联合循环发电－发电机组－电力系统运行②燃气－蒸汽联合循环发电－发电机组－电力系统－检修　Ⅳ.①TM611.31

中国版本图书馆 CIP 数据核字(2018)第 063973 号

燃气－蒸汽联合循环机组运行与检修·辅机分册

深圳市广前电力有限公司　编

出 版 人：卢家明

出版发行：华南理工大学出版社

（广州五山华南理工大学 17 号楼，邮编 510640）

http://www.scutpress.com.cn　E-mail:scutc13@scut.edu.cn

营销部电话：020－87113487　87111048（传真）

策划编辑：王　磊　陈　尤

责任编辑：谢茉莉

印 刷 者：广州市人杰彩印厂

开　　本：787mm×960mm　1/16　**印张**：15.5　**字数**：397 千

版　　次：2019 年 4 月第 1 版　2019 年 4 月第 1 次印刷

定　　价：48.00 元

燃气－蒸汽联合循环机组运行与检修

编委会及编写人员名单

编委会

主　　任：陈创庭

副 主 任：马晓茜　郭棋霖　叶善佩　邓旭东　黄山鹤

委　　员：廖艳芬　唐　强　李锦峰　吴海滨　谢　谦　孙承志

主机分册

主　　编：金晓刚

副 主 编：杨　承

编写人员：邹　虎　黄　杰　周见广

辅机分册

主　　编：周见广

副 主 编：廖艳芬　白斌杰

编写人员：何帝文　陈志伟　张应淳　耿洪涛　张俊伟　吴　磊
　　　　　杨如炜　李佳霖

电气分册

主　　编：郑江森

副 主 编：余昭胜　罗德庭　潘润洪

编写人员：钟伟权　彭　涌　徐权章　余　芳　史珂考　张　亮

热控分册

主　　编：赖伟彬

副 主 编：唐玉婷

编写人员：王永健

前　言

深圳市广前电力有限公司深圳前湾燃机电厂是广东省LNG配套项目，一期工程建设3台390MW燃气轮机－蒸汽轮机联合循环发电机组，于2006年12月至2007年3月投产。为适应燃气轮机及其燃气－蒸汽联合循环电厂运营发展的需要，提高电厂人员技术水平，特编写《燃气－蒸汽联合循环机组运行与检修》系列丛书。

辅机分册以MPCP1－M701F3燃气－蒸汽联合循环发电机组为例，结合实际运维经验，介绍了相关辅助系统的系统流程、主要设备、运行维护、异常处理及优化改造。本书适合从事大型燃气轮机及其联合循环电厂调试、运行、维护的技术人员、管理人员使用，可作为运行人员及相关生产人员的培训教材，也可供高等院校能源与动力工程类专业师生参考。

本书除了在教材后列出的参考文献外，在编写过程中亦参阅了大量的其他文献资料（包括教材、论著、手册等）及厂家设备资料，未能一一列出，借此谨向这些著作和文献资料的原作者致以诚挚谢意！

限于编者水平，书中难免疏漏，恳请广大读者批评指正。

深圳市广前电力有限公司

2018年10月

目录
CONTENTS

第一章

泵与风机

一、概述

在燃气－蒸汽联合循环机组中，需要很多泵与风机配合燃气轮机、余热锅炉、汽轮机、发电机的工作，整个机组正常运行发电。在机组中不同系统配置的泵与风机所担负的作用各不相同，因此，其结构和性能也有所不同。如余热锅炉给水泵的主要作用是提高给水的压力为余热锅炉提供给水，需要扬程高、流量大的泵，常采用多级高压离心泵。循环水泵作用是向汽轮机凝汽器、水－水交换器提供冷却水，需要扬程低、流量大的泵，常采用斜流式泵或轴流式泵或作为循环水泵。此外，在燃气－蒸汽联合循环机组的凝结水系统、控制油系统、润滑油系统、顶轴油系统、轴封系统、压缩空气系统等大多辅助系统均使用了泵与风机。

二、泵与风机的分类及其工作原理

（一）泵与风机的分类

泵与风机用途广、类型多，常见的分类方法是按泵与风机产生的压力大小分类，或者是按其工作原理分类。

1. 按产生压力的大小分类

如图1－1所示，传统的泵按产生压力的大小可分为低压泵、中压泵和高压泵。低压泵压力低于2MPa，中压泵压力在2～6MPa，而高压泵产生的压力超出6MPa。风机按产生全压大小可分为通风机、鼓风机和压气机。低于15kPa的属于通风机，常见的有轴流式通风机和离心式通风机。低压轴流通风机产生全压低于0.5kPa，高压轴流通风机全压为0.5～15kPa。低压离心通风机产生的全压小于1kPa，中压离心通风机在1～3kPa，高压离

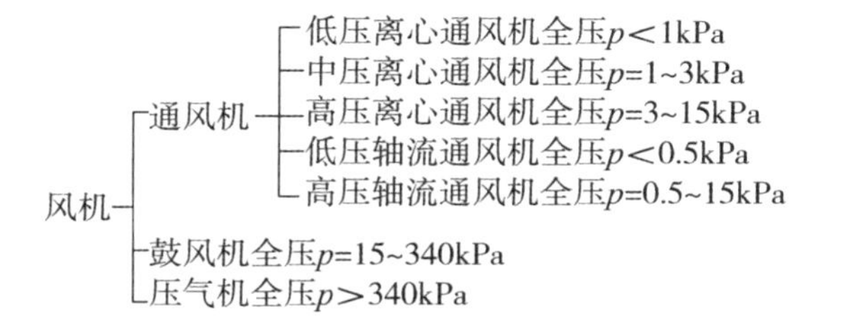

图1－1　泵与风机按产生压力分类

心通风机全压为 3 ~ 15kPa。全压在 15 ~ 340kPa 的属于鼓风机，大于 340kPa 的是压气机。

2. 按工作原理分类

如图 1 - 2 所示，泵与风机工作原理相似。以泵为例，泵按工作原理分类可分为叶片式、容积式和其他类型泵。叶片式泵常见的有离心式、轴流式、斜流式以及旋涡式，类型较多。容积式泵可分为往复式和回转式泵。真空泵、喷射泵和水击泵等是其他类型泵。

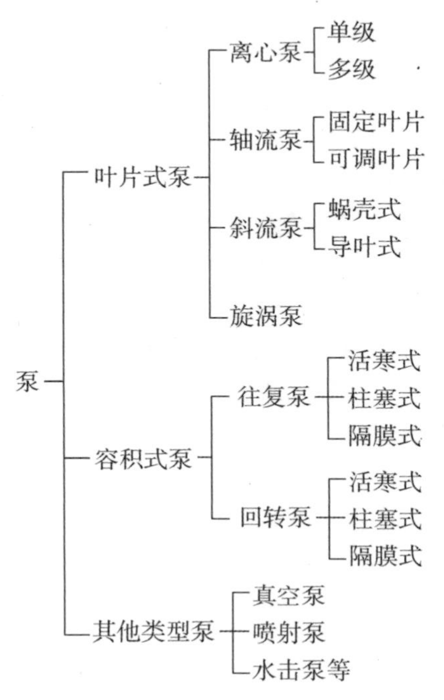

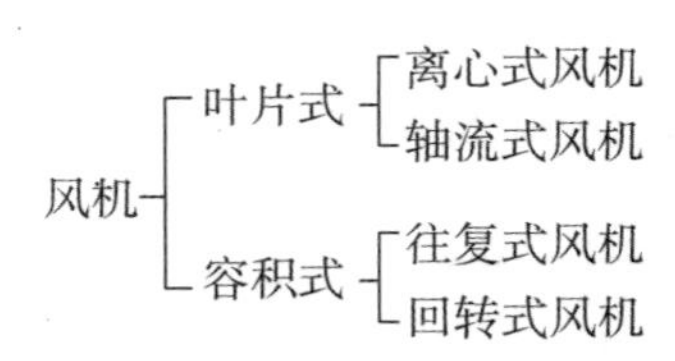

图 1 - 2　泵与风机按工作原理分类

(二) 泵与风机的工作原理

泵与风机在电厂设备中使用广泛，常见的工作原理有以下几种。

1. 离心式泵与风机工作原理

离心式泵与风机工作时，叶轮带动流体一起旋转，流体在惯性离心力的作用下形成压出过程，导致泵内形成负压，从而形成吸入过程，流体不断地被压出和吸入，形成了泵与风机的连续工作，如图 1 - 3 所示。

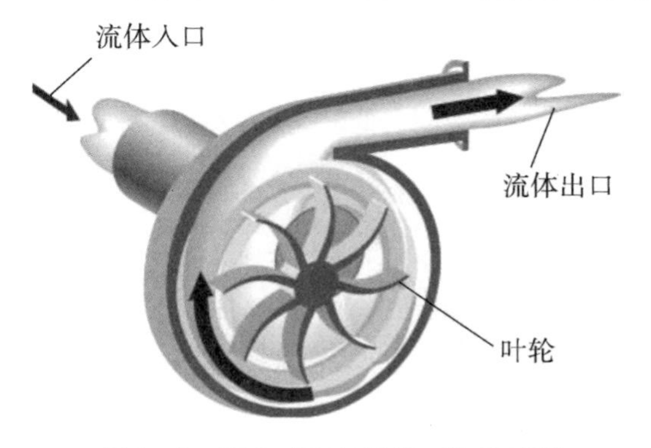

图 1 - 3　离心式泵与风机工作示意图

2. 轴流式泵与风机工作原理

轴流式泵结构如图 1 - 4 所示。当电动机带动叶轮高速旋转运动时，由于叶片对流体的推力作用，迫使自吸入管吸入机壳的流体产生回转上升运动，从而使流体的压强及流速增高。增速增压后的流体经固定在机壳上的导叶作用，使流体的旋转运动变为轴向运动，把旋转的动能变为压力能而自压出管流出。轴流式泵与风机与离心式相比，其流量大但压力小，适用于大流量低扬程的场合。

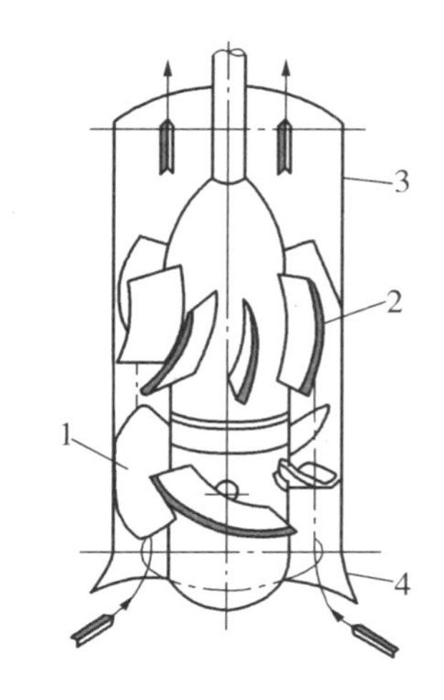

图 1－4　轴流式泵结构示意图

1—叶轮；2—导叶；3—泵壳；4—吸入室

3. 混流式泵与风机的工作原理

混流式泵如图 1－5 所示。与离心式相比，混流式泵与风机流量较大、能头较低，但和轴流式相比，混流式泵与风机流量较小、能头较高。总之，从性能上看，它是介于离心式和轴流式之间的一种泵与风机，其叶轮形状和工作原理也都具有两者的特点。

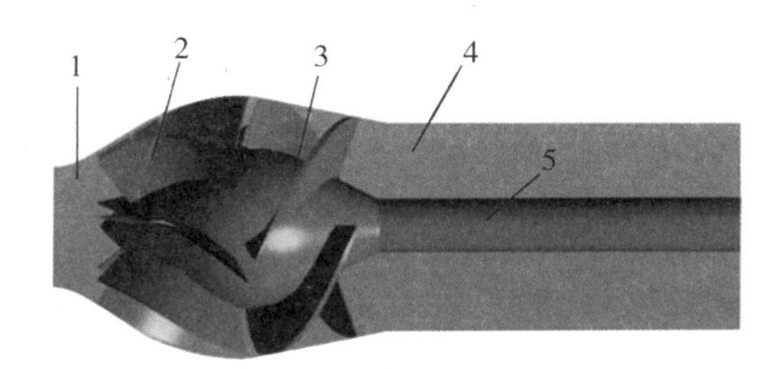

图 1－5　混流式泵示意图

1—喷口；2—整流器；3—叶轮；4—进水管；5—轴

4. 往复式泵与风机工作原理

以活塞泵为例，如图 1－6 所示，活塞泵主要由活塞在泵缸内做往复运动来吸入和排出液体。当活塞自上端位置向下移动时，工作室的容积逐渐扩大，室内压力降低，流体顶开吸水阀，进入活塞所让出的空间，直至活塞移动到极下端为止，此过程为泵的吸水过程。当活塞从下端开始向下端移动时，充满泵的流体受挤压，将吸水阀关闭，并打开压水阀而排出，此过程称为泵的压水过程。活塞不断往复运动，泵的吸水与压水过程就连续不断地交替进行。此泵工作原理实际上是与制冷系统的压缩机一样的。此泵适用于小流量、高压力的场合，在大型制冷机组中应用较多。

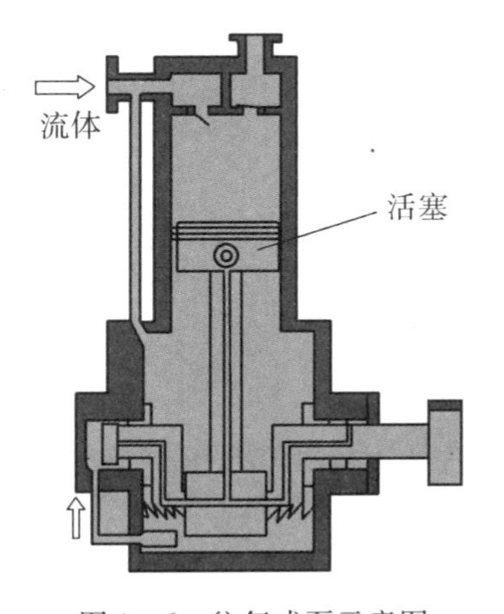

图 1－6　往复式泵示意图

5. 水环式真空泵工作原理

真空式气力输送系统中，要利用真空泵在管路中保持一定的真空度，吸升式吸入管段的大型泵装置中，在启动时也常用真空泵抽气充水。常用的真空泵是水环式真空泵。水环式真空泵实际上是一种压气机，它抽取容器中的气体将其加压到高于大气压，从而能够克服排气阻力将气体排入大气。

水环式真空泵的叶轮偏心地装在圆柱形泵壳内，如图1－7所示。泵内注入一定量的水，叶轮旋转时，将水甩至泵壳形成一个水环，环的内表面与叶轮轮毂相切。由于泵壳与叶轮不同心，右半轮毂与水环间的进气空间逐渐扩大，从而形成真空，使气体经吸气管进入泵内吸气空间。随后气体进入左半部，由于毂环之间容积被逐渐压缩而增大了压强，于是气体经排气空间及排气口被排至泵外。真空泵在工作时应不断补充水，用来保证形成水环和带走摩擦引起的热量。

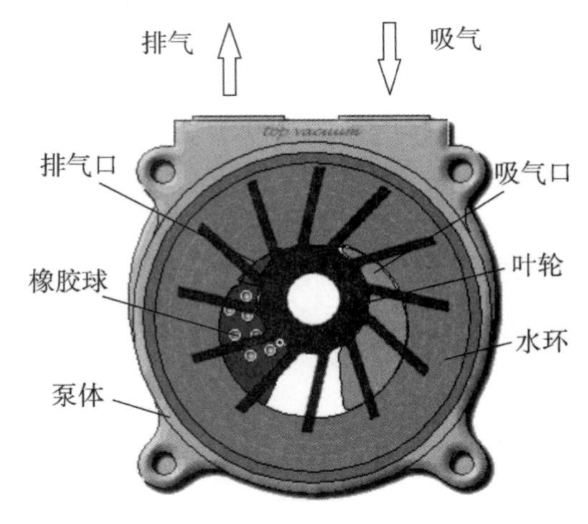

图1－7　水环式真空泵示意图

6. 齿轮泵工作原理

齿轮泵具有一对互相啮合的齿轮，通常用作供油系统的动力泵。如图1－8所示，齿轮(主动轮)固定在主动轴上，轴的一端伸出壳外由原动机驱动，另一个齿轮(从动轮)装在另一个轴上，齿轮旋转时，液体沿吸油管进入到吸入空间，沿上下壳壁被两个齿轮分别挤压到排出空间汇合(齿与齿啮合前)，然后进入压油管排出。

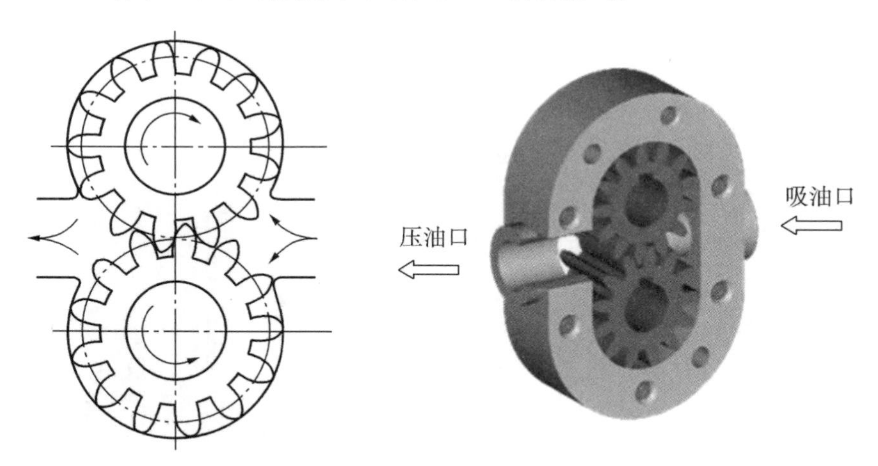

图1－8　齿轮泵示意图

7. 喷射泵工作原理

工业用的喷射泵，又称射流泵和喷射器，是利用高压工作流体的喷射作用来输送流体的泵，由喷嘴、混合室和扩散室等构成，如图1－9所示。为使操作平稳，在喉管处设置一真空室(也称吸入室)；为了使两种流体能够充分混合，在真空室后面有一混合室。操作时，工作流体以很高的速度由喷嘴喷出，在真空室形成低压，使被输送液体吸入真空室，然后进入混合室。在混合室中高能量的工作流体和低能量的被输送液体充分混合，使能量相互交换，速度也逐渐一致，从喉管进入扩散室，速度放慢，静压力回升，达到输送液体的目的。

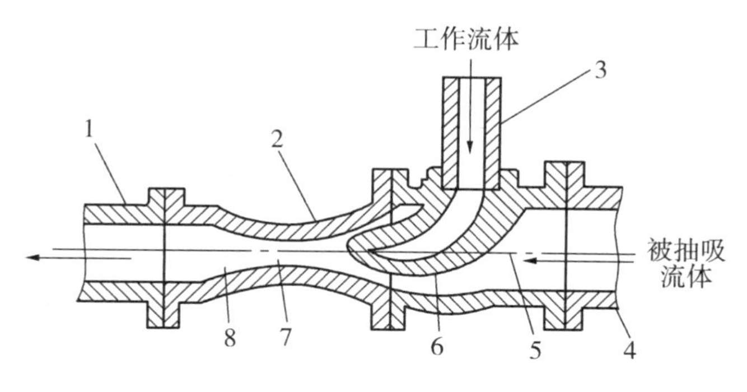

图 1－9　喷射泵示意图

1—排出管；2—混合室；3—工作流体通入管道；4—吸入管；
5—吸入室；6—喷嘴；7—喉管；8—扩散室

8. 罗茨风机的工作原理

罗茨风机是一种定排量回转式风机，如图 1－10 所示，它靠安装在平行轴上的两个“8”字形的转子对气体的作用而抽送气体。转子由装在轴末端的一对齿轮带动反向旋转。当转子旋转时，空腔从进风管吸入气体，在空腔的气体被逐出风管，而空腔内的气体则被围困在转子与机壳之间随着转子的旋转向出风管移动。当气体排到出风管内时，压力突然增高，增加的大小取决于出风管的阻力的情况。只要转子在转动，总有一定体积的气体排到出风口，也有一定体积的气体被吸入。罗茨风机常作为流态化输送的设备，在火力发电厂中也可应用于输送炉灰。

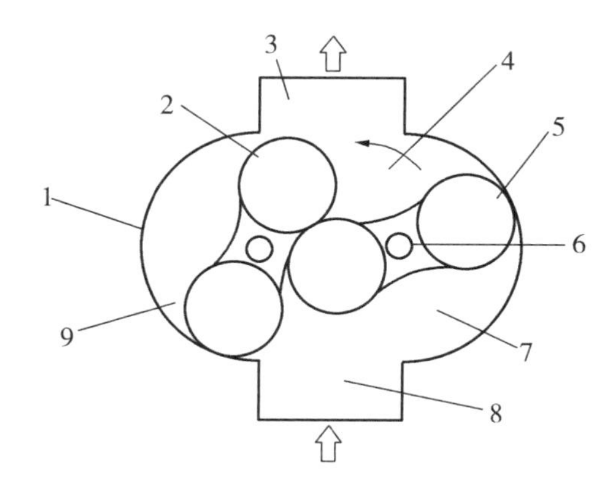

图 1－10　罗茨风机示意图

1—机壳；2、5—转子；3—出风管；4、7、9—空腔；
6—平行轴；8—进风管

三、泵与风机的结构

(一)离心式泵与风机的结构

离心式泵与风机的结构如图 1-11 和图 1-12 所示。其中离心式泵的主要部件有叶轮、转轴、压出室、吸入室以及密封装置等，离心式风机的主要部件有叶轮、转轴、机壳、吸入口与进气箱等。

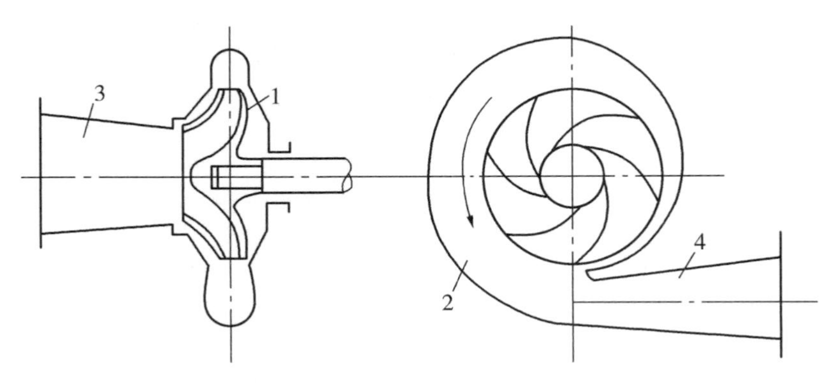

图 1-11　离心式泵示意图

1—叶轮；2—压出室；3—吸入室；4—扩散管

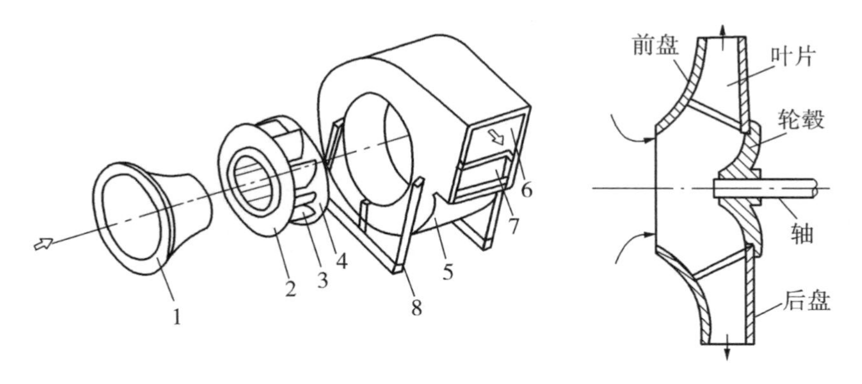

图 1-12　离心式风机主要结构分解示意图

1—吸入口；2—叶轮前盘；3—叶片；4—叶轮后盘；
5—机壳；6—出口；7—节流板(即风舌)；8—支架

1. 叶轮

在离心式泵中，叶轮是将原动机输入的机械能传递给液体，提高液体能量的核心部件。叶轮的形式如图 1-13 所示。

离心式风机叶轮的构造由前盘、后盘、叶片、轮毂和轴组成(图 1-14)。叶片可分为前向、径向和后向三种类型。

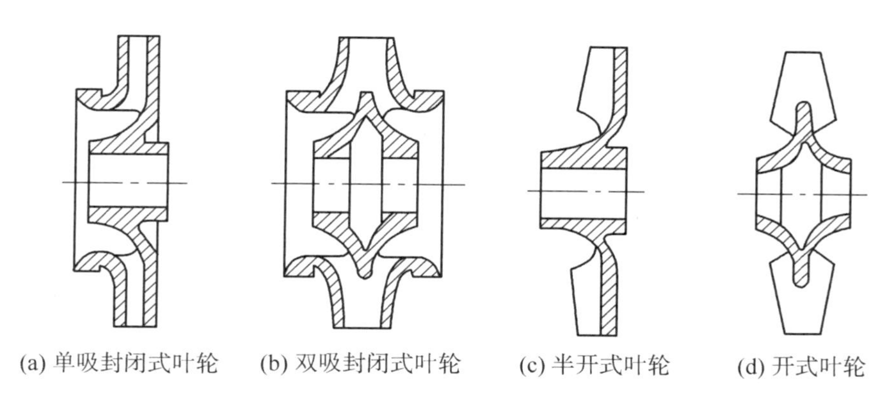

图 1－13 叶轮的形式

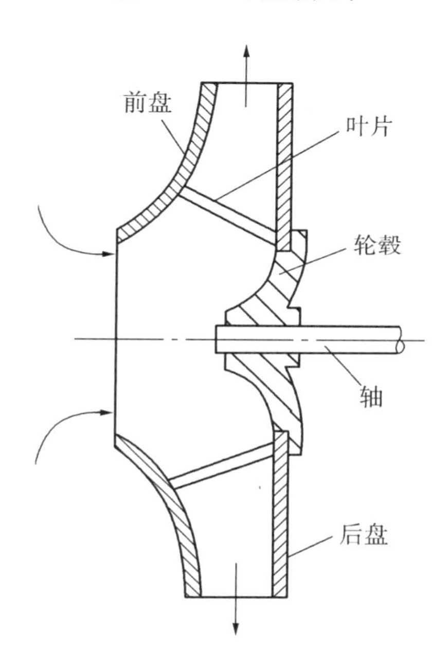

图 1－14 叶轮结构

2. 转轴

泵(风机)轴用于带动叶轮旋转。泵(风机)轴作为重要的传动部件，应有足够的抗扭强度和足够的刚度，挠度不可超过限定值。

3. 压出室

压出室是指叶轮出口到泵出口法兰的过流部分。其作用是收集从叶轮流出的高速液体，并将液体的大部分动能转换为压力能，然后引入压水管。压出室按结构分为螺旋形压出室、环形压出室和导叶式压出室。螺旋形压出室结构如图 1－15 所示。

图 1－15 螺旋形压出室结构

4. 吸入室

吸入室是指离心泵吸入管法兰至叶轮进口前的空间过流部分。其作用是在最小水力损失的情况下，引导液体平稳地进入叶轮，并使叶轮进口处的流速尽可能均匀地分布。吸入室结构如图 1－16 所示。

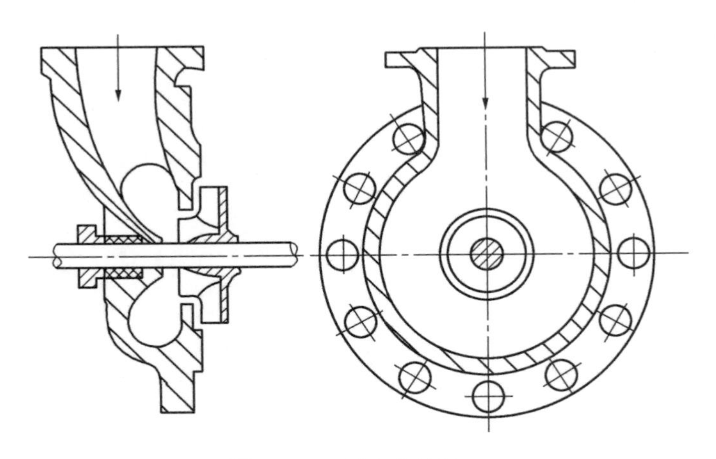

图 1－16　吸入室结构

5. 密封装置

密封装置用于防止泵内流体压力增加时向外泄漏，同时当入口为真空时，也可防止空气漏入泵内。密封装置有很多种类型，包括填料密封、机械密封、迷宫式密封和浮动环密封，用得最多的是填料式密封和机械式密封。带水封的填料密封装置结构如图 1－17 所示。

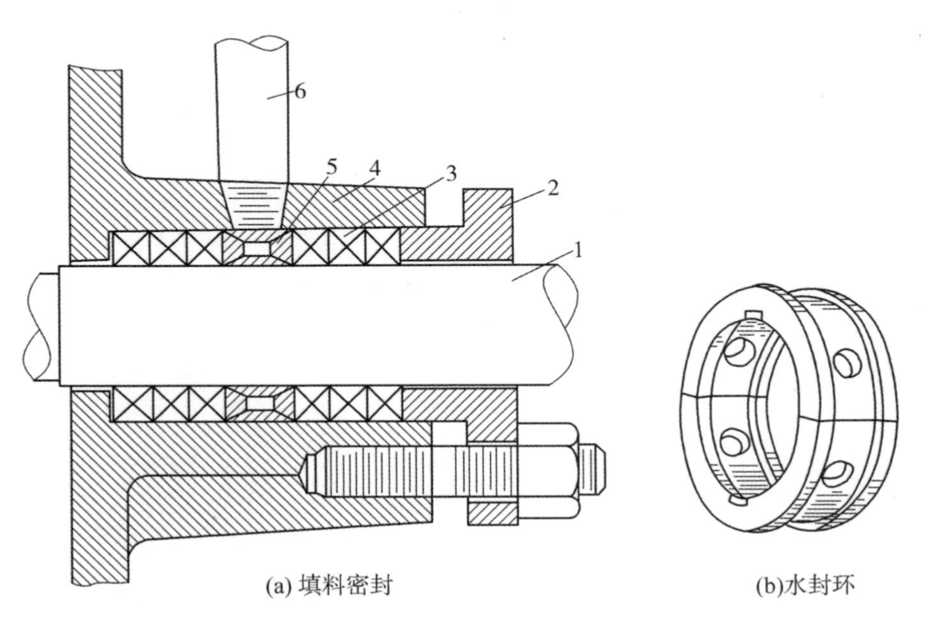

(a) 填料密封　　(b)水封环

图 1－17　带水封的填料密封装置

1—轴；2—压盖；3—填料；4—填料箱；5—水封环；6—经水管

填料密封是将一些松软的填料用一定压力压紧在轴上以达到密封目的。填料在使用一段时间后会损坏，所以需要定期检查和置换。这种密封形式使用中有小的泄漏是正常且有益的。而机械密封装置有一个静态、一个旋转两个硬质且光滑的表面，这种密封装置可以达到很好的密封要求，但他们不能用于含杂质的流体输送系统，因为其光滑表面会被破坏而失去密封作用。这种密封装置在液体循环系统中非常普遍，因为它可以运行很多年而不需要维护。

6. 导叶

导叶又称导流器、导轮，分径向式导叶和流道式导叶两种，应用于节段式多级泵上做导水机构。

径向式导叶如图 1－18 所示，它由螺旋线、扩散管、过渡区（环状空间）和反导叶（向心的环列叶栅）组成。螺旋线和扩散管部分称正导叶，液体从叶轮中流出，由螺旋线部分收集起来，而扩散管将大部分动能转换为压能，进入过渡区，起改变流动方向的作用，再流入反导叶，消除速度环量，并把液体引向次级叶轮的进口。由此可见，导叶兼有吸入室和压出室的作用。

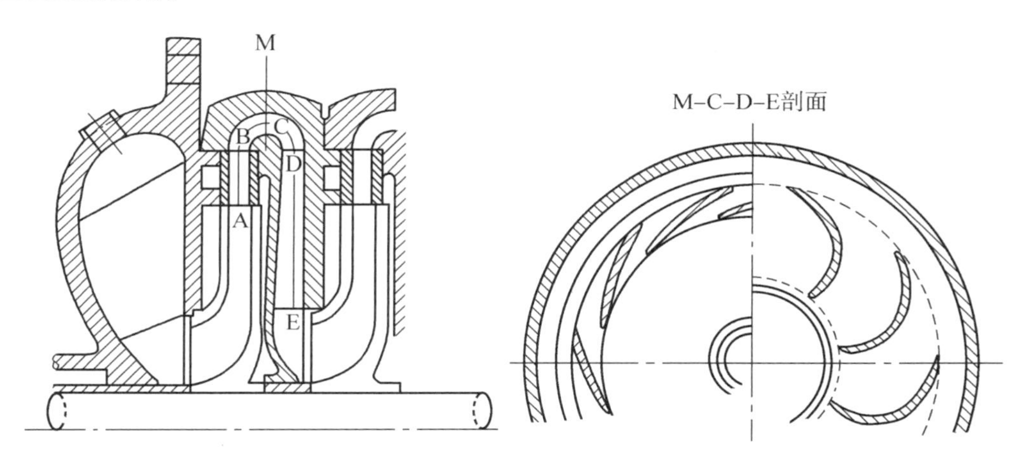

图 1－18 径向式导叶

7. 蜗壳

中压与低压离心式风机的蜗壳一般是阿基米德螺线状的，它的作用是收集来自叶轮的气体，并将部分动压转换为静压，最后将气体导向出口。

蜗壳的出口方向一般是固定的，但新型风机的蜗壳能在一定的范围内转动，以适应用户对不同出口方向的需要。

8. 吸入口与进气箱

吸入口可分圆筒式、锥筒式和曲线式数种（图 1－19）。吸入口有集气的作用，可以直接在大气中采气，使气流以损失最小的方式均匀流入机内。某些风机的吸入口与吸气管道用法兰直接连接。

进气箱的作用是当进风口需要转弯时才采用的，用以改善进口气流流动状况，减少因气流不均匀进入叶轮而产生的流动损失。进气箱一般用在大型或双吸入的风机上。

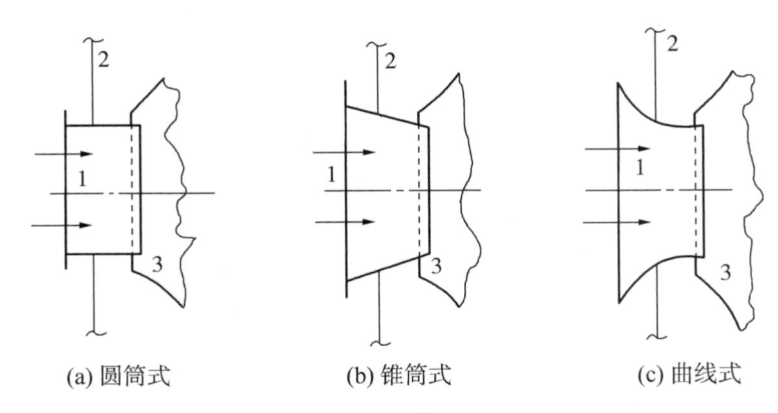

图 1－19 离心式风机的吸入口

1—吸入口；2—机壳；3—叶轮

(二)轴流式泵与风机的结构

轴流式泵的结构如图 1－4 所示，主要部件有叶轮、导叶、吸入室、泵壳等。轴流泵的特点是流量大、扬程低。

1. 叶轮

叶轮的作用与离心泵一样，将原动机的机械能转变为流体的压力能和动能。它由叶片、轮毂和动叶调节机构等组成。叶片多为机翼型，一般为 4～6 片。轮毂用来安装叶片和叶片调节机构。轮毂有圆锥形、圆柱形和球形三种。叶轮由固定叶片、半调节叶轮及全调节叶轮三种。大型轴流式泵为提高运行效率，一般采用全调节叶片。

2. 导叶

轴流泵的导叶一般装在叶轮出口侧。导叶的作用是将流出叶轮的水流的旋转运动转变为轴向运动，同时将部分动能转变为压能。

3. 吸入室

吸入室装在叶轮进口，其作用与离心式相同，中小型轴流式泵多采用喇叭管形吸入室，大型轴流泵多采用肘形吸入室。

轴流式风机的结构如图 1－20 所示，其主要部件跟轴流式泵基本相同，其主要区别在于在导叶出口布置有扩压筒，用于将导叶流出气流的动能部分转化为压力能。

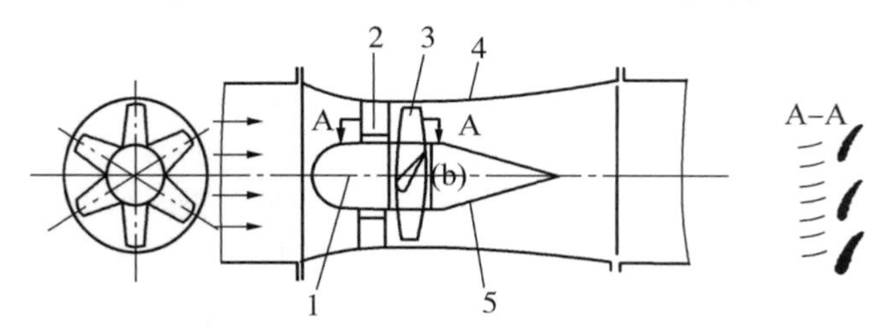

图 1－20 轴流式风机示意图

1—整流罩；2—前导叶；3—叶轮；4—扩散筒；5—整流体

四、泵与风机的性能

(一)泵与风机的主要性能参数

泵与风机的主要性能参数包括流量、扬程(全压)、功率、损失与效率、转速以及汽蚀余量。对于泵来说，由于其工作过程可能存在汽蚀现象，因此还有泵的相关汽蚀性能参数，这些参数之间往往具有一定的联系，而反映这些性能参数间变化关系的曲线即性能曲线，对泵与风机的正常工作、经济运行有着十分重要的意义。

1. 流量

流量是指泵与风机在单位时间内所输送的流体数量，可用体积流量 q_V 或者质量流量 q_m 表示。对于密度不变或可用定值表示的流体，其质量流量 q_m 与体积流量 q_V 的关系可用式(1-1)表示。

$$q_m = \rho q_V \tag{1-1}$$

式(1-1)中，q_V——体积流量，单位 m^3/s；ρ——流体的密度，单位 kg/m^3；q_m——质量流量，单位 kg/s。

2. 扬程(全压)

扬程是指单位质量液体在泵内所获得的能量，也称泵的能头，一般用 H 表示。扬程可表示为两处流体的水头之差，水头一般用 E 表示，其值为压力水头、速度水头和位置水头之和。两者的计算公式为

$$E = \frac{P}{\rho g} + \frac{v^2}{2g} + z \tag{1-2}$$

式(1-2)中，P——流体压力，单位 Pa；v——流体速度，单位 m/s；z——流体所处位置高度，单位 m。

$$H = E_2 - E_1 = \left(\frac{P_2}{\rho g} + \frac{v_2^2}{2g} + z_2\right) - \left(\frac{P_1}{\rho g} + \frac{v_1^2}{2g} + z_1\right) \tag{1-3}$$

全压等于静压 p_{st} 和动压 $\frac{\rho v^2}{2}$ 之和，是指单位体积的气体在风机内所获得的能量，也称风机的能头，一般用符号 p 表示，其计算公式为

$$p = p_{st} + \frac{\rho v^2}{2} \tag{1-4}$$

式(1-4)中，p_{st}——流体静压，单位 Pa。

3. 功率

有效功率 P_e 是指流体通过泵与风机得到的有效的功率，即泵或风机的输出功率，对于泵而言，其计算公式为

$$P_e = \frac{\rho g q_V H}{1000}(\mathrm{kW}) \tag{1-5}$$

对于风机而言，其计算公式为

$$P_e = \frac{q_V p}{1000}(\text{kW}) \tag{1-6}$$

式(1-5)、式(1-6)中，q_V——体积流量，单位 m^3/s；ρ——流体的密度，单位 kg/m^3；H——扬程，单位 m；p——全压，单位 Pa。

轴功率 P 是指从原动机获得的传到泵与风机的轴端上的功率，泵的轴功率计算公式为

$$P = \frac{P_e}{\eta} = \frac{\rho g q_V H}{1000\eta}(\text{kW}) \tag{1-7}$$

对于风机则为

$$P = \frac{P_e}{\eta} = \frac{q_V p}{1000\eta}(\text{kW}) \tag{1-8}$$

式(1-7)、式(1-8)中，η——泵或风机总效率。

由于在泵与风机轴端向流体的能量流动过程中存在各种损失，所以轴功率总是大于有效功率。原动机功率 P_g 是指原动机的输出功率，对于泵，其计算公式为

$$P_g = \frac{P}{\eta_{tm}} = \frac{\rho g q_V H}{1000\eta\eta_{tm}}(\text{kW}) \tag{1-9}$$

对于风机，计算公式为

$$P_g = \frac{P}{\eta_{tm}} = \frac{q_V p}{1000\eta\eta_{tm}}(\text{kW}) \tag{1-10}$$

对泵而言，原动机输入功率计算公式为

$$P_{g,in} = \frac{P}{\eta_{tm}\eta_g} = \frac{\rho g q_V H}{1000\eta\eta_{tm}\eta_g}(\text{kW}) \tag{1-11}$$

对风机而言，原动机输入功率计算公式为

$$P_{g,in} = \frac{P}{\eta_{tm}\eta_g} = \frac{q_V p}{1000\eta\eta_{tm}\eta_g}(\text{kW}) \tag{1-12}$$

式(1-9)～(1-12)中，η_{tm}——传动效率，η_g—原动机效率。

由于可能出现过载情况，选择原动机时应有一定的功率富余量，当原动机为电动机时，即在原动机输入功率的基础上乘以容量富裕系数 K。常见的富裕系数选择如表1-1所示。

表1-1　电动机功率与容量富裕系数

电动机功率(kW)	电动机容量的富裕系数 K
<0.5	1.5
>0.5～1	1.4
>1～2	1.3
>2～5	1.2
>5	1.15
>50	1.08

注：电厂中泵与风机所选用的电动机功率均远大于5kW，为保险计，其 K 值可选用1.15。

4. 损失与效率

泵与风机在工作时会产生机械损失、容积损失和流动损失，这些损失的大小分别用机械效率、容积效率和流动效率来衡量。

机械损失 ΔP_m 是指泵与风机在机械运动的过程中克服摩擦所造成的那部分能量损失。机械损失的大小用机械效率 η_m 来衡量。

容积损失 ΔP_v 由旋转与静止的部件之间不可避免地有间隙存在，高压区的流体会通过间隙流入低压区。从高压区流入低压区的这部分流体，虽然在叶轮中获得了能量，但却消耗在流动的阻力上所造成的能量损失。容积损失的大小用容积效率 η_v 来衡量。

流动损失 ΔP_h 是指流体从泵或风机进口流至出口的过程中，会遇到许多流动阻力，产生机械能损失。流动损失的大小用流动效率 η_h 来衡量。

泵与风机的总效率 η 是指有效功率与轴功率之比，也是机械效率、容积效率和流动效率三者的乘积。总效率是衡量泵与风机经济性的重要技术指标。

风机的总效率又称全压效率。因为风机的动压在全压中占较大比例，故有静压效率，其计算公式如下：

$$\eta_{st} = \frac{q_V p_{st}}{1000P} \tag{1-13}$$

式(1－13)中，q_V——体积流量，单位 m^3/s；p_{st}——流体静压，单位 Pa；P——轴功率，单位 kW。

除此之外，还有全压内效率 η_i，其表示有效功率和内功率之比，风机的内功率是指气体从叶轮获得的功率和流动损失功率、圆盘摩擦损失功率和容积损失功率之和，其反映了叶轮的耗功，而没有计入机械损失中轴与轴承及轴端密封的摩擦损失功率，因此，风机的总效率和内效率的最大值不一定在同一个工况点。

5. 汽蚀余量

汽蚀余量是表示泵汽蚀性能的重要参数，用符号 NPSH(net positive suction head)表示，其又分为有效汽蚀余量 $NPSH_a$ 和必需汽蚀余量 $NPSH_r$。

有效汽蚀余量 $NPSH_a$ 是指按照吸入装置条件所确定的汽蚀余量，可以理解为有效汽蚀余量是吸入容器中液面上的压力水头在克服吸水管路装置中的流动损失，并把水位提到一定高度后，所剩余的超过气化压力水头的能量水头。因此，其与流量、流体温度、倒灌高度等参数有关。

必需汽蚀余量 $NPSH_r$ 是指泵本身的汽蚀性能所确定的汽蚀余量，因为液体从泵吸入口至叶轮进口有能量损失，因此在泵内的最低压力点为叶片进口边稍后的位置，必需汽蚀余量可以理解为在泵的吸入口处单位质量液体的能量水头对压力最低点的静压能水头的富裕能量水头。

如图 1－22 所示，有效汽蚀余量 $NPSH_a$ 随流量增加不断下降，必需汽蚀余量 $NPSH_r$ 随流量增加而上升，两者相交于 c 点，此时流量为临界流量 q_{Vc}。当必需汽蚀余量 $NPSH_r$ 大于有效汽蚀余量 $NPSH_a$ 时，泵入口部分的压降大于超过汽化压力所提供的富裕能量，泵内发生汽蚀，因此实际流量 q_V 高于临界流量 q_{Vc}时为汽蚀区。只有当有效汽蚀余量 $NPSH_a$ 大于必需汽蚀余量 $NPSH_r$ 时，有效汽蚀余量 $NPSH_a$ 所提供的富裕能量足够克服泵入口的压降，不会发生汽蚀，因此实际流量 q_V 小于临界流量 q_{Vc}时，为安全区。$NPSH_a$ 越大，表示泵抗汽蚀性能越好；$NPSH_a$ 越小，表示泵抗汽蚀性能越差。为保证泵不发生汽蚀，要确保泵在临界流量以下运行。

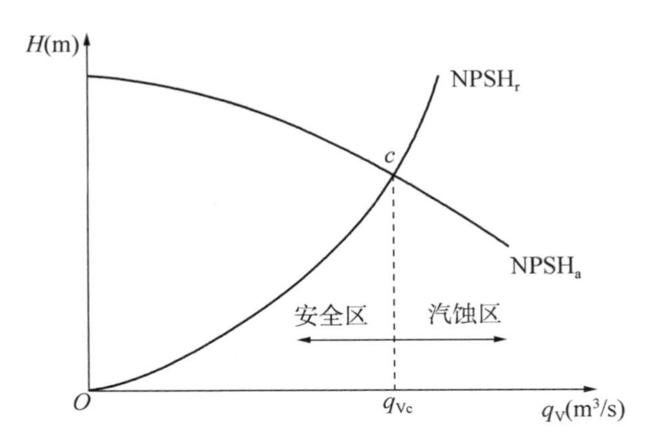

图 1-22　汽蚀余量与流量的变化关系

(二)离心式泵与风机的性能曲线

凡是将泵或风机主要参数间的相互关系用曲线来表达，即称为泵或风机的性能曲线。所以性能曲线是在一定的进口条件和转速时，泵或风机供给的扬程或全压、所需轴功率、具有的效率与流量之间的关系曲线。

1. 流量与扬程(q_V-H)性能曲线

流体的出口速度分布可用速度三角形表示。对于泵与风机，首先提出以下假设：①叶片数无限多而且无限薄，不考虑叶片所造成流体获能不均；②假设其中所用流体均为理想流体，叶轮的理想速度三角形如图 1-23 所示，其中 $v_{2\infty}$ 表示理想出口绝对速度，$v_{2m\infty}$ 和 $v_{2u\infty}$ 分别表示其在轴面分速度和圆周分速度，u_2 表示出口圆周速度，$w_{2\infty}$ 表示理想出口相对速度，$\alpha_{2\infty}$ 表示绝对速度 v 与圆周速度 u 的夹角(绝对速度角)，β_{2a}表示相对速度 w 与圆周速度 u 的夹角(流动角)。

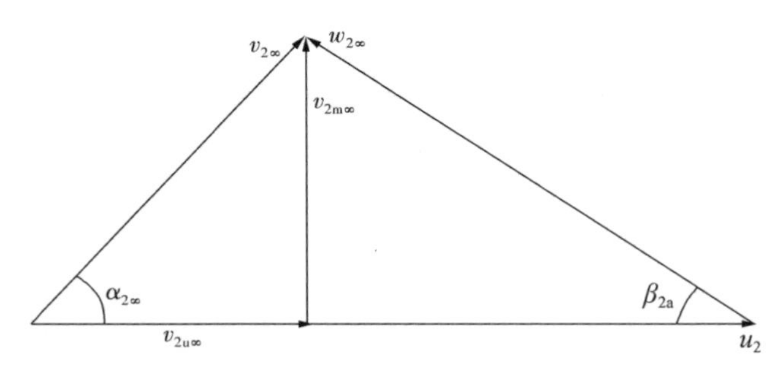

图 1-23　出口速度三角形

由速度三角形可得

$$v_{2u\infty} = u_2 - v_{2m\infty}\cot\beta_{2a} \qquad (1-14)$$

$$v_{2m\infty} = \frac{q_{VT}}{\pi D_2 b_2} \qquad (1-15)$$

式(1－15)中，q_{VT}——理想流量，单位 m^3/s；D_2——出口叶轮直径，单位 m；b_2——出口叶片宽度，单位 m。

由式(1－15)带入能量方程

$$H_{T\infty} = \frac{1}{g}(u_2 v_{2\infty} - u_1 v_{1\infty}) \qquad (1-16)$$

且由于流体径向流入叶轮，即 $\alpha_{1\infty=0}$，$v_{1m\infty=0}$，可得

$$H_{T\infty} = \frac{u_2^2}{g} - \frac{u_2 q_{VT}}{g\pi D_2 b_2}\cot\beta_{2a} \qquad (1-17)$$

假设有

$$A = \frac{u_2^2}{g};\quad B = \frac{u_2}{g\pi D_2 b_2}\cot\beta_{2a} \qquad (1-18)$$

则成为

$$H_{T\infty} = A - Bq_{VT} \qquad (1-19)$$

由式(1－17)～(1－19)可以看出，理论扬程 $H_{T\infty}$ 随着 q_{VT} 呈直线函数关系，且该直线方程的斜率由角 β_{2a} 所决定。因此，可以得出：

当 $\beta_{2a}<90°$ 时，即叶片为后弯式叶片，$\cot\beta_{2a}>0$，B 为正值，由式(1－19)可得；当 B 为正值时，$H_{T\infty}$ 随着 q_{VT} 的增加而减少，即方程为向下趋势的直线。

当 $\beta_{2a}=90°$ 时，即叶片为径向式叶片，$\cot\beta_{2a}=0$，$B=0$，则

$$H_{T\infty} = A = \frac{u_2^2}{g} \qquad (1-20)$$

直线方程为一条水平直线，表示 $H_{T\infty}$ 与 q_{VT} 的变化无关。

当 $\beta_{2a}>90°$ 时，即叶片为前弯式叶片，$\cot\beta_{2a}<0$，B 为负值，设 B 只取其数值，则

$$H_{T\infty} = A + Bq_{VT} \qquad (1-21)$$

$H_{T\infty}$ 随着 q_{VT} 的增加而增加，即方程为向上趋势的直线。

以上三者的理想性能曲线如图 1－24 所示，三者共同交纵坐标于 A，即

$$H_{T\infty} = A = \frac{u_2^2}{g} \qquad (1-23)$$

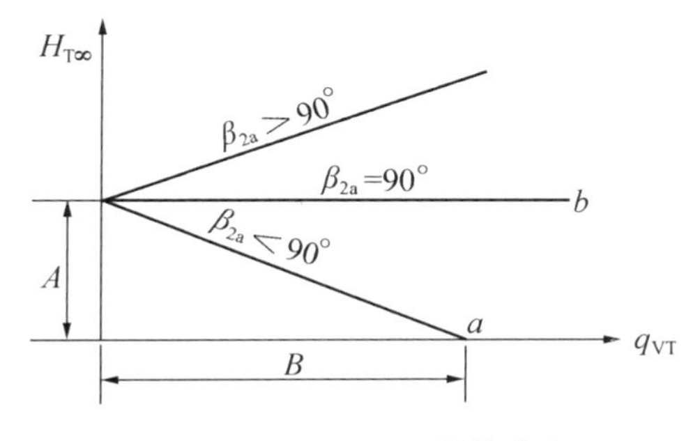

图 1－24　$q_{VT}-H_{T\infty}$ 性能曲线

以上的直线为理想状况的流量扬程性能曲线，由于考虑到有限叶片数和流体黏性的影响，需对上述曲线进行修正。

以后弯式叶片为例，分析实际因素对 $q_{VT}-H_{T\infty}$ 理想性能曲线的影响。

对于有限叶片的叶轮，其实际扬程 H_T 受轴向涡流影响而降低，对此进行修正

$$H_T = H_{T\infty}\frac{1}{1+p} = KH_{T\infty} \tag{1-24}$$

式中，K——环流系数，p——修正系数。

(1)环流系数 K 恒小于 1，且一般与流量无关，因此，实际的 $q_{VT}-H_T$ 性能曲线与 $q_{VT}-H_{T\infty}$ 趋势相同且位于其下方。

(2)考虑黏性流体时的修正流动损失，包括沿程摩擦阻力损失、局部阻力损失、冲击损失等。其中摩擦及局部损失随流量平方而增加，冲击损失在偏离设计工况下按抛物线增加。

(3)考虑容积损失的影响，需要在各点减去相应的泄漏量 q。

综合以上三点实际因素，得到流量与扬程的实际 $q_{VT}-H_T$ 性能曲线如图 1-25 所示。

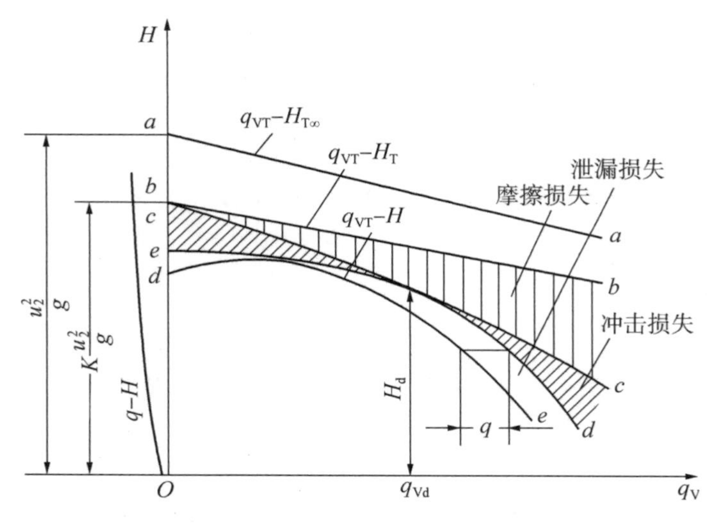

图 1-25　$q_{VT}-H_T$ 性能曲线

2. 流量与轴功率(q_V-P)性能曲线

流量与轴功率的性能曲线可以用于表示一定转速下泵与风机流量和轴功率之间的关系。轴功率与流动功率 P_h 和机械损失功率 ΔP_m 的关系为 $P=P_h+\Delta P_m$。

流动功率可用式(1-25)表达

$$P_h = \rho g q_{VT} H_T \tag{1-25}$$

由上一部分所述有

$$\begin{aligned} H_T &= KH_{T\infty} = K\frac{u_2}{g}(u_2 - v_{2m\infty}\cot\beta_{2a\infty}) \\ &= K\frac{u_2^2}{g} - K\frac{u_2\cot\beta_{2a\infty}}{g\pi D_2 b_2}q_{VT} = KA - KBq_{VT} \end{aligned} \tag{1-26}$$

令 $A'=KA$，$B'=KB$，则

$$P_h = \rho g K(Aq_{VT} - Bq_{VT}^2) = \rho g(A'q_{VT} - B'q_{VT}^2) \tag{1-27}$$

因此，可得流动功率与流量之间呈抛物线关系，且与 A 和 B 的正负有关。其中：

当 $\beta_{2a}<90°$时，即叶片为后弯式叶片，$\cot\beta_{2a}>0$，B 为正值。此时，$P_h=\rho g(A'q_{VT}-B'q_{2VT})$。$q_{VT}=0$ 时，$P_h=0$；$q_{VT}=A'/B'$时，$P_h=0$。$q_{VT}-P_h$ 为一条先上升后下降的曲线且经过坐标原点。即对于后弯式叶片叶轮其流动功率随流量增加先增加再减少。

当 $\beta_{2a}=90°$时，即叶片为径向式叶片，$\cot\beta_{2a}=0$，$B=0$，$B'=0$。此时 $P_h=\rho gA'q_{VT}$，$q_{VT}-P_h$ 为一条通过坐标原点直线上升的直线。对于径向式叶片叶轮，其流动功率随流量增加直线上升。

当 $\beta_{2a}>90°$时，即叶片为前弯式叶片，$\cot\beta_{2a}<0$，B 为负值。设 B 只取其数值，则 $P_h=\rho g(A'q_{VT}+B'q_{2VT})$。$q_{VT}=0$ 时，$P_h=0$；当 q_{VT}增加时，P_h 增加更为迅速。$q_{VT}-P_h$ 为一条上升的曲线且经过坐标原点。即对于前弯式叶片叶轮，其流动功率随流量增加急剧上升。

综上所述，可得泵与风机的流量与轴功率($q_{VT}-P_h$)的性能曲线图，如图 1-26 所示。

同以后弯式叶轮为例，考虑实际因素对理论 $q_{VT}-P_h$ 性能曲线的影响。①考虑机械损失功率 ΔP_m 的影响，由于机械损失功率与流量无关，因此只需在理论曲线基础上加上等值的量得到 $q_{VT}-P$。②考虑叶轮运行时存在的泄露量的影响，在性能曲线上减去相应的泄漏量 q 得到实际 q_v-P 性能曲线如图 1-27 所示。

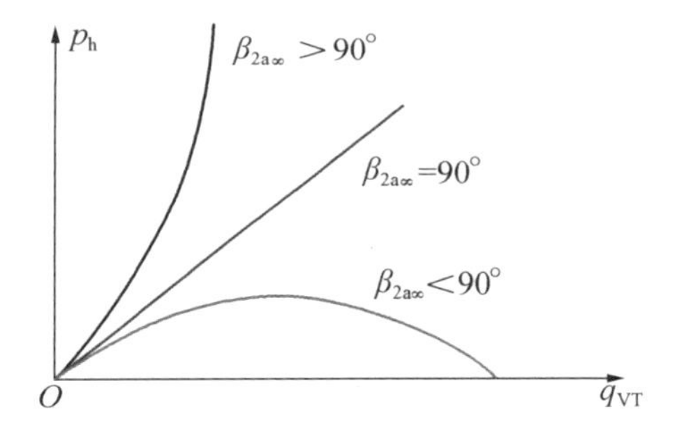

图 1-26　理论 $q_{VT}-P_h$ 性能曲线图

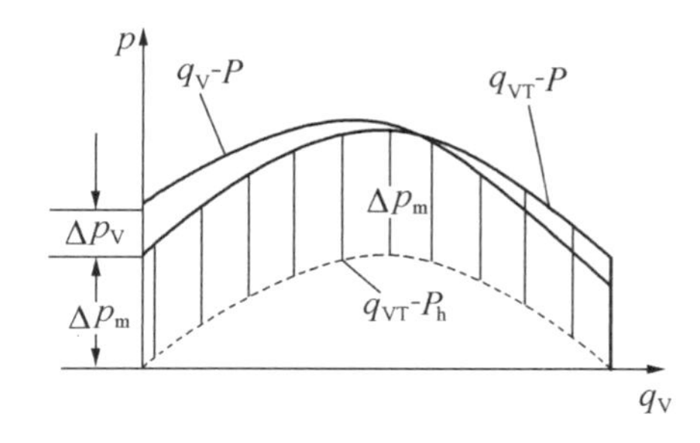

图 1-27　流量与功率 q_v-P 性能曲线

其中，当 $q_v=0$ 时，轴功率不为零，此时的工况为空载工况，此时的功率就等于泵与风机空转时机械损失功率 ΔP_m 和容积损失功率 ΔP_V 之和。

3. 流量与效率($q_V-\eta$)性能曲线

泵与风机的效率等于有效功率与轴功率之比，即：

$$\eta = \frac{P_e}{P} = \frac{\rho g q_V H}{P} \tag{1-28}$$

从理论上来看，$q_V-\eta$ 性能曲线中当 $q_V=0$ 或 $H=0$ 时，效率 $\eta=0$。因此，该性能曲线是一条通过坐标原点与横坐标轴相交于 $q_V=q_{Vmax}$的曲线。然而在实际运行中，该性能曲线不可能下降到与横坐标轴相交，因而 $q_V-\eta$ 性能曲线也不可能与横坐标轴相交，实际的 $q_V-\eta$ 曲线应该在理论曲线下方，且存在一个最高效率点 η_{max}，如图 1-28 所示。

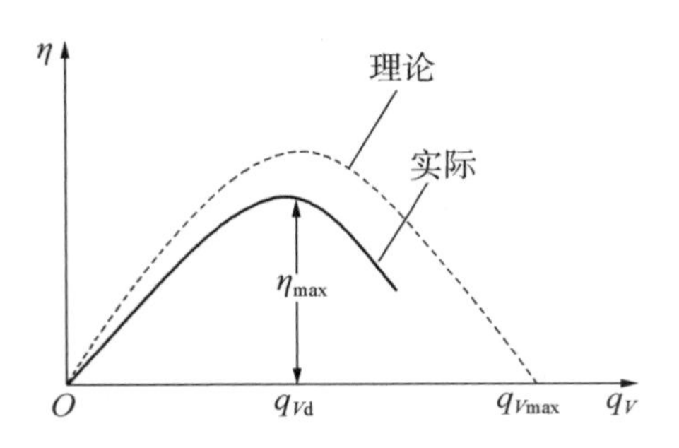

图 1-28　流量与效率 $q_v-\eta$ 性能曲线

泵的基本性能曲线(或称实验性能曲线)是制造厂通过试验得到的，并转换为标准状态后，载入产品样本，供用户使用。

(三)轴流式泵与风机的性能曲线

对于叶片安装角固定不变的轴流式泵与风机，在一定的转速下，其性能曲线由试验得出，如图 1-29 所示。

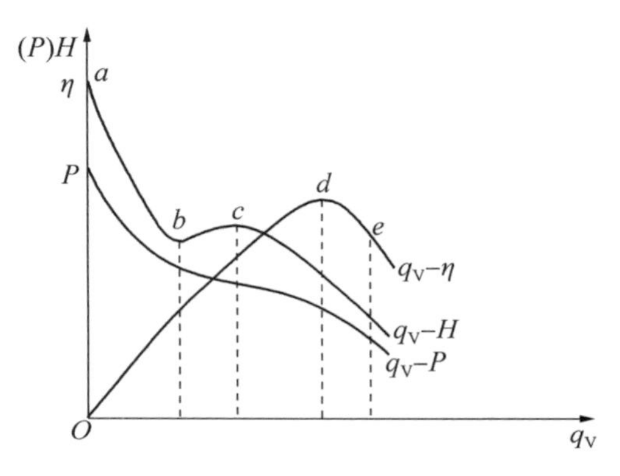

图 1-29　轴流式泵与风机性能曲线

由流量与扬程(q_v-H)性能曲线可得，扬程随 q_v 的变化趋势呈驼峰形，在 $q_v=0$ 时达到最大值，约为设计工况下的扬程(全压)的两倍。由流量与功率(q_v-P)性能曲线可得，功率随 q_v 的增大而下降，当 $q_v=0$ 时，功率达到最大值。流量与效率($q_v-\eta$)性能曲线中，当 $q_v<q_{vd}$时，效率随 q_v 的增大而上升；当在设计工况中，$q_v=q_{vd}$时，效率达到最大值；当 $q_v>q_{vd}$时，效率随 q_v 的增大而下降。

对于变工况下的泵与风机，其流体流动情况如图 1-30 所示。

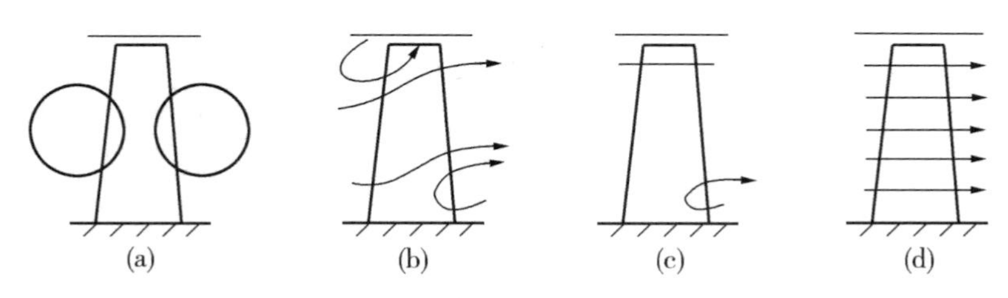

图 1-30　轴流式泵与风机在变工况运行时流体的流动情况

当轴流式泵与风机处于设计工况时，$q_v=q_{vd}$，流体沿叶片截面均匀分布(图 1-30d)，没有出现涡流失速等现象，效率最高。若 $q_{vc}<q_v<q_{vd}$，则来流速度的流动角变小，冲角变大(图 1-30c)，导致翼型升力系数增加，扬程(全压)上升。当 $q_{vb}<q_v<q_{vc}$时，流体在翼型上产生附面层分离(图 1-30b)，出现失速现象。当 $q_v<q_{vb}$时，沿叶片截面扬程(全压)

不相等，出现二次回流(1－30a)，使得叶轮流出的一部分流体回到叶轮重新获得能量，使扬程再次升高但这种工况下能量损失很大，效率也随之骤降。

轴流式泵与风机性能曲线归结起来有以下特点：

(1) q_V-H 和 q_V-P 性能曲线，在小流量区域内出现驼峰形状，在 c 点的左边为不稳定工作区段，一般不允许泵与风机在此区域工作。

(2)轴功率 P 在空转状态时最大，随流量的增加而减小，为避免原动机过载，要在阀门全开状态下启动。如果叶片安装角是可调的，在叶片安装角小时，轴功率也小，所以对可调叶片的轴流式泵与风机可在小安装角时启动。

(3)轴流式泵与风机高效区窄。但如果采用可调叶片，则可使在很大的流量变化范围内保持高效率。这也是可调叶片轴流式泵与风机较为突出的优点。

五、泵与风机的运行及选型

一、管路特性曲线及工作点

泵与风机的管路特性曲线是指管路中通过的流量与所需要消耗的能头之间的关系曲线，用公式表示为

$$H_c=\frac{p_B-p_A}{\rho g}+H_t+h_W \tag{1-29}$$

式中，$\frac{p_B-p_A}{\rho g}$——吸入容器与输出容器间的静压水头差，单位 m；H_t——液体被提升的总几何高度，单位 m；h_W——输送流体时在管路系统中的总扬程损失，单位 m。

$\frac{p_B-p_A}{\rho g}$ 和 H_t 与流量无关，称其和为静扬程，用 H_{st} 表示，管路系统中能量损失 h_W 与流量的平方成正比，即 $h_W=\psi q_V^2$。对于某一特定的泵与风机，管路总损失系数 ψ 为常数，故 h_W 与 q_V 为二次抛物线关系，如图 1－31 所示。

$$H_c=H_{st}+\psi q_V^2 \tag{1-30}$$

泵与风机在管路中的运行工况由本身的性能以及管路系统的性能决定。将泵本身的性能曲线与管路特性曲线按同一比例绘在同一张图上，如图 1－32 所示。两条曲线交点 M 即为泵在管路中的工作点，此时泵产生的扬程等于装置扬程，该点流量为 q_{VM}。

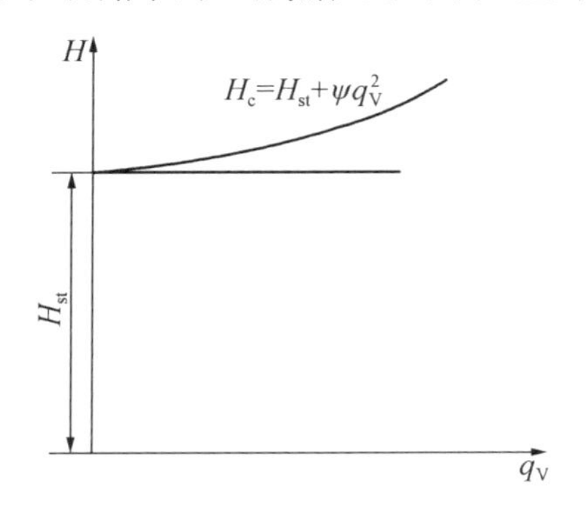

图 1－31　泵的管路特性曲线

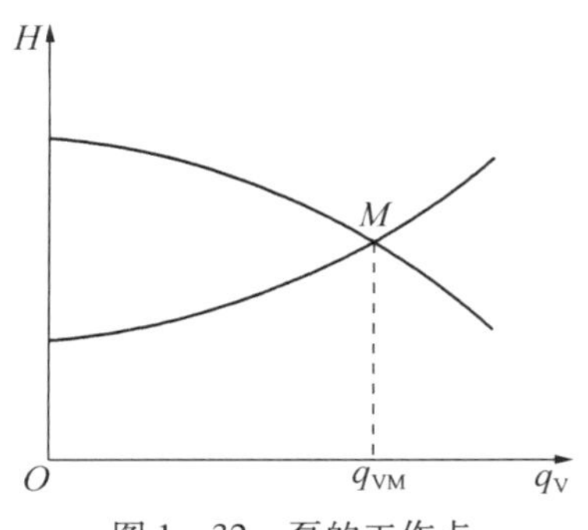

图 1－32　泵的工作点

(二) 泵与风机联合运行

当一台泵或风机满足不了流量或者扬程要求时，往往要用两台或以上的泵与风机并联或串联联合工作。

1. 泵与风机的并联运行

并联是指两台或以上的泵与风机向同一压力管路输送流体的工作方式，主要目的是为了保证扬程相同的同时增加流量，并联运行总性能曲线为各自曲线在同一扬程下叠加。并联工作时候，每台泵扬程相等，总流量为每台流量之和，如图 1－33 所示。

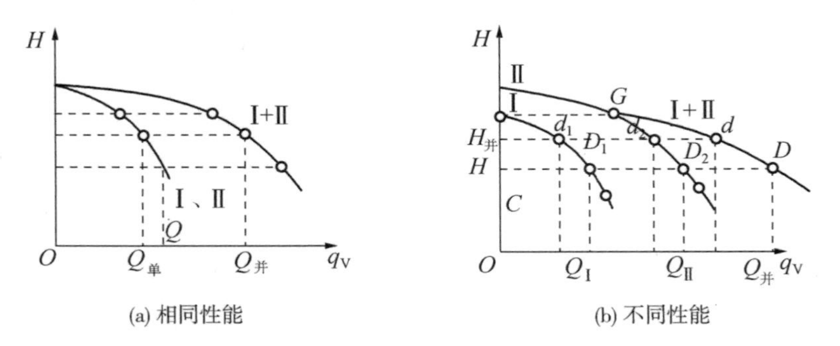

图 1－33　泵并联工作曲线

2. 泵与风机的串联运行

串联是指前一台泵或风机的出口向另一台泵与风机的入口输送流体的工作方式，泵或风机串联主要用于两种情况，一种是现有泵或风机的容量足够，但是扬程不够；另一种是由于改建或扩建后管道阻力加大，要求更高的扬程来输出较多流量。串联工作的特点是流量彼此相等，总扬程为每台泵扬程之和，如图 1－34 所示。

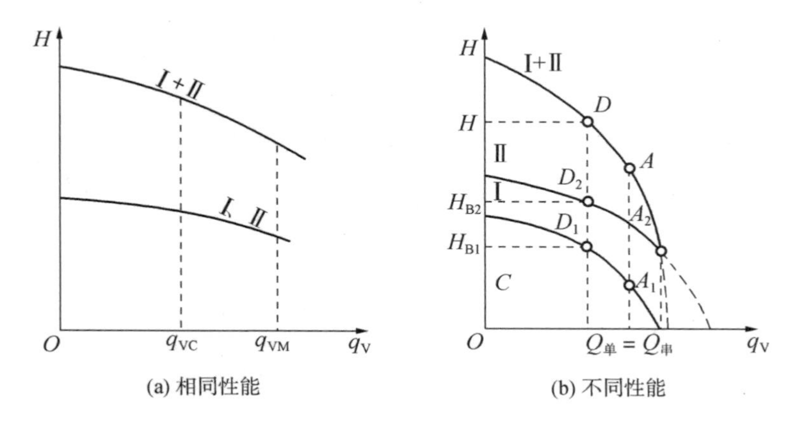

图 1－34　泵串联工作曲线

(三) 运行工况的调节

泵与风机运行时，由于外界负荷变化而要求改变其工况，用人为的方法改变工作点的位置称为调节，从具体的措施上来看，包括节流调节、入口导流器调节、汽蚀调节、变速调节和改变动叶安装角调节。其中电厂主要应用的是出口端节流调节及变速调节。

1. 出口端节流调节

将节流部件装在泵或风机出口管路上的调节方法称为出口端节流调节，如图 1－35 所示，阀门全开时工作点为 M，当流量减少、出口阀门关小，管路特性曲线从 I 变道 I'，工作点移动到 A。

2. 变速调节

在管路特性曲线不变时，用改变转速来改变泵与风机的性能曲线，从而改变它们的工作点，如图 1－36 所示。

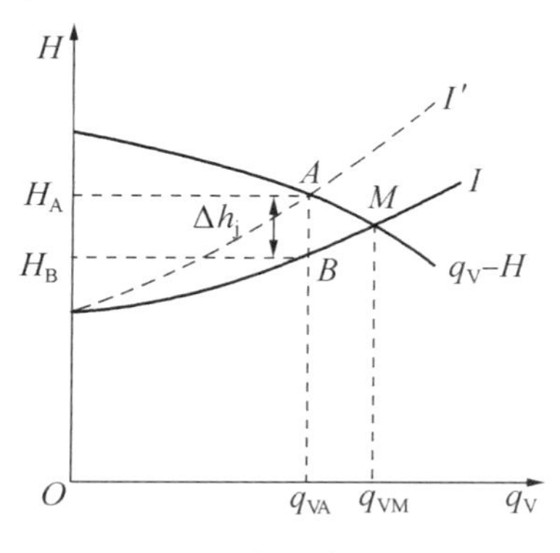

图 1－35 出口端节流调节

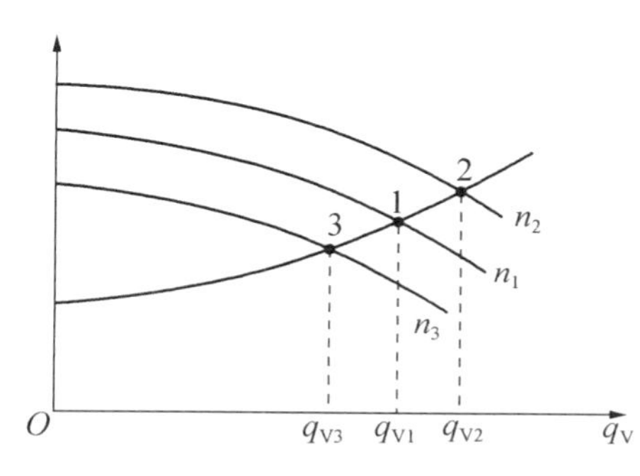

图 1－36 变速调节

由比例定律可知，变速调节前后流量 q_v、扬程 H、功率 P 与转速 n 的关系为

$$\frac{q_{v1}}{q_{v2}} = \frac{n_1}{n_2} \tag{1-31}$$

$$\frac{H_1}{H_2} = \left(\frac{n_1}{n_2}\right)^2 \tag{1-32}$$

$$\frac{P_1}{P_2} = \left(\frac{n_1}{n_2}\right)^3 \tag{1-33}$$

变速调节的主要优点是转速改变时，效率保持不变，经济性较高，电厂变速调节的方式主要有变频器调节、液力耦合器调节、双速电动机调节、永磁调节等。

(四)运行中的问题

1. 给水泵汽蚀

(1)汽蚀的原因。

泵在运转中，若流体流过部分的局部区域因为某种原因，抽送液体的绝对压力下降到当时温度下的汽化压力时，液体便在该处开始汽化，产生蒸汽，形成气泡。这些气泡随液体向前流动，至某高压处时，气泡周围的高压液体，致使气泡急骤地缩小以至破裂(凝结)。在气泡凝结的同时，液体质点将以高速填充空穴，发生互相撞击而形成水击。这种现象发生在固体壁上将使过流部件受到腐蚀破坏。

这种由于汽化产生气泡，气泡进入高压区破裂引发周围液体高频碰撞而导致材料受到破坏的全过程称为汽蚀。

(2)汽蚀的危害。

①造成过流部件剥蚀破坏。

通常离心泵受汽蚀破坏的部位，先是在叶片入口附近，继而延至叶轮出口。引起泵的过流部件，特别是叶轮的背后产生斑点和沟槽，时间一长，就会使过流部件受到破坏，影响到泵的安全运行和使用。

②产生振动和噪声。

气蚀发生时还会出现振动和噪声，气泡破裂和高速冲击会引起严重的噪声，气蚀过程本身是一种反复凝结冲击的过程，伴随有很大的脉动力，可能会引起强烈的振动，不仅会影响可拆零件的连接，影响泵的密封，而且还会降低离心泵正常运行的安全可靠性。

③性能下降。

汽化发生严重时，大量气泡的存在会堵塞流道的截面，减少流体从叶轮获得的能量，导致扬程下降，效率降低，泵的性能曲线有明显的变化。

(3)防汽蚀的措施。

①降低必需汽蚀余量以提高泵抗汽蚀性能。

②提高有效汽蚀余量以防止泵汽蚀。

③在同样转速和流量下，采用双吸泵。

④水泵发生汽蚀时，应把流量调小或降速运行。

⑤首级叶轮采用抗汽蚀性能好的材料。

2. 喘振现象

(1)喘振的原理。

若具有驼峰形性能曲线的泵与风机在 K 点以左的不稳定区域内运行，而管路系统中的容量又很大时，则泵与风机的流量、能头和轴功率会在瞬间内发生很大的周期性的波动，引起剧烈的振动和噪声。这种现象称为“喘振”或“飞动”现象(图1-37)。以风机为例，当用户所需要的流量小于 q_{vk} 时，风机所产生的最大扬程将小于管路中的阻力，但由于管路容量较大，在这一瞬间管路的阻力仍为 H_k，大于风机所产生的扬程，流体开始反向倒流，由管路倒流入风机中，即 K 点直接窜向 C 点，从而使得管路压力迅速下降，流量流向低压，工作点从 C 点跳到 D 点，此时风机输出流量为零。由于风机在继续运行，管路中压力已降低到 D 点压力，泵与风机又重新输出流量，工作点从 D 点又跳回 E 点，只要外界所需的流量持续小于 q_{vk}，工作点将周而复始地按 K、C、D 各点重复循环，形成运行工况的周期性波动，即发生喘振。

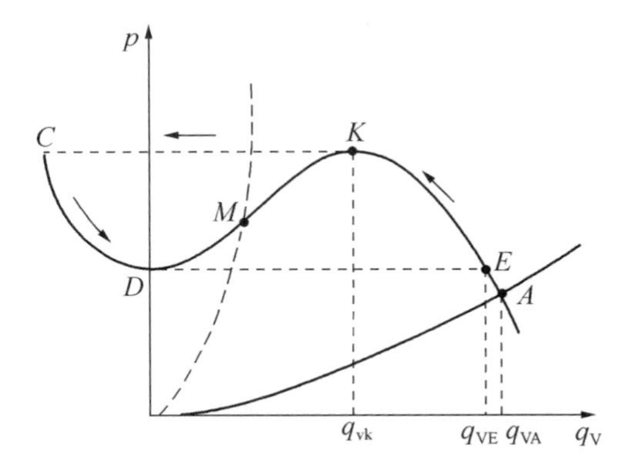

图1-37　喘振现象

(2)喘振的危害。

当风机发生喘振时，风机的流量周期性的反复，并在很大范围内变化，表现为零甚至出现负值。由于流量的波动很大而发生气流的猛烈撞击，使风机本身产生剧烈振动，同时风机流量的这种正负剧烈的波动，会使风机工作的噪声加剧。大容量的高压头风机产生喘振的危害很大，可能导致设备和轴承的损坏，造成事故，直接影响锅炉的安全运行。

(3)防止喘振的措施。

①保持泵与风机在稳定区域工作。因此，管路中应选择没有驼峰 q_V-H 特性曲线的泵与风机；如果泵与风机的性能曲线有驼峰，应使风机一直保持在稳定区域工作。

②使流量在任何条件下不小于 q_{vk}，如果系统所需流量小于 q_{vk}，可装设再循环管。

③改变转速，或在吸入口处装吸入阀。

④采用适当调节方法，改变风机本身的流量。如采用改变转速、叶片的安装角等方法，避免风机的工作点落入喘振区。

⑤在管路布置方面，对水泵应尽量避免压出管路内积存空气，要有一定的向上倾斜度，以利排气，另外，把调节阀门及节流装置等尽量靠近泵出口安装。

六、泵与风机的选型

(一)选型原则

选型需要根据使用要求选择适用的不需要另外设计、制造的泵与风机，主要内容是确定泵与风机的型号、台数、规格、转速以及与之配套的原动机功率。选型原则如下：

(1)选用泵与风机设计参数尽可能接近正常运行工况点，才能使泵与风机能长期在高效率区运行，提高设备运行经济性。

(2)选择结构紧凑、重量轻、体积小的泵或风机。

(3)运行时应安全可靠。对于水泵来说，需要有好的抗汽蚀性能。尽量不选用具有驼峰形状性能曲线的泵与风机或者选用运行工况在驼峰右边且扬程低于零流量下扬程的泵或风机，以利于投入同类设备的并联运行。

(4)风机噪声要低，较少噪声危害。

(5)有特殊要求的泵或风机，除上述要求外还需满足其他要求，如安装位置受限时应考虑体积小、进出口管路能配合等。

(6)采用的流量、扬程(全风压)裕量应满足《火力发电厂设计技术规程》的规定。

(二)泵的选型

由于泵的用途和使用条件千变万化，而泵的种类繁多，正确选择满足各种不同工程使用的泵，不仅需要满足基本的选择原则，还需要根据实际生产要求、所输送的流体种类和泵的用途等因素，综合考虑选择满足需求的泵。选用的程序和注意事项主要如下：

(1)确定输送介质的物理化学性质，包括密度、黏度、颗粒含量、腐蚀性、毒性等。

(2)确定选型参数。泵的额定流量与扬程需满足最高运行工况，并加上5%～10%不可预计的安全量作为富余量。同时考虑泵的进口压力、出口压力、温度、汽蚀余量等参数。

(3)选择泵的类型。每一类泵有各自的特点与优势，应根据装置的运行需求、输送介质的物理化学性质、操作周期等因素合理选择。

(4)确定泵的型号。需确定额定转速、流量与扬程。额定流量与扬程一般取最高运行工况的1.05～1.10倍。根据性能曲线校核泵的额定工作点是否落在高效工作区，并校核汽蚀余量是否满足要求。

三、风机的选型

风机的选型主要有以下四种方法：

(1)按风机类型和性能曲线选型。根据运行需要分别按照5%～10%与10%～15%的安全裕量确定风机的流量与压力，并根据风机的用途选择合适的型号、转速与电动机功率。

(2)利用风机的选择曲线图选型。风机的选择曲线是以对数表示的$\lg p-\lg q_v$图，将几何相似但不同叶轮直径D_2的风机的风压、风量、转速n和功率P绘制在一张图上。首先按照一定的裕量确定流量与风压，然后根据技术规范决定合理运行方式与风机台数，再根据风机选择曲线上的流量与风压确定相应的风机性能曲线，从而确定所选风机型号、转速、功率。该方法是最常用的一种方法。

(3)利用风机的无因次性能曲线选型。风机的无因次性能曲线代表了一系列几何相似和性能完全相似的同类型风机的性能，适用于不同的叶轮外径和转速。该方法初步选择几种可用的风机型式，通过计算的流量系数与压力系数查所选类型的无因次性能曲线，确定合适的风机型式，并根据所选的型式查相应的无因次流量系数-效率曲线，选用合适的电动机。

(4)利用软件选型。随着计算机信息技术的发展，计算机辅助选型软件逐渐被应用到风机选型中。由于制造商的数据支持，风机选型软件使技术人员可更高效、准确地进行风机选型。但软件选型受各制造商数据支持的制约，数据支持不完善限制了选型软件的应用。

第二章

天然气调压站系统

一、系统概述

天然气调压站系统的主要作用是接收、计量来自上游天然气供应站或供气管道的天然气，并对天然气进行一定的处理，如过滤、调压、调温等，以达到下游燃气轮机、启动锅炉等用户的运行标准。根据上游天然气来源的压力，天然气处理站可分为减压站和升压站。

若天然气是通过专门的管道输送的，输送的天然气压力高，则天然气调压站为减压站。减压站是在进站的天然气压力大于燃气轮机运行所需压力时，对天然气进行降压和加热处理。

若天然气是通过市政燃气管道供给的，输送的天然气压力低，则天然气调压站为升压站。升压站是在进站的天然气压力小于燃气轮机运行所需压力时，需要对天然气进行升压和冷却处理。

本章以上游天然气压力为3.8～4.4MPa为例，介绍天然气调压站。

二、系统流程

天然气调压站系统工作流程如图2－1所示。天然气在减压站中经过入口紧急关闭系统后，通过超声波流量计量系统对其流量和热值进行测定，再经过水浴炉系统（燃气加热系统）对减压前的天然气加热，到分离过滤系统进行过滤清洁，最后到达燃气轮机调压系统以调整至一定的稳定压力。其中还有一路用来供给启动锅炉系统。

入口紧急关闭系统（emergency shutdown device，ESD阀）在发生火灾或超压等紧急情况时迅速关断进入调压站的天然气气源，以保障整个系统的安全。流量计量系统对天然气进行色谱分析和流量计量，以确定天然气的流量及热值。水浴炉系统以及电加热系统在天然气降压前对其进行加热，以保证经过降压后的天然气在规定的温度内。分离过滤系统分离出天然气中的固体小颗粒和液体小液滴，给用户提供清洁的天然气。燃气轮机调压系统调整天然气的压力，使其降低到一个稳定的值，以给燃气轮机提供稳定的燃料供应。电加热器及启动锅炉调压部分对启动锅炉及水浴炉用气进行调温、调压。

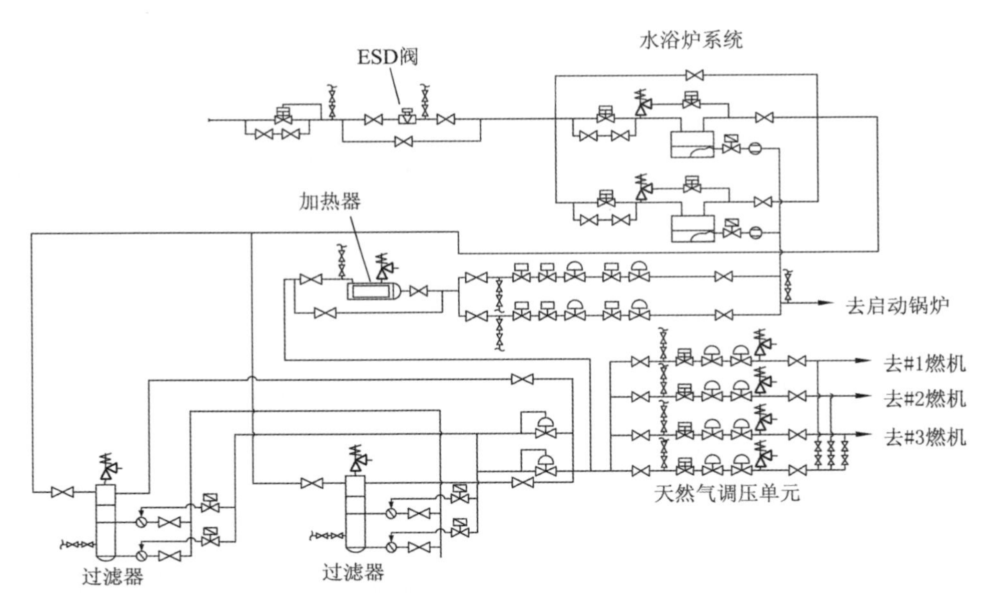

图 2－1　天然气调压站工作流程图

三、系统主要设备

(一)入口紧急关闭系统

ESD 阀主要用于在发生火灾等紧急时刻迅速切断进入调压站的天然气气源，以保障整个系统的安全。ESD 阀还用于保护其后天然气管道，防止其超压，当上游气源压力异常高，高于一定压力值后，ESD 阀自动关闭。ESD 阀是一个带气液联动执行机构的隔离球阀，设计流量是 224158Nm^3/h。ESD 阀门的开关操作是依靠气液联动执行机构来进行的。

ESD 阀可在远方实现关闭，但只能就地打开。ESD 阀开关操作前，必须先通过 ESD 阀的旁路球阀和旁路截止阀向 ESD 的下游充气，直至 ESD 阀门的上下游压力达到平衡，开启气液联动执行机构的气源阀门。

ESD 阀开启方法如下：按下就地开启机械按钮(OPEN)5～8s，待 ESD 阀全开即可松手。此时，ESD 阀门将被打开，可以通过执行机构上方的阀位指示看到阀门的状态，同时执行机构上的阀位开关将阀位信号远传至 DCS 系统。

ESD 阀关闭方法如下：①DCS 调压站监视换面上可远程关闭 ESD 阀。②集控室监控墙上也有远程关闭 ESD 阀按钮，按 5～8s 待 ESD 阀关闭即可松手。就地按下关闭机械按钮(CLOSE)5～8s，待 ESD 阀全关即可松手。

当 ESD 阀执行机构失去驱动气源或者电磁阀断电不能操作时，可就地利用 ESD 阀手轮进行手动开关。

ESD 阀系统组成如图 2－2 所示。当情况危急时，可在集控室 OPS 上直接发关断 ESD 阀的指令，该信号传至#2 阀，燃气通过#2 阀把#4 阀往下压，从而接通#4 阀，燃气沿着#4

阀进入 B 蓄能器并把里面的油往下压入活塞右侧，推动活塞左移，活塞左侧油流回 A 蓄能器，把里面的天然气压出，顺着图示管道经由#3 阀排出。在活塞左移的过程中紧急切断主阀关闭，打开紧急切断阀情况与此相反。

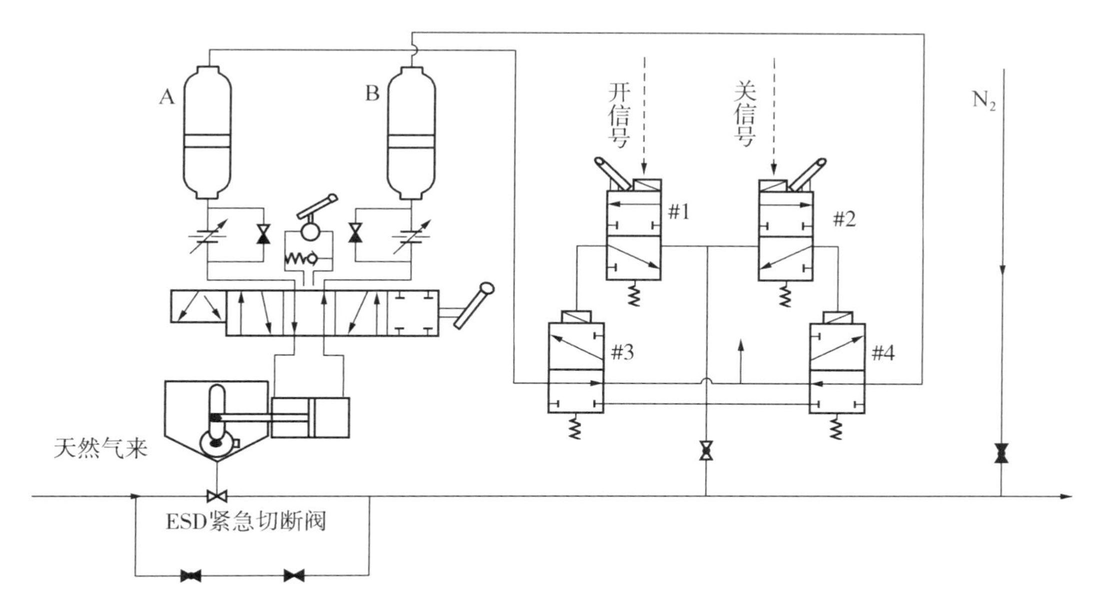

图 2－2　ESD 系统示意图

ESD 阀前设置有绝缘接头，起静电保护作用。ESD 阀前后安装有压力变送器，用于监视阀前后压力，当 ESD 阀入口压力高于设定值时，将自动关闭 ESD 阀。

（二）计量系统

天然气计量部分主要包括流量计量和色谱分析两大部分。计量系统设计为 1 × 100%，装备一台超声波流量计，设计流量为 224 158Nm^3/h。流量计系统将实际测得的流量连同实际测得的温度和压力信号传送给流量计算机，流量计算机据此以 Nm^3/h 为单位计算出实际消耗的天然气流量。

计量系统安装的气相色谱仪分析天然气的组分和热值，样气通过加热过滤后进入色谱仪，色谱分析仪使用标准气（我们知道标准气中碳氢化合物的体积百分比）和作为载体的氦气，分析出来的值从分析仪发送到控制器（控制器安装在现场控制室）。

（三）水浴炉系统

由于天然气减压后温度会降低，一般天然气压力下降 1MPa，温度会下降约 5℃。因此天然气减压站在调压装置前配置有加热装置，以免减压后温度过低。天然气调压站配置的加热装置为水浴炉系统。水浴炉的作用是将天然气从 －3 ～ 8℃ 加热至 12℃ 以上，以保证下游温度要求（即到启动锅炉及水浴炉燃烧器的燃料温度满足 1 ～ 45℃，燃气轮机的天然气温度满足 6 ～ 45℃）。

水浴炉设计成 2 × 65%，并联布置，当入口天然气温度足够高时可以使用一台，另一台备用。而备用水浴炉可以实现热备用状态。当入口天然气温度高于 12℃时，水浴炉可以停用。

如图 2 - 3 所示，每台水浴炉由除盐水系统补水，由启动锅炉调压线提供燃烧用气。在水浴加热炉系统中，燃烧器通过调解燃料量来控制水浴炉内的水温(55℃左右)。天然气流经炉内盘管后被加热，天然气的出口温度通过水浴炉旁路温控阀来控制(通过水浴炉出口温度传感器将测得的温度信号发送给温控阀控制器进而控制温控阀的开度来实现)。

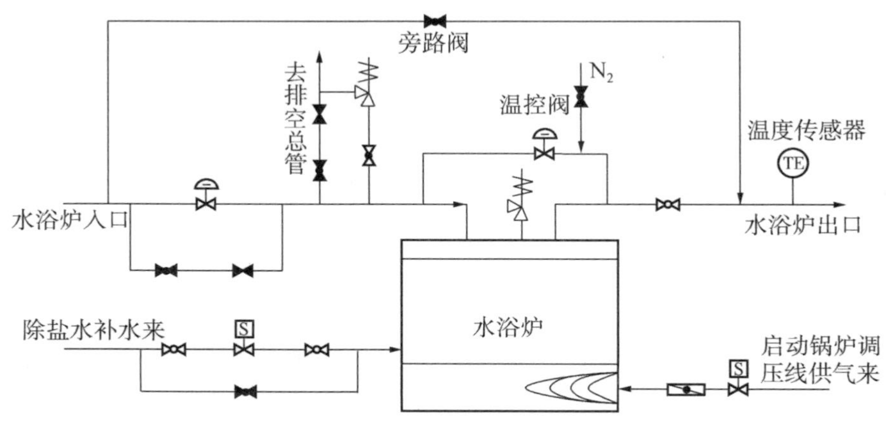

图 2 - 3　水浴炉系统示意图

水浴系统设置有一个大旁路，在水浴炉维修或不使用的情况下，天然气从该旁路流向下游。

(四)过滤系统

天然气的过滤系统和冷凝液收集系统用于将天然气中的固体小颗粒和液体小液滴分离出来，以给燃气轮机提供清洁的天然气。过滤系统设计为 2 × 100% ，配有两台过滤器，每台过滤器设计流量为 224 158Nm^3/h。

如图 2 - 4 所示，每台过滤器设计为两段的立式压力容器，第一段挡板分离，第二段经凝聚式过滤芯过滤。过滤器共安装有 15 个凝聚式滤芯。气体从进口管进入过滤器，在过滤器入口处，天然气与挡板撞击，较大的固体颗粒和液滴由于重力沉降作用被分离出来。天然气通过挡板后，进入带有凝聚式滤芯的过滤段。天然气从内侧向外侧通过滤芯，将较小的固体颗粒和液滴分离出来。

每个过滤器设置有差压监控系统(差压变送器)，用于现场指示过滤器进出口的差压，该差压值表示过滤器内滤芯的肮脏程度。在正常的运行过程中，差压值应在 15 ～ 50kPa，当差压值大于 50kPa 时应该考虑更换滤芯。必须保证差压值不能超过 80kPa，否则滤芯可能被损坏，导致严重后果。差压信号同时可以远传至 DCS。

过滤器分为上下两段，在每段内分离出的冷凝液将通过各自的排污系统排至冷凝储罐，自动排污阀为气动阀，气源为过滤器出口的天然气。当液位达到高液位时，自动排污阀打开将相应的冷凝液排出；当液位降至低液位时，自动排污阀关闭；当液位达到高液位时，说明排污系统有故障，同时 DCS 系统产生报警。

过滤出来的凝液可以通过自动或手动排放到集液罐。集液罐通过一个阻火器与大气相

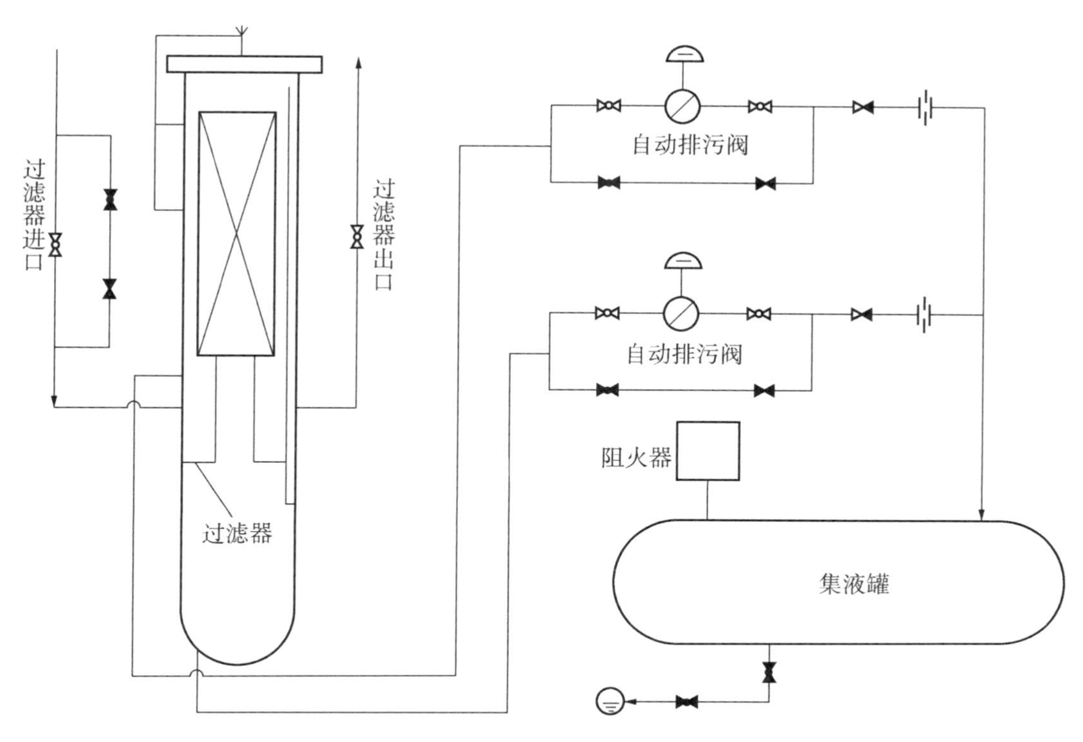

图 2－4　过滤器系统示意图

通。集液罐的液位通过磁浮子液位计现场监控，一旦集液罐内的液位达到液位开关设定的最大值，就会发生报警，这种情况必须马上排放集液罐内的集液。

过滤器的作用是将天然气中的固体小颗粒和液体小液滴分离出来，其分离效率如下：

5μm 以上的颗粒，分离效率 100 %；

3 ～ 5μm 颗粒，分离效率 99. 9 %；

2 ～ 3μm 颗粒，分离效率 99. 5 %；

0. 5 ～ 2μm 颗粒，分离效率 95 %。

（五）电加热及启动锅炉调压系统

设置电加热器的目的是保证进入启动锅炉调压部分入口的天然气温度高于 20℃，进而保证启动锅炉调压出口的天然气温度高于 1℃（补偿由于压降产生的温度降，启动锅炉调压部分入口天然气压力约 4. 0MPa，出口处天然气压力约 0. 1MPa，通过调压将产生约 20℃的温度降）。

电加热器在以下几种情况下使用：

（1）调压站运行初期，因为此时水浴锅炉尚未投入使用，而此时需要向启动锅炉提供一定温度的天然气。

（2）当投入水浴炉后，如果电加热器入口温度仍然低于 20℃。

（3）在任何情况下，如果天然气温度高于 20℃，电加热器可以不投入使用，这时天然气经由电加热器旁路进入下游调压部分。

电加热器设计成 1×100%，100% 的流量为 5500Nm³/h 左右（其中启动锅炉约消耗 4500Nm³/h，两台水浴炉燃料约消耗 1000Nm³/h）。

启动锅炉调压系统设计为 2×100%，在正常操作时一路运行，另一路备用。一旦工作线失效，备用线将自动接管调压工作。这是因为，两路的二级调压器的设定不同，工作线的设定值比备用线的设定值略高。

启动锅炉调压系统用来将天然气的压力从 4.0MPa 降至 0.05～0.1MPa。这一降压过程分两个阶段完成，首先一级调压器将 4.0MPa 的天然气降至 0.7MPa，然后再由二级调压器将 0.7MPa 的天然气的压力降至 0.05～0.1MPa。

如图 2－5 所示，在启动锅炉调压系统中，所有的调压器为切断与调压一体化结构，即每一级调压器由一个调压器和一个快速切断阀（SSV）组成。当调压器出口处的天然气压力高于与该调压器一体化的 SSV 的设定值时，该 SSV 将迅速切断。另外，在两级调压器之前还设置了一个前置的 SSV，用来监控两级调压器之后的天然气压力，当此压力高于该 SSV 设定值时，这个前置的 SSV 将立即切断。该 SSV 的功能与二级调压器上配置的 SSV 的功能是一样的，但设定值稍高些。

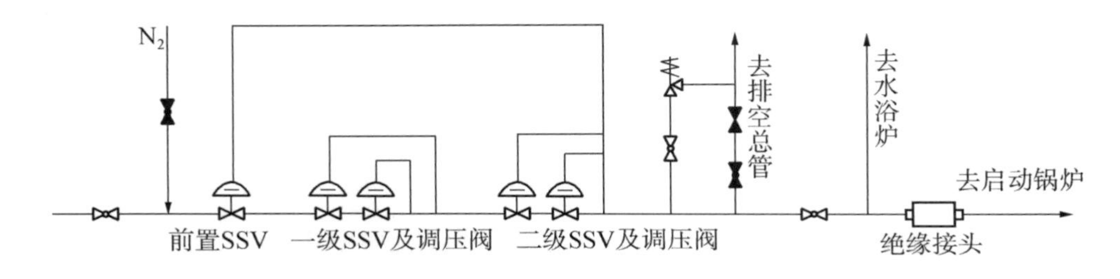

图 2－5　启动锅炉调压线示意图

启动锅炉调压线除给启动锅炉供气外还给水浴炉供气。在启动锅炉调压线出口处设置有绝缘接头，起静电保护作用。

（六）燃气轮机调压系统

燃气轮机调压系统的作用是将天然气的压力降低到一个稳定的值，保证向燃气轮机供给的天然气压力稳定，以给燃气轮机提供燃料。该部分的入口压力约为 4.0MPa，要求的出口压力为 3.65MPa。

天然气调压站一般为 3 台燃气轮机服务，调压部分设计为 4×100%，100% 流量为 7500Nm³/h 左右。在该调压系统中有 3 条调压线分别为 3 台燃气轮机供气，另一条作为上述 3 条线的备用线。当其中一条调压线失效时，备用线将自动接替工作。

这 4 条调压线的设定值设置成一样，备用线是通过一个单向阀与每一条调压线相连，而单向阀的开启压差约为 0.03MPa，这样一来，当任一工作调压线的出口压力降至比备用线的出口压力低 0.03MPa 以上时，备用线将自动接替工作线进行调压工作。

如图 2－6 所示，每个调压线由一个 SSV、一个监控调压器和一个工作调压器组成。监控调压器监控调压线的出口压力，防止压力高于 SSV 的设定值。当出口压力高于 SSV 的设定值时，SSV 将迅速关闭。

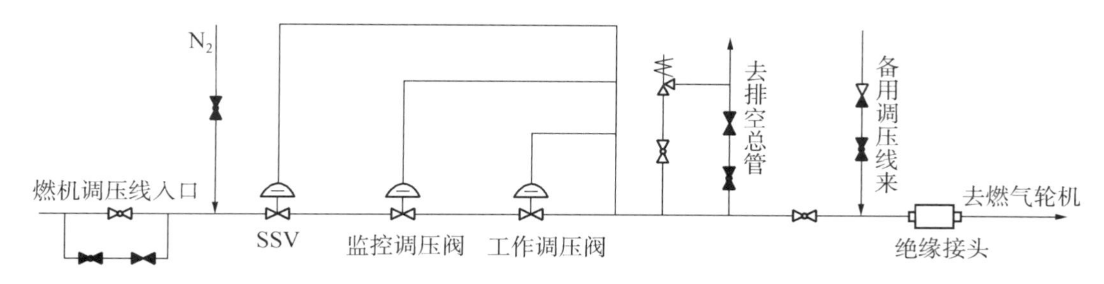

图 2-6　燃气轮机调压线示意图

监控调压器作为工作调压器的备用调压器，在正常的操作时，只有工作调压器在调节调压线的出口压力，而监控调压器为全开状态。监控调压器的设定值比工作调压器的设定值稍高一些，当工作调压器失效全开时，调压线的出口压力将上升，这时监控调压器将开始接替工作调压器进行调压，并将压力控制在一个稍高的压力值。

每条调压线出口均设置有绝缘接头，起静电保护作用。

四、系统运行维护

燃气置换成氮气前应严格遵守调压站出入制度，禁止携带火种入内，着装要符合要求，并使用铜制工具。当调压站内气体为天然气时，要时刻对可燃气体进行检测，如果可燃气体检测仪在任何地方显示浓度高于爆炸下限 10%，要立即停止工作，加强通风直至浓度低于爆炸下限的 10% 时，才可继续工作。

(一) 天然气调压站投运

1. 天然气调压站投运前的试验

燃气调压站投运前应做下列试验：

(1) 系统气密性试验合格。

(2) 安全阀应经校验能可靠动作。

(3) 所有电磁阀、气动阀、SSV 及调节门应开关正常，无卡涩现象。

(4) 水浴炉及各阀门联锁逻辑(保护)经试验动作应正常。

(5) 计量器经校验计量准确无误，各热工测量装置校核正确。

2. 天然气调压站投运前的检查

(1) 检查燃气调压站及相关系统的工作已终结。

(2) 确认调压站配电柜已送电，投运正常。

(3) 确认除盐水系统运行正常。

(4) 确认仪用压缩空气系统运行正常。

(5) 燃气调压站内照明完好，消防设备齐全可用。

(6) 检查管道、设备完好，管道接地良好。

(7) 确认所有的测量信号、控制信号阀门全开。

(8) 确认调压站 ESD 阀及旁路阀关闭。

(9)确认机组调压线出口、备用调压线出口、启动锅炉调压线出口手动门关闭。

(10) 确认其他阀门状态正常。

(11) 检查确认过滤器液位、集液罐液位正常。

(12) 确认上游已正常供气，ESD 阀前天然气压力、温度正常。

3. 天然气调压站由氮气置换空气

天然气调压站初次投运或检修后投运，需要将管道内的空气置换为天然气。因天然气不能与空气直接混合，需用氮气作为中间介质(先用氮气置换空气，再用天然气置换氮气)。具体操作可以分系统进行，也可整体进行；可先充后排，也可以边充边排。由于边充边排的方法消耗量较大，一般采用先充后排的方法进行置换。

下面以天然气调压站站内整体氮气置换空气为例，介绍具体的置换方法(具体置换范围：调压站站内天然气管道，从 ESD 阀后至#1 ～#3 机、备用调压线、启动锅炉调压线、启动锅炉备用调压线出口手动球阀前)。

(1)将氮气瓶接至 ESD 阀后的充氮管道，打开充氮隔离阀，对调压站进行充氮，当压力达到 0. 5MPa 后停止充氮。

(2)打开#1 调压线、#2 调压线、#3 调压线、机组备用调压线、启动锅炉调压线、启动锅炉备用调压线排空阀，同时对燃气管道水浴炉入口、过滤器高点、水浴炉燃料线(通过就地压力表接口接管排放)等死角进行手动排放，直至压力降至 0. 02MPa 后关闭。

(3)整体充放两次后在各排放口附近取样检测氧气浓度是否合格(氧气体积浓度小于 1%)。

(4)如不合格，继续充放、检测直至合格，一般充放 2 ～ 3 次即可合格。

4. 天然气调压站由氮气置换为天然气

对天然气调压站管道进行氮气置换合格之后，再进行天然气置换氮气操作。下面以天然气调压站站内整体天然气置换氮气为例，介绍具体的置换方法：

(1)确认 ESD 阀前管道天然气压力正常。

(2)将天然气调压站管道内氮气压力降至 0. 02MPa。

(3)打开入口 ESD 阀的旁路球阀，缓慢打开旁路截止阀，当管线中压力升至 0. 5MPa 时关闭该阀，停止充入天然气。

(4)打开#1 调压线、#2 调压线、#3 调压线、机组备用调压线、启动锅炉调压线、启动锅炉备用调压线排空阀，同时对燃气管道水浴炉入口、过滤器高点、水浴炉燃料线(通过就地压力表接口接管排放)等死角进行手动排放，直至压力降至 0. 02MPa 后关闭。

(5)整体充放两次后在各排放口附近取样检测氧气浓度是否合格(天然气体积浓度大于 99%)。

(6)如不合格，继续充放、检测直至合格，一般充放 2 ～ 3 次即可合格。

(7)天然气置换氮气合格后，通过 ESD 阀旁路对调压站进行升压操作，控制升压速率不超过 0. 3MPa/min。

(8)当 ESD 阀前后压力一致时，可开启 ESD 阀。

5. 调压线压力校验

调压站初次投运或调压线阀门检修后需要对调压线阀门进行压力校验，具体检验如下：

（1）工作调压线调试。

确认工作调压线的出口球阀、安全阀前隔离阀关闭。

①SSV 压力调试。

a. 将 SSV 的设定压力调至最高；

b. 将工作调压器和监控调压器的设定压力调至最高；

c. 调节监控调压器的设定压力至4.0MPa；

d. 降低 SSV 的设定压力，直至 SSV 关断；

e. SSV 设定完毕。

②安全阀压力调试。

a. 维持工作调压器设定压力最高；

b. 安全阀压力设定至最高，打开安全阀前隔离阀；

c. 调节监控调压器压力设定至3.95MPa；

d. 调节安全阀设定压力直至安全阀动作；

e. 安全阀设定完毕。

③监控调压器压力调试。

a. 通过工作调压线排空阀缓慢泄压；

b. 调节监控调压器设定压力至3.7MPa；

c. 监控调压器设定完毕。

④工作调压器压力调试

a. 调节工作调压器设定压力为3.6MPa；

b. 观察监控调压器应为全开状态；

c. 工作调压器已经取代了监控调压器进行调压；

d. 工作调压器设定完毕；

e. 关闭工作调压线排空阀。

（2）备用线的调试。

重复工作调压线的调试步骤，依次将备用线的 SSV 阀设定在4.0MPa、安全阀设定在3.95MPa、监控调压器设定在3.7MPa、工作调压器设定在3.65MPa。

（3）启动锅炉供气调压线的调试。

参照主机调压线的调试步骤，依次将启动锅炉 A 调压线的前置 SSV 设定在0.115MPa、一级 SSV 设定在0.9MPa、一级 PCV 设定在0.8MPa、二级 SSV 设定在0.11MPa、二级 PCV 设定在0.095MPa、安全阀设定在0.11MPa，启动锅炉 B 调压线的前置 SSV 阀设定在0.115MPa、一级 SSV 设定在0.8MPa、一级 PCV 设定在0.7MPa、二级 SSV 设定在0.11MPa、二级 PCV 设定在0.085MPa、安全阀设定在0.11MPa。

6. 调压线投运

（1）确认调压器、SSV 及安全阀已设定完毕，泄漏检查完毕，调压站可随时投入使用。

（2）关闭调压线入口隔离球阀，开启调压线出口隔离球阀。

（3）将调压线出口隔离球阀后管路置换为天然气。

（4）打开调压线入口隔离球阀旁路阀对下游管路进行充压。

(5)待下游压力达到3.65MPa后关闭调压线入口隔离球阀旁路阀，全开调压线入口隔离球阀，打开备用调压线至该线隔离球阀，调压线正式投入运行。

7. 电加热器操作

(1)检查电加热器进口隔离阀、出口隔离阀已全开。

(2)在控制面板上将温度设定在30℃。

(3)在控制面板上将可控硅输出设定在“自动”位置。

(4)在控制面板上选择远程或就地启停。

8. 水浴炉操作

(1)水浴炉投运。

①检查水浴炉已注水至正常水位；

②开启水浴炉出口隔离球阀；

③打开水浴炉燃烧机供气阀，燃烧机进口压力0.095MPa；

④检查控制盘燃烧机方式在自动位，送电正常，无报警；

⑤检查燃气温控阀设定在25℃；

⑥启动水浴炉，检查水浴炉运行正常，就地控制面板上无报警，各指示灯指示正确；

⑦检查水浴炉水温到55℃后燃烧机降负荷运行，水温到60℃后自动停运燃烧机，水温到50℃以下自动启动燃烧机；

⑧检查水浴炉出口烟温不大于250℃。

(2)水浴炉停运。

①检查水浴炉水温大于55℃运行超过30s，或水浴炉燃烧机已自动停运；

②停运水浴炉。

(3)水浴炉切换。

①检查两台水浴炉的出口隔离球阀已全开；

②停运水浴炉；

③启动备用水浴炉；

④备用水浴炉入口气动隔离球阀自动打开；

⑤检查备用水浴炉入口气动隔离球阀开到位7s后，已停运的水浴炉入口气动隔离球阀自动关闭；

⑥切换完毕。

(二)天然气调压站系统正常运行维护

1. 天然气调压站系统正常运行检查

(1)检查天然气温度、压力、流量等参数在所要求的范围内。

(2)检查水浴炉、电加热器和调压设备运转正常。

(3)检查过滤器压差，液位正常，自动排污正常运行。

(4)记录运行参数和状态。

(5)检查天然气调压站系统无泄漏。

2. 正常运行参数监视

天然气工作参数如表2－1所示。

表2－1 天然气工作参数

名称	定值限额	
	单位	正常值
天然气总进气压力	MPa	3.8～4.4
天然气总进气温度	℃	－19～38
水浴炉燃烧器供气温度	℃	1～45
水浴炉出口燃气温度	℃	25
水浴炉炉水温度	℃	50～60
水浴炉水位	mm	470～770
过滤器差压	kPa	15～50
燃气轮机调压线工作调压阀后压力	MPa	3.65(±1.5%)
燃气轮机调压线工作调压阀后温度	℃	6～45
供启动锅炉调压线出口压力	MPa	0.085～0.1
供启动锅炉调压线出口温度	℃	1～45
冷凝液储罐液位	mm	0～1000

(三)天然气调压站设备停运检修

1. 天然气调压站设备停运

(1)确认调压站具备停运条件。

(2)停运水浴炉、电加热器。

(3)根据情况选择关闭调压站进出口阀。

2. 天然气调压站隔离检修

(1)关闭隔离系统进出口阀。

(2)将隔离系统管道压力降至0.02MPa，静置一段时间，观察进出口阀门关闭严密性。

(3)确认进出口阀门关闭严密，将管道内天然气置换为氮气。

(4)在进出口阀门处加装堵板。

(5)做好其他隔离措施，交与检修处理。

(6)必须持续地对工作区域进行爆炸性气体检测，如果测得的天然气浓度超过10%爆炸下限，必须停止一切检修工作。

3. 天然气调压站长期停运保养

如果天然气调压站长期停运，应关闭调压站入口总阀及出口隔离阀，将其与供气系统安全隔离。管线必须置换成N_2，并保持管道正压以防空气进入。

4. 天然气调压站运行操作注意事项

(1)所有升降压操作必须缓慢操作。

（2）所有阀门的开关应缓慢操作以避免冲击。

（3）松动任何仪表连接或堵头时应先将隔离阀关闭。

（4）设备停止使用时，应通过调压器下游排出管道内留存气体，不能在调压器前放气，不能出现气体倒流过调压器的现象。

（5）调压站在使用时，必须保持安全阀前隔离阀处于开启状态。

五、系统典型异常及处理

（一）天然气调压站入口燃气压力高或低

可能原因：

（1）上游气源不正常。

（2）压力变送器故障。

处理措施：

（1）如压力高于定值，检查燃气调压站入口 ESD 阀是否关闭，如果没有自动关闭，应立即在 DCS 上手动将其关闭。

（2）联系上游供气方，检查供气装置是否正常。

（3）检查排除是否是由压力变送器故障引起的。

（4）确认天然气调压站入口燃气压力正常后，才可启机；如机组已经运行，做好机组快速降负荷或跳机的准备。

（二）运行机组调压线发生异常自动切换至备用调压管线运行

可能原因：

（1）调压线快速关断阀异常。

（2）调压线调压阀异常。

处理措施：

（1）查明原因尽快处理后恢复至本机调压线运行，注意缓慢切换。

（2）如果因故不能恢复至本机调压线运行，应将备用调压线至其他运行机组的手动阀关闭，防止其他机组调压线异常时，备用调压线同时承担两台及以上机组的天然气负荷，造成多台机组跳闸。

（三）天然气调压站燃气泄漏报警

可能原因：

（1）设备泄露。

（2）可燃气体探测装置故障。

处理措施：

（1）立即汇报相关人员，禁止无关人员进入。

（2）携带便携式可燃气体探测仪前往调压站。

（3）如严重泄露，会有很大泄漏声，甚至起火，应立即关闭 ESD 阀，甚至通知上游供气方关闭供气阀。

(4)如较小泄露，隔离泄露设备处理，如有备用设备，可先切换备用设备。

(5)如轻微泄露，用便携式天然气检漏仪或涂肥皂水方法确认泄漏点，再尽快安排处理。

(6)处理期间，严格遵守调压站区域安全要求。

六、系统优化

天然气调压站水浴炉的作用主要是提高天然气的温度，避免天然气降压后温度过低。如果天然气供气方所供气源纯净，天然气调压站燃气轮机调压线降压量不大(约0.4MPa)、温降不大(约为2℃)，且天然气进入燃气轮机前还有燃气加热器对其加热，正常运行期间，燃气加热器还有较大安全裕量，则机组运行期间停运水浴炉具有可行性。经实践证明，水浴炉停运对燃气轮机进气温度基本没有影响，且有较大的经济效益。

第三章 燃气供应系统

一、系统概述

燃气供应系统的主要作用是接收和调节来自天然气处理站的天然气，控制进入燃气轮机燃烧室的天然气温度、压力和流量，以满足燃气轮机运行的需要。其主要设备包括燃气流量计、带温控系统的燃气加热器、末级过滤器、燃料关断和排放系统、燃料供应调节系统（燃气压力控制阀以及燃气流量控制阀）等。

二、系统流程

如图 3－1 所示，天然气调压站过来的天然气，依次经过燃气流量计、燃气温度控制阀、燃气加热器、末级过滤器、燃气截止阀，然后分主管道和值班管道两路，分别经过压力控制阀和流量控制阀，最后进入燃烧室。

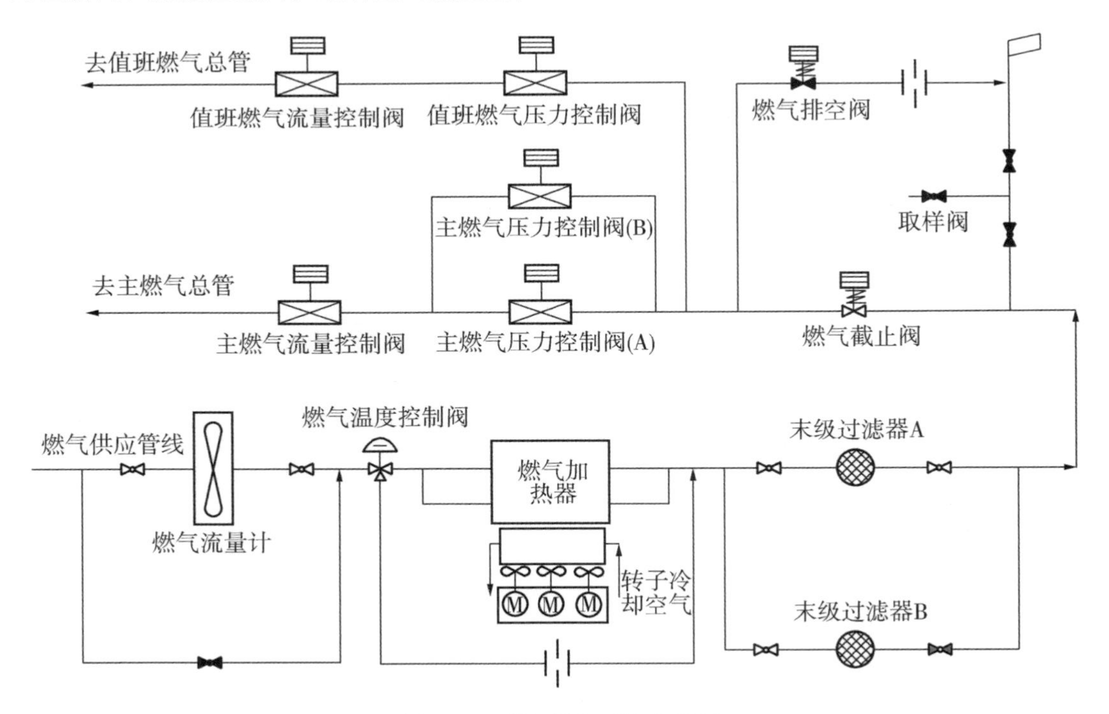

图 3－1　燃气供气系统流程图

三、系统主要设备

燃机供气系统主要设备包括燃气流量计、燃气加热器、燃气温度控制阀、燃气末级过滤器、燃气截止阀和排放阀、燃气压力控制阀和流量控制阀等。

(一)燃气加热器

为使天然气达到燃气轮机入口温度要求，需设置燃气加热器对天然气调压站出口的天然气进行加热，以保证燃机对天然气的温度要求。

燃气加热器与透平冷却空气(turbine cooling air，TCA)冷却器组合在一起。来自TCA风机的强制吹出空气从冷却空气冷却器中吸收热量，加热燃气加热器中的天然气，从而提高燃气轮机的效率。

(二)燃气温度控制阀

燃气温度控制阀的作用是控制燃气加热器的出口燃气温度。该阀为气动三通阀，仪用压缩空气驱动。控制阀根据控制信号自动调节燃气加热器的旁路流量，将进入燃气轮机的燃气进气温度控制在规定的范围之内。机组运行时，燃气出口温度为燃机负荷函数，温控阀调节燃气温度至设定值。当燃气温度过高时，温控阀开度关小，这时通过燃气加热器的天然气流量减少，从而使燃气温度在规定的范围内。反之亦然。

M701F3型单轴联合循环机组的燃气温度控制曲线如图3－2所示。燃机负荷低于230MW时，燃机所需燃气温度随燃机负荷的升高而升高；燃机负荷高于230MW，燃气温度保持在200℃。通过燃气温度控制阀，可令燃气温度保持在规定的范围以内。

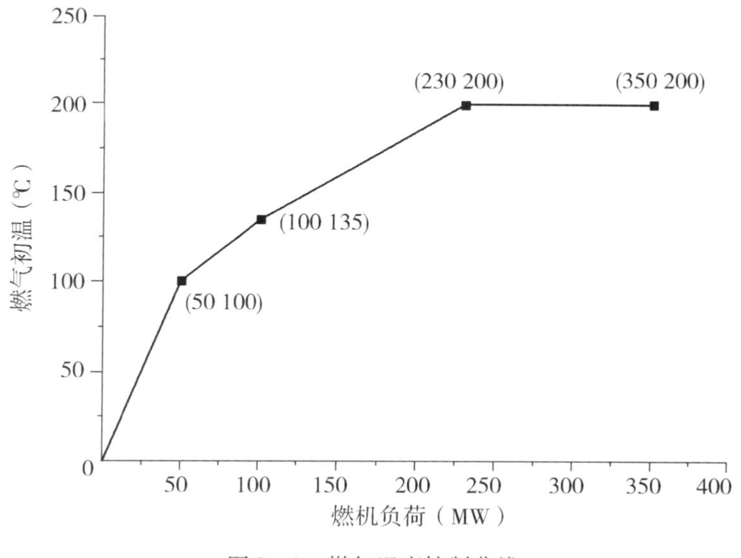

图3－2 燃气温度控制曲线

(三)燃气末级过滤器

在燃气加热器的下游设置有两台末级过滤器，一用一备，主要作用是在燃气进入燃气轮机中燃烧之前去掉夹带的液体和颗粒，避免损害阀门元件和喷嘴。

(四)燃气截止阀和排放阀

燃气轮机在燃气管线上设置有一组燃气截止阀和燃气排放阀，其作用是安全关断燃气和排放截止阀后燃气系统的燃气。燃气截止阀和排放阀只有在机组安全油压建立之后才能动作，燃气截止阀和排放阀均为液压驱动的活塞型开/关阀，其驱动方向相反。当燃气轮机启机挂闸时，机组安全油压建立，燃气截止阀关断燃气开启，燃气排放阀开启关闭；当燃气轮机停机或跳机打闸时，机组失去安全油压，燃气截止阀关断燃气供给，燃气排放阀开启排放。

(五)燃气压力控制阀和流量控制阀

燃气压力控制阀和流量控制阀是燃气控制系统的主要设备。燃气控制系统的作用是控制燃气的压力和流量。燃气控制系统通过调节燃气流量来调节燃气轮机以适应不同的负荷要求，调节后的燃气通过燃气总管分配，并进入 20 个燃烧器。如图 3－3 所示，燃气供气系统分为值班燃气供气管路和主燃气供气管路。其中值班燃气供气管路含 1 个压力控制阀和 1 个流量控制阀；主燃气供气管路含 2 个压力控制阀和 1 个流量控制阀，燃气压力控制阀和燃气流量控制阀的驱动方式均为液压驱动。

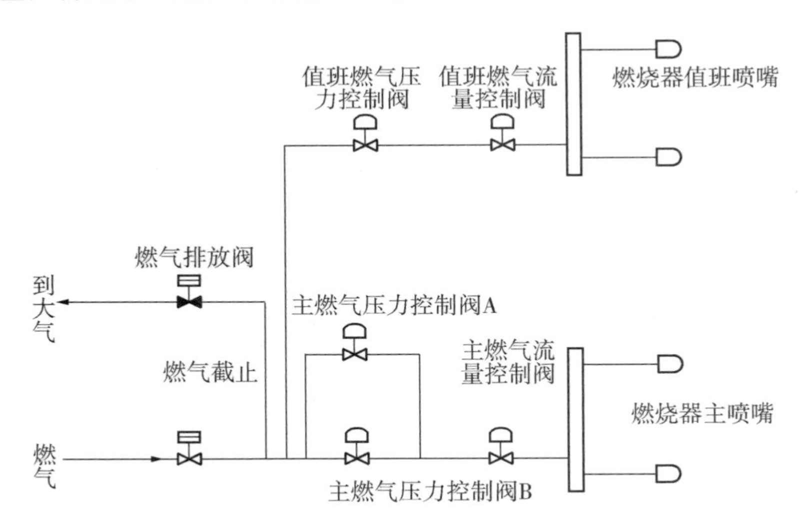

图 3－3　值班燃气和主燃气管路

燃气轮机的流量控制是通过压力控制阀和流量控制阀共同作用而实现的。其中，压力控制阀控制流量控制阀的前后压力差，使其前后压力差保持某一定值；流量控制阀通过调节其阀门开度来控制天然气流量。

四、系统运行维护

(一)燃气供气系统投运前的试验

(1) 燃气供气系统压力试验合格。

(2) 燃气流量计应经校验准确无误。

(3) 燃气温度、压力、流量调节阀应开关正常，无卡涩现象。

(4) 燃气截止阀及燃气排放阀动作正常。

(二)燃气供气系统投运前的检查

(1) 确认燃气供气系统所有检修工作已终结。

(2) 确认天然气调压站系统投运且正常。

(3) 投入系统中各压力、差压仪表仪器正常。

(4) 检查燃气截止阀全关，燃气排放阀全开。

(5) 关闭各手动排空门、排污门和充氮口隔离阀。

(6) 开启流量计出口手动门。

(三)燃气供气系统的投运

1. 燃气供气系统由空气置换为氮气

(1) 检查流量计入口手动门、流量计旁路手动门处于关闭状态。

(2) 强制打开温控阀至50%位置。

(3) 全开一只末级过滤器进、出口隔离阀，另一只末级过滤器工作，进口隔离阀开、出口隔离阀微开。

(4) 将氮气瓶连接至流量计入口处充氮接口，打开充氮隔断球阀进行充氮操作，使管线中的压力升至0.5MPa。

(5) 打开排放阀，直到降压到0.02MPa后关闭。

(6) 充放两次后，从燃气排放阀前取样点取样，检测氧含量合格(体积含量下降到1%)。

(7) 如不合格，重复充放检测，直至合格。

2. 燃气供应系统由氮气置换为天然气

(1) 确认系统充满氮气，打开排放阀将压力泄至0.02MPa后关闭。

(2) 确认强制打开温控阀至50%位置。

(3) 微开流量计进口门，将下游压力缓慢升压至1MPa后关流量计进口门。

(4) 打开燃气排放阀将压力泄至0.02MPa后关放散阀。

(5) 微开流量计进口门，将下游压力缓慢升压至3.5MPa后全开关流量计进口门。

(6) 检查投运一只末级过滤器进、出口隔离阀开，另一只进口隔离阀开，出口隔离阀关，充压后备用。

（7）解除燃气温控阀强制，检查燃气截止阀前燃气压力是否正常，燃气系统已处于备用状态。

（四）燃气系统运行监视

1. 机组启停期间燃气控制阀动作监视

机组发启动指令后检查：值班燃气压力控制阀开启至90%，90s后关闭；主燃气压力控制阀A开启至90%，90s后关闭；主燃气压力控制阀B开启至40%，90s后关闭，排尽燃气压力控制阀与燃气流量控制阀间的燃气。

机组挂闸后检查：燃气截止阀开启，燃气排放阀联动关闭；值班燃气压力控制阀开启一定开度维持值班燃气流量控制阀前后压差达到0.392MPa；主燃气压力控制阀B、A先后开启至一定开度维持主燃气流量控制阀前后差压达到0.392MPa。

机组打闸后检查：燃气截止阀关闭，燃气排放阀开启，值班燃气流量控制阀、主燃气流量控制阀、主燃气压力控制阀A、主燃气压力控制阀B、值班燃气压力控制阀关闭。

机组转速下降到500r/min时检查：值班燃气压力控制阀和主燃气压力控制阀A开至90%，延时90s关闭；主燃气压力控制阀B开至40%，延时90s关闭，排尽燃气压力控制阀与燃气流量控制阀间的燃气。

2. 燃气供应系统运行参数及联锁保护

（1）燃机进口燃气压力：满负荷时约为3.1MPa，燃气压力<3.05MPa时发出燃气压力低报警，压力<2.9MPa时自动降负荷（RB），燃气压力<2.7MPa时保护应动作停机。

（2）燃气加热器出口温度应按负荷曲线设定，供气温度≥215℃或偏差－25℃应发出报警信号；供气温度≥230℃或偏差－50℃时，应联锁将燃机负荷降到50%负荷。

（3）燃机燃气末级过滤器差压计读数>0.05MPa时应切换到备用过滤器运行。

（4）启动（点火）过程中，燃气（主燃气、值班燃气）流量控制阀压差≥0.589MPa时保护应动作跳闸。

（5）燃气控制阀控制信号输出与燃气控制阀实际位置偏差超过±5%延时10s以上时，保护应动作跳闸。

（五）燃气供应系统的隔离置换

（1）检查燃气供应系统在停用备用状态。

（2）关闭流量计入口手动门，确认流量计旁路手动门关闭。

（3）强制打开温控阀至50%位置。

（4）全开一只末级滤进、出口隔离阀，另一只末级滤进出口隔离阀微开。

（5）将氮气瓶连接至流量计入口处充氮接口，打开充氮隔断球阀进行充氮操作，使管线中的压力升至0.5MPa。

（6）打开排放阀，直到降压到0.02MPa后关闭。

（7）充放两次后，从燃气排放阀前取样点取样，检测可燃气体含量合格（体积含量下降到1%）。

（8）如不合格，重复充放检测，直至合格。

（9）做好其他隔离措施后，交给检修处理；在检修过程中，应持续地对工作区域进行爆炸性气体检测，当测得的天然气浓度超过 10% 爆炸下限（LEL），必须停止一切检修工作。

五、系统典型异常及处理

（一）燃气供气压力低

可能原因：

（1）滤网堵塞。

（2）压力变送器故障。

（3）燃气工作调压阀故障。

（4）燃气泄漏。

处理措施：

（1）若天然气压力低报警发出，或天然气供应压力异常降低，应退出 AGC，降负荷维持燃气供应压力，立即查找原因并处理。

（2）做好天然气压力低快速降负荷及跳机的事故预想。

（3）检查天然气调压站 ESD 阀前压力是否正常，如有异常，通知供气方处理。

（4）检查天然气调压站是否运行正常，若机组调压线不正常，检查备用调压线正常投入，关闭备用调压线至其他机组手动门，并及时处理机组调压线缺陷。

（5）检查天然气调压站燃气过滤器、末级滤网差压是否增大，若滤网堵塞，应切换至备用过滤器，并择机隔离清理。

（6）检查天然气管线是否存在泄漏点，如有应及时隔离处理。

（7）排除测点故障。

（二）燃气供气温度高/低异常

可能原因：

（1）热偶故障。

（2）燃料温度控制阀故障。

（3）TCA 风机故障。

处理措施：

（1）DCS 检查机组燃机画面，若燃气温度测点突变触发报警，可能为测点故障，通知热工检查处理。

（2）检查燃气温控阀是否投自动，阀门动作是否正常，阀门仪用压缩空气是否正常。

（3）TCA 风门挡板是否调整。

（4）如燃气供气温度异常低，检查 TCA 风机是否运行正常。

（5）燃气温度偏差达到设定值，确认机组快速减负荷。

（三）燃气泄漏报警

当燃气探测器探测到机岛环境或者排气段有燃气时，发出报警。只有当燃机停运时，排气段燃气探测器才运行。

可能原因：

（1）燃气管线外漏或燃气控制阀泄漏。

（2）燃气探测器故障。

处理措施：

（1）检查燃气泄漏报警是否能立即复位，排除误报可能。

（2）若是机岛的燃气检测器报警，用可燃气体探测仪检查机岛范围内是否有燃气泄漏，检查备用燃机罩壳风机启动，查找漏点，安排消缺。

（3）若是排气段燃气检测器报警，就地检查燃气截止阀、燃气排放阀、燃气压力控制阀和流量控制阀阀位，检查机组天然气流量计是否有流量，如有异常及时安排消缺处理，排除误报消除缺陷后，应进行高盘吹扫直至报警复位。

第四章

燃气轮机风烟系统

一、系统概述

燃气轮机风烟系统的主要作用是提供清洁的空气进入燃气轮机燃烧，并将燃烧产生的烟气排至余热锅炉。此外，还包括了压气机抽气，用于防止喘振及燃气轮机的冷却、密封。它主要由压气机进气、排气系统，燃气轮机抽气冷却系统和燃气轮机密封空气系统组成。

空气质量对燃气轮机能否安全可靠运行有着巨大影响，空气质量差会导致压气机堵塞，燃气轮机输出功率降低，严重影响机组的安全运行。燃气轮机进气系统的主要功能：提高供给压气机进口空气的质量；通过消声器消除压气机的低频率噪声，并降低其他频率范围的噪声；控制进气压降在允许范围，保证燃气轮机的性能。

燃气轮机排气系统的功能是将燃气轮机排气引入到余热锅炉，与余热锅炉热交换，通过烟囱排到大气环境中。燃气轮机排气通道安装有多个膨胀节，保证排气通道受热膨胀不受阻。在燃气轮机排气通道还设置有叶片通道温度测点、排气温度测点、排气压力开关及可燃气体探测装置。

压气机设置了#6、#11、#14 三级抽气系统，一方面防止机组在加、减速期间发生喘振，另一方面提供了燃气轮机动叶、静叶、叶片持环、叶顶叶根、排气框架等热通道部件的冷却空气。M701F3 型燃气轮机额定工况下燃烧初温可达 1400℃，冷却系统一方面隔离热通道部件与高温烟气直接接触，另一方面带走热通道部件的热量实现冷却，是燃气轮机安全可靠运行最基本和最关键的保障。燃气轮机冷却系统包括透平静叶冷却系统和转子冷却空气系统。另外，热通道部件中燃烧筒、尾筒、透平#1 级静叶等设备不是通过冷却空气系统提供的冷却空气进行冷却，而是利用本身的设备构造形成的压力差使压气机出口空气在热通道内部和表面流动进行冷却。

燃气轮机密封空气系统的作用是从压气机抽气向燃气轮机轴承提供密封空气。一方面，密封空气可防止#2 轴承箱（压气机入口侧）油气泄漏污染压气机；另一方面，密封空气可防止#1 轴承（燃气轮机排气段侧）直接与高温烟气接触，防止高温烟气进入轴承箱导致轴承箱着火。

二、系统流程

（一）燃气轮机进气系统

为提高压气机进气缸空气的质量，环境中的空气经过防雨分离器的分离，并经过进气室一、二级过滤器过滤后进入压气机进气室内，然后依次经过消音器、进气导流板、格栅板、膨胀节、进口可调导叶（IGV）后到达压气机进气缸，如图 4－1 所示。

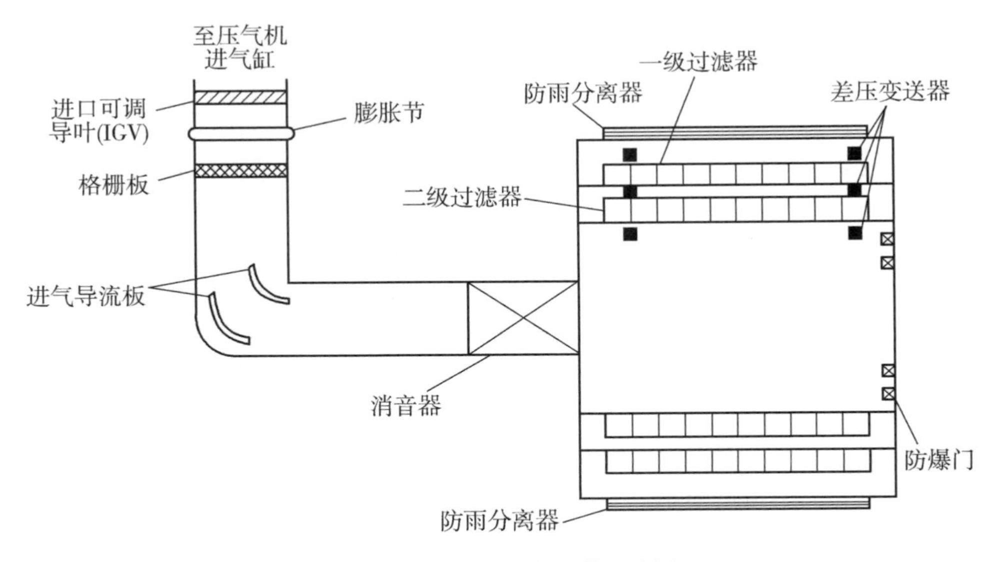

图 4－1　燃气轮机进气系统示意图

（二）燃气轮机排气系统

空气经压气机压缩升压后进入燃烧室，在燃烧器内与天然气混合、燃烧，产生高温高压烟气，进入燃气轮机透平做功，做功后的乏气通过排气段引入余热锅炉。排气系统由排气缸（排气扩压容器）、排气通道、膨胀节等组成。

（三）压气机抽气及透平静叶冷却空气系统

如图 4－2 所示，系统从压气机的#6、#11 级和#14 级抽气，通过两个对称进气口进入透平静叶冷却空气环形腔室，分别为#4、#3、#2 级燃气轮机静叶环形腔提供冷却空气，对透平#4、#3、#2 级静叶片和持环进行冷却，同时向燃气轮机级间轮盘提供冷却空气。透平静叶冷却空气从静叶叶顶进入，从静叶叶根流出，进入叶根密封腔室，最后流出混入透平烟气中。透平#2、#3 级静叶冷却空气中，部分冷却空气从静叶本体流出，在静叶表面形成冷却膜。#1 级静叶的冷却空气从压气机出口，经燃烧室的火焰筒周围空腔引出，流过#1 级静叶环套，再流入#1 级空心静叶内部冷却通道，冷却静叶后从静叶出气边小孔排至主烟气流中。

抽气管道上安装有高、中、低压防喘放气阀，均为气动操作的开关型蝶阀，可分别将压气机的#6、#11 级和#14 级抽气排至燃气轮机排气段。打开防喘放气阀可以有效防止压气机在启动和机组打闸停机过程中发生喘振。

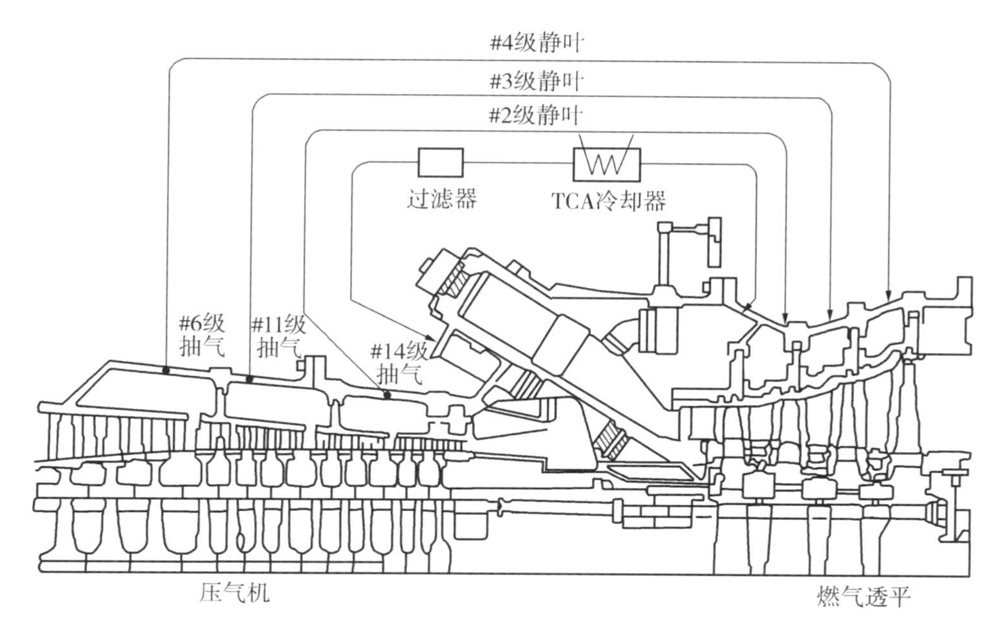

图 4－2 燃气轮机抽气冷却系统

(四)转子冷却空气系统流程

燃气透平转子冷却采用压气机出口抽出的一部分空气，通过透平冷却空气冷却器，经过滤后送回到燃气透平的转子中去冷却轮盘和动叶。

转子冷却空气是引自压气机出口腔室的高温、高压空气，经 TCA 冷却器冷却和转子冷却空气过滤器过滤后，通过特定通道送到燃气轮机转子内部透平动叶轮盘处。经过 TCA 冷却器的冷却空气分成二股：一股经#1 级轮盘上的径向孔引至#1 级动叶根部，再流入#1 级空心动叶内部冷却通道进行冷却后，从叶顶和叶片出气边小孔排至主燃气流中；另一股空气经第 1 级轮盘上的轴向孔流至#2 ～#4 级轮盘之间的空腔，经叶根槽底部的径向孔流去冷却#2 ～#4 级轮缘及叶根。这样，每级叶轮的进气侧和出气侧都有冷却空气流过，使燃气透平各级叶轮的表面全部被冷却空气所包围，与燃气完全隔开，冷却效果很好，燃气初温在 1400℃的情况下，保证燃气透平能够长期安全运行。

(五)轴承密封空气系统

燃气轮机轴承密封空气取自压气机低压抽气，首先经过惯性过滤器及疏水分离器，通过密封空气压力调节总阀调压后分成两路进入#1、#2 轴承箱。其中，密封空气进入#1 轴承箱前经 1#轴承箱密封空气压力调节阀调节，进一步调整密封空气压力。

三、系统主要设备

（一）进气部分

进气部分由防雨分离器、进口过滤器、进气过滤器安装架及隔板、进气段膨胀节、消声器、进气导流板和压气机入口连接弯管、入口隔栅、进口可调导叶（inlet guide vane，IGV）等部件组成。

1. 防雨分离器

空气在进入过滤器之前要经过防雨分离器。防雨分离器沟槽结构有利于雨水汇集，通过边缘的排水管将雨水引至地面。另外，进气防雨分离器还能防止小鸟、树枝、纸片等异物进入压气机进气室。

2. 进口过滤器

进口过滤器主要作用是过滤进气中的杂质，保证进入压气机内空气的洁净度。进口过滤器分为两级：一级过滤器由机盖和设置在机盖内腔中的滤芯构成；二级过滤器由机身和设置在机身内腔中的滤芯构成。空气先经过一级过滤器过滤掉大部分的杂质和粉尘微粒，然后进入二级过滤器进行深度过滤。过滤器设有压差变送器，可通过监测空气经过初效过滤器和高效过滤器的压力下降情况来判断滤芯的清洁度。

3. 防爆门

防爆门的作用是防止过滤器因堵塞等原因造成过滤室内外压差过高，从而使过滤室损坏。防爆门在正常情况下处于关闭状态，当内外压差达到极限值时，在压力作用下防爆门将自动打开以避免过滤室外壳内爆，并将开信号传至控制系统，控制系统随之出现报警显示，此时燃气轮机需手动停机。

4. 消声器

消声器的作用是减弱压气机叶片产生的高频噪声，从而降低从进口滤网排出的噪声。消声器由几个噪音衰减控制板构成，可衰减压气机产生的高频噪音，同时对其他频率的噪音也有削弱作用。

5. 进气导流板

进气导流板的作用为平滑地改变气流方向，尽可能降低导入压气机入口的进气阻力。

6. 压气机入口连接弯管

压气机入口连接弯管是一个经过声学处理的弯头，也起到一定的消声作用。

7. 进气段膨胀节

膨胀节是用螺栓连接到进气室和进气管道上的，在机组运行时吸收进气系统和钢制管道的热膨胀并消除振动。

8. 入口隔栅

入口隔栅为网格状金属板，进一步防止较大的异物进入压气机。

9. IGV

IGV 位于压气机一级动叶之前，通过改变叶片的角度实现进入压气机空气流量的调节，通过油动机驱动。通过合理的空气流量调节，进口可调导叶在机组启动期间提高启动加速能力，在机组低负荷阶段提高燃气轮机排烟温度，从而提高整个联合循环的效率。机组并网后，IGV 开度为燃气轮机负荷的函数，机组 50% 负荷后，机组负荷越高，IGV 开度越大。

(二)排气部分

排气部分主要由排气缸、排气通道及排气段膨胀节组成，并安装有可燃气体探测器、排气压力监视装置、叶片通道温度测点和排气温度测点。

(1) 排气段可燃气体探测器。

排气系统安装有一个可燃气体探测器，当燃气轮机停运机组转速低于 300r/min 时，可燃气体取样电磁阀开启，探测器开始监视排气段内可燃气体的含量，防止燃气轮机内因可燃气体浓度高引起内爆。

(2) 排气压力监视装置。

排气压力监视装置作用是监视燃气轮机的排气压力，判断排气段及余热锅炉运行是否正常。当排气压力变送器检测到排气压力高于限值时，发出报警以防止因排气压力高而导致高温烟气进入排气侧轴承箱。排气压力监视装置包括 1 个就地压力表、1 个压力变送器和 3 个压力开关，压力表用于监测排气压力，压力变送器的作用是将排气压力传送到 DCS 系统上用于监视。压力开关采用三取二的方式，当燃气轮机排气压力偏高时，压力开关动作机组跳闸。

(3) 叶片通道温度(blade path temperature，BPT)测点。

叶片通道温度测点安装在燃气轮机#4 级动叶与#1 轴承之间，共 20 个测点。由于叶片通道温度测点紧靠#4 级动叶，经燃烧做功后的烟气未在排气段混合。叶片通道温度测点所监测到的温度场，充分反映了燃气轮机内部燃烧、做功的温度场。因此，叶片通道温度检测器主要用来监控燃气轮机燃烧工况、保护燃气轮机安全运行，同时，叶片通道平均温度还参与燃气轮机燃烧控制。

(4) 排气温度(exhaust temperature，EXT)测点。

排气温度检测器主要用于燃气轮机的燃烧控制及保护。排气部分共安装有 6 个 EXT 检测器，其测点安装在排气段中段部位，排气已充分混合，各测点温度偏差较小。排气平均温度同样参与燃气轮机燃烧控制。

(三)透平静叶冷却部分

1. 抽气管道

燃气轮机设置有高压抽气管道、中压抽气管道、低压抽气管道，高、中、低压抽气管道分别始于压气机#14、#11、#6 级静叶后腔室。每级抽气均设置有 4 个抽气口，平均分配在压气机静叶环圆周上，尽量减小抽气时对压气机内气流的影响和对压气机动静叶片产生的激振，保证压气机安全可靠运行。4 个抽气口抽出的空气在一根抽气管道上汇合并送到透平侧，然后分成两路送入透平静叶冷却空气进气腔室。冷却空气进气腔室为圆周方向贯通，每片透平静叶的冷却空气从叶顶进入，通过静叶从叶根密封环处排出。

2. 节流孔板

高、中、低压抽气在进入透平静叶冷却空气进气腔室前，需经过一个节流孔板，节流孔板的作用主要是调节进入透平静叶的冷却空气量。冷却空气量越大，冷却效果越好，参与燃烧的空气量越少，燃气轮机的效率也变差。因此，当燃气轮机运行时间长、设备性能下降后，可能出现燃气轮机轮间温度升高现象，此时可通过调节节流孔板口径，增大静叶冷却空气流量以增强冷却效果。由于冷却空气增多，降低燃气轮机的排烟温度需要调整燃气轮机排气温控设定进行变更，避免燃气轮机初温超温。

3. 防喘放气阀

压气机高、中、低压抽气管道上分别配置了高、中、低压防喘阀。启机升速过程中，开启中、低压防喘阀，停机降速过程中开启高、中、低压防喘阀，将进入压气机中的一部分空气放出，排放到燃气轮机的排烟扩散段的通道中，从而避免气流在压气机通流部分发生“前喘后堵”，即压气机的喘振现象。同时，防喘阀还有减小启动功率的作用。

(四)转子冷却空气部分

1. 透平冷却空气冷却器

转子冷却空气取自压气机出口，压气机出口空气在满负荷时温度为450℃左右，为保证转子冷却效果，需在转子冷却空气送入透平转子之前进行降温，因此系统设置有透平冷却空气(TCA)冷却器。

压气机出口的空气抽取一部分作为转子冷却空气，它经过TCA冷却器冷却，再经过一台外置过滤器过滤，然后送回到燃气透平的转子中去冷却，这样可以使冷却的效果更好，而且可以减少冷却空气的流量。同时，通过设置燃料加热器可回收TCA的热量用于加热燃气，可降低机组的热耗率。

TCA冷却器如图4－3所示。当转子冷却空气经过TCA冷却器时，其下方的3台风扇将环境中的空气向上吹，转子冷却空气经大量环境空气冷却后，温度从450℃下降到200℃左右。风扇向上吹的空气，经冷却转子冷却空气后，变成高温空气，继续向上经过燃气加热器加热天然气，将天然气温度提升至设定温度。

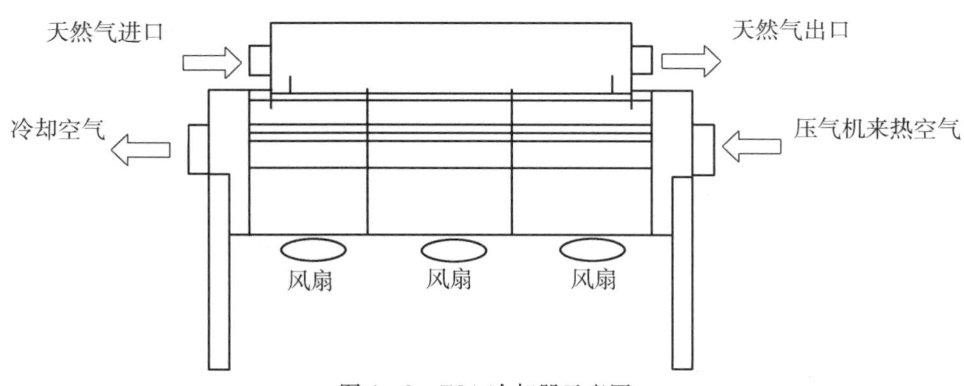

图4－3　TCA冷却器示意图

机组负荷越高，燃气轮机透平入口烟气温度越高，而 IGV 开度随着负荷增大而增大，TCA 流量也相应增大，从而保证了透平冷却效果。

2. 转子冷却空气旁路阀

TCA 冷却器设置有旁路阀，用于调节转子冷却空气温度。旁路阀在机组正常运行时全关，冷却空气流经 TCA 冷却器。机组满负荷运行时，TCA 温度一般为 200℃左右，在夏季由于环境温度升高，TCA 温度也相应升高。

3. 转子冷却空气风扇

TCA 冷却器是通过下方的 3 台风扇完成换热过程的。3 台 TCA 冷却风扇采用传动带与电动机进行传动，并设置有挡板，通过调节挡板开度改变进入 TCA 冷却器的空气量。正常运行时，3 台风扇同时启、停，在机组发启动令后同时启动，在机组停机降速延时 1h 后全停。

4. 转子冷却空气过滤器

冷却时燃气透平动叶片中一些通气孔道的直径很小，当冷却空气不清洁时会发生堵塞现象，使动叶片的冷却效果降低。为防止尘粒堵塞动叶片通气小孔，M701F3 型燃气轮机设置有转子冷却空气过滤器以滤除冷却空气中的尘粒。该过滤器利用惯性力的原理，冷却空气通过叶片型滤网时流动方向发生改变，空气中所含的尘粒以直线方向分离出来，清洁空气转到另一个方向，而含尘粒的空气被引至排气管道，与燃气轮机排气一起排出，不再堵塞滤网，因此滤网进出口之间不需要压差装置来监视滤网的堵塞。滤网的工作原理如图 4－4 所示。

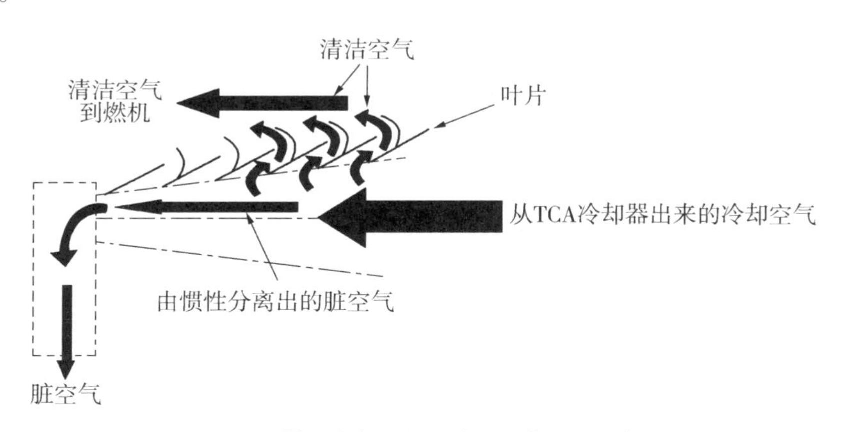

图 4－4 转子冷却空气过滤器工作过程示意图

当机组长时间停运后或者机组离线水洗时，转子冷却空气系统管道内可能有锈蚀物。机组启动时，开启转子冷却空气过滤器排污切换试验阀，使过滤器内部分空气排到燃气轮机排气段，固体颗粒物质则随之流出，可有效防止锈蚀物随 TCA 进入燃气轮机转子内部，造成冷却通道堵塞、污染。

（五）温度监测设备

燃气轮机冷却空气系统设置有多个温度测点监视燃气轮机冷却效果，包括燃气轮机轮间温度测点、转子冷却空气温度测点。

为监视燃气轮机静叶冷却效果，设置有燃气轮机轮间温度测点，#2、#3、#4 轮盘左右侧温度测点，#4 轮盘下游温度测点。#2、#3、#4 轮盘温度测点分别用于测量#2、#3、#4 静叶叶根密封环腔室温度，#4 轮盘下游温度测点用于测量动叶下游密封腔室温度。机组正常运行时，#2、#3、#4 轮盘温度不得超过 460℃，#4 轮盘下游温度不得超过 410℃。

为监视动叶冷却效果，设置有两个转子冷却空气温度测点，测量转子冷却空气进入转子前的温度。转子冷却空气温度是监视动叶冷却效果的唯一办法，转子冷却空气温度越高，对燃气轮机动叶冷却效果越差。当转子冷却空气平均温度大于 235℃时，发出转子冷却空气温度高报警。

(六)密封空气供气设备

密封空气由压气机低压抽气提供，供气设备由惯性过滤器、疏水分离器、密封空气压力调节总阀、#1 轴承箱密封空气压力调节阀及供气管道组成。

四、系统运行维护

(一)燃气轮机风烟系统投运前检查

检查本系统的所有工作票已终结，场地清洁，无检修人员工作；确认系统中各类仪表已投入，参数显示准确无误；确认有关保护及联锁经试验动作正常、各疏水门疏尽水后关闭、各手动阀门位置状态正确，4 个防爆门完好无损且在关闭状态，防雨分离器完好；确认 IGV 处于全关位置(34°)；检查排气膨胀节完好无损；确认控制油系统工作正常；确认压缩空气系统运行正常；确认高、中、低压防喘放气阀联锁开、关正常，无卡涩现象并在关闭位置；确认 TCA 冷却器风机已送电，投入自动状态运行。

(二)燃气轮机风烟系统的运行监视

确认燃气轮机风烟系统相关设备正常动作。

1. 启机阶段

机组发出启动令后检查 IGV 是否由全关(34°)开至半开(19°)；检查 3 台 TCA 风机是否自动启动，中、低压防喘放气阀是否打开，如机组停机达 48h 或选择离线水洗模式启动，还需检查 TCA 过滤器排气至排气段气动阀是否自动开启，TCA 过滤器排气至燃烧室气动阀是否自动关闭。机组转速升至 2745r/min 时检查 IGV 是否由半开(19°)关至全关(34°)，机组转速升至 2815r/min 时检查低压防喘放气阀是否关闭，5s 后中压防喘放气阀是否关闭。机组达到额定转速且转子冷却空气温度达 130℃时，检查 TCA 系统气动疏水阀是否自动关闭。如机组停机 48h 后启动，机组负荷达到 200MW 时，还需检查 TCA 过滤器排气是否自动切换至燃烧室缸。

2. 机组正常运行阶段

机组负荷升至 50% 后，检查 IGV 随燃气轮机负荷变化自动调整开度是否正常。

3. 停机阶段

在机组打闸后检查高、中、低压防喘放气阀是否开启，TCA 系统气动疏水阀是否自动开启。机组打闸 20min 后检查高、中、低压防喘放气阀是否关闭。机组打闸 1h 后检查 3 台 TCA风机是否自动停运。

机组正常运行时，应检查确认系统有无泄漏，检查防爆门是否完好无损、是否动作，并按表4－1 要求检查燃气轮机风烟系统参数是否正常。

表4－1 燃气轮机风烟系统内过滤网运行参数

名称	定值限额			备注
	单位	报警值	跳闸值	
一级空气滤网压差	Pa	375		总差压达 1Pa 时报警，1.25kPa 时一个防爆门开启，2.85kPa 时四个防爆门开启
二级空气滤网压差	Pa	625		
转子冷却空气温度	℃	235		
#2、#3、#4 级轮间温度	℃	460		
#4 机轮盘下游温度	℃	410		
平均叶片通道温度	℃		680	与控制参考值之差达到 45℃也跳闸
叶片通道温度偏差	℃	超－30～20	超－60～30	超－40～25，延时 30s 自动停机
排气压力	kPa	4.9	5.5	
平均排气温度	℃		620	与控制参考值之差达到 45℃也跳闸

五、系统典型异常及处理

(一) 压气机进气滤网异常

可能原因：

(1) 滤网堵塞。

(2) 差压开关故障。

处理措施：

(1) DCS 检查压差曲线，若因突变触发报警，并能立即复位，则可能测点损坏，通知热工检查处理。

(2) 加强监视，一、二级总压差不得大于 1kPa，否则视情况降负荷控制压差。

(3) 就地检查压气机进气室防爆门状态，若防爆门已经打开，运行人员应及时手动停机。

(4) 停机后，根据差压情况，及时更换压气机进气滤网。

(二)转子冷却空气温度高

可能原因:

(1)环境温度升高或燃气轮机高负荷运行。

(2)转子冷却空气温度测点异常。

(3)TCA冷却风扇故障或传动皮带松脱或风扇出口风门挡板异常关小。

(4)转子冷却空气系统有堵塞或泄漏。

(5)转子冷却空气冷却器旁路阀被误开。

处理措施:

(1)发现转子冷却空气温度升高或DCS上有转子冷却空气温度高报警时,应及时控制机组负荷,必要时退出机组AGC,降低机组负荷,控制转子冷却空气温度。

(2)如果转子冷却空气温度两个测点温度偏差较大,通知检修人员检查。

(3)检查DCS上3台TCA风机是否运行正常,传动带是否松动或断裂脱落,如果有异常应及时通知检修处理。

(4)检查TCA冷却器旁路阀是否误开,应关小转子冷却空气冷却器旁路阀开度。

(5)检查TCA出口风门挡板是否关小,必要时可调整开大。

(6)如经调整,TCA温度高不能复位,应及时安排停机处理。

(三)轮盘间隙温度高

可能原因:

(1)热偶故障。

(2)TCA冷却器性能恶化。

(3)冷却空气管堵塞。

(4)密封环间隙增大。

(5)如机组检修后首次启动,还可能由热偶安装位置不当、燃气轮机动叶环或密封套安装不当引起轮盘间隙温度高。

处理措施:

(1)DCS检查轮盘温度测点曲线,如果是突变导致报警触发,可能是测点故障。

(2)如果轮盘间隙温度呈渐变趋势,且在相同负荷下对应温度偏高,可能是转子冷却空气系统出现问题,若此时燃气轮机在负荷变动过程中,继续观察待负荷稳定,负荷稳定后轮盘温度仍然高,则调整负荷直至报警复位。

(3)如TCA温度高,按TCA温度高处理。

(4)检查TCA系统管道是否泄漏,停机后及时安排处理。

(5)经调整,轮盘间隙温度高仍旧不能复位,应及时安排停机处理。

六、系统优化及改造

(一)燃气轮机空气过滤器改进升级

空气过滤器的选择必须根据使用地区的气候特点,在满足燃气轮机初阻力和风量要求的条件下，选择适合现场安装、满足过滤精度要求的材料，结合过滤器的使用寿命及使用成本，对有关的各项技术指标进行调整或修正。例如前湾燃机电厂地处深圳大铲岛、亚热带海洋性气候带，常年空气较为潮湿，原先采用的空气过滤器，其过滤效率为90%～95%@ 0.4μm(F8)。实际运行发现，原过滤器过滤精度不足，压气机积垢严重，降低了燃气轮机效率，且容易提前进入温控，需要频繁离线水洗。经论证，将过滤器升级，过滤效率提高至95%@0.3μm（H10）。升级过滤器后，空气阻力增加约20Pa，对机组影响不大；减少了异物进入燃气轮机，对燃气轮机有较好的保护效果。对比之前情况，压气机叶片明显干净，未再出现提前进入温控情况，燃气轮机效率及出力得到了一定的提高，水洗周期也大幅延长。

(二) TCA 自动吹扫改进

原TCA系统疏水均设计为手动阀，疏水阀正常运行时关闭，仅在燃气轮机离线水洗时才打开；TCA过滤器排气至燃烧室手动阀及TCA过滤器排气至排气段手动阀，在停机48h以上再次启机需进行切换。为调峰机组，机组启停频繁，常需切换TCA排气阀，工作较为繁琐，并且TCA系统长期不疏水存在积水生锈现象，可能导致燃气轮机热部件冷却孔堵塞及TCA管道腐蚀泄漏的问题。改造后的TCA系统，过滤器排气至燃烧室手动阀及过滤器排气至排气段手动阀改为气动阀，在TCA冷却器出口侧集箱疏水及TCA过滤器底部疏水各增设一个气动阀，在机组启机阶段TCA过滤器排气可自动切换，TCA系统可自动疏水，大大减少了运行人员的工作量。

第五章

压气机水洗系统

一、系统概述

M701F3 型燃机高负荷运行时，压气机需提供 600kg/s 以上的空气，以满足燃机正常运行的需要。空气中含有各种污染物、灰尘等悬浮物，虽然燃机进气系统设置有两级进口过滤器，一般对大于 5μm 颗粒的过滤效率为 99.99% 以上，对大于 1μm 颗粒的过滤效率在 90% 以上。但空气中仍然有很多微小悬浮物无法除去，这些物质进入压气机后，随着运行时间的不断增加，将会逐渐吸附在压气机叶片表面而产生积垢，从而导致机组出力、效率及运行性能下降。具体情况如下：

（1）压气机通道面积减小，升力系数减小，阻力系数增大，导致压气机的流量、压缩比和效率降低。

（2）喘振边界下移，使得实际运行工况更接近喘振边界，机组的安全运行裕度减少，压气机运行时容易发生喘振。

（3）燃机进气量减少，机组在升负荷过程中，燃机容易进入 BPT 排气温度控制模式，使得机组升负荷缓慢。

因此必须定期进行压气机水洗使压气机保持良好的状态。压气机水洗有离线水洗和在线水洗两种方式。

（1）离线水洗是指机组在高速盘车模式下，间断开启压气机离线水洗阀进行水洗。

（2）在线水洗是指在燃机出力为 75%～90% 额定负荷下，间断地开启压气机在线水洗阀进行水洗。

在线水洗可在不停机的状态下进行，可减少水洗时机组停运带来的经济损失，但是在线水洗的效果不如离线水洗好，因此在线水洗不能代替离线水洗。因为在线水洗效果不明显，且国内燃气－蒸汽联合循环机组主要为调峰机组，机组频繁启停，有离线水洗的机会，所以一般采用离线水洗。如果机组长期连运，无机会离线水洗，可根据需要在线水洗。

二、系统流程

如图 5－1 所示，压气机水洗水箱补水来自除盐水。除盐水经过水洗泵升压后，一路经水洗泵出口调节阀和水洗阀进入压气机，清洗压气机叶片，清洗水压力和流量可通过水洗泵出口调节阀调节。另一路经再循环回路回到水洗水箱，再循环回路上的节流孔板保证水洗泵的最小流量，另外节流孔板配置有再循环旁路。水洗阀分为离线水洗阀和在线水洗阀，根据水洗方式，开启对应的阀门。

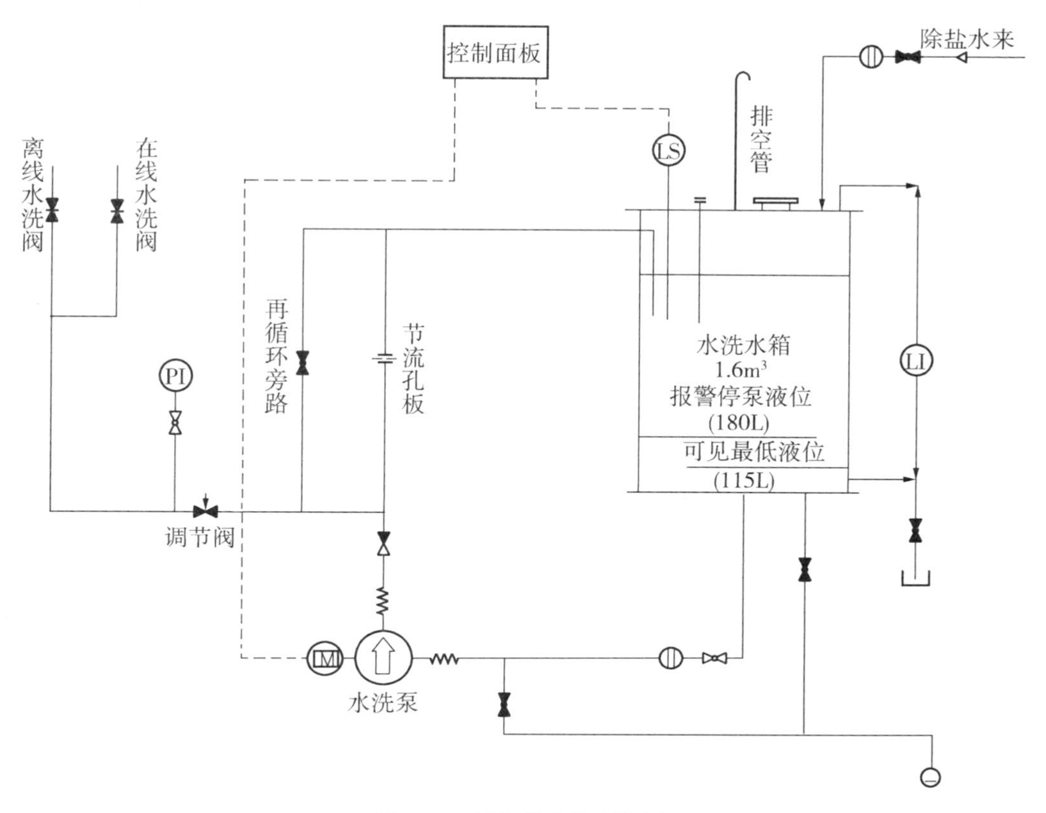

图 5－1　压气机水洗系统图

三、系统主要设备

压气机水洗系统主要由水洗水箱、水洗泵、离线和在线水洗喷头、水洗泵就地控制柜、附属管道、阀门、仪表等组成。

(一) 水洗水箱

水洗水箱容量为 1600L，用于存储压气机清洗用水。水洗水箱上还布置有双色水位计和水位开关。双色水位计用于显示水洗水箱水位，有水区域水位计显示为绿色，无水区域水位计显示为红色。水位开关用于水洗水箱高、低水位报警，即当水洗水箱里的水少于 180L 时发出低水位信号，让水洗泵停止运转或不能启动；而当水洗水箱充满时发高水位报警，此时应及时关闭水洗水箱补水门，以免水箱溢水。水洗水箱顶部设置有排空管，当注水和水洗时，维持水洗箱内空气压力为大气压力。另外，在水洗水箱底部和水洗泵入口过滤器后各设有一个疏水阀。

(二) 水洗泵

水洗系统配置有一台水洗泵，该水洗泵为单机卧式离心泵，额定流量为 430L/min，额定压力 1.09MPa，额定功率 22kW，额定电流 42A，额定转速 2935r/min。

(三)离线和在线水洗喷嘴

压气机进气缸周向分别均匀布置有 8 个离线水洗喷嘴和 8 个在线水洗喷嘴。喷嘴安装位置如图 5－2 所示。

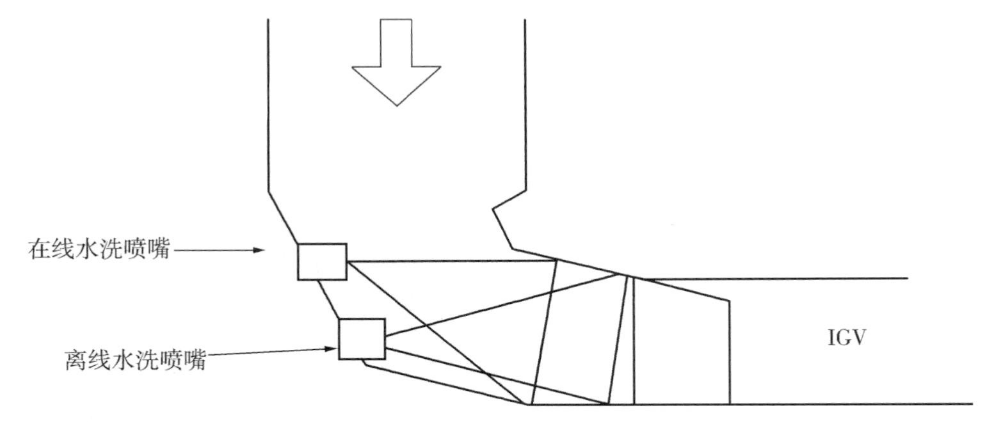

图 5－2　离线、在线水洗喷嘴位置示意图

四、系统运行维护

(一)压气机离线清洗

1. 离线水洗周期

离线水洗可使压气机基本恢复到最佳工况运行，但是频繁进行离线水洗会消耗大量厂用电和除盐水，成本较高；同时使得燃气轮机及余热锅炉热通道部件经受较大的热应力，缩短机组寿命，因此，选择合适的离线水洗周期至关重要。

水洗周期判断主要根据以下几点：

(1) 压气机效率下降 0.2%～0.5%，经验运行小时为 700 左右(燃机采用高效进气过滤器后，水洗周期可延长)，根据环境不同有所变化。

(2) 夏季用电高峰期来临之前，可适当缩短水洗周期，提前水洗。

(3) 机组运行较长时间未水洗时，且机组发生升负荷速率异常缓慢或燃烧波动有恶化，应及时安排水洗。

(4) 机组检修前(确保检修后机组压气机叶片在较干净状态燃烧调整，压气机需解体的检修除外)、性能试验前或其他需要水洗的情况安排水洗。

2. 离线水洗条件

(1) 环境温度高于 8℃。

(2) 燃机最高轮间温度低于 95℃，如温度高于 95℃时可通过高盘冷却降低温度。

(二)离线水洗步骤

(1)打开燃机各疏水阀：燃机密封空气管道疏水阀，各级抽气管道疏水阀，各级冷却空气管道疏水阀，TCA 管道疏水阀，燃烧器旁路阀执行机构疏水，压气机缸、燃烧器缸、透平缸、排气段各疏水阀。

(2)压气机水洗水箱清洗完毕，水箱已上好水阀，水洗装置具备启动条件。

(3)确认机组在盘车状态，具备高盘条件。

(4)选择离线水洗模式。

(5)启动机组高盘，确认机组高盘运行情况正常，机组转速 700r/min 左右。

(6)检查 TCA 管道气动疏水阀开启，TCA 过滤器排气自动切至燃机排气段。

(7)打开压气机离线水洗阀。

(8)启动压气机水洗泵。

(9)缓慢打开水洗泵出口调节阀，调节至出口压力表指示为 0.8～0.85MPa。

(10)保持注水大约 2min。

(11)关闭水洗泵出口调节阀。

(12)重复(9)～(11)步骤直至排水水质清晰，每次间隔为 5min。

(13)清洗完毕，停清洗水泵。

(14)关闭离线水洗阀。

(15)保持机组高盘运行半小时，进行疏水和干燥。

(16)干燥完成，停高盘，投盘车。

(17)盘车投入后，打开压气机入口总管疏水阀，疏水完毕后关闭。

(18)保持盘车运行 1h。

(19)检查离线水洗疏水总管疏水完毕，恢复所有的阀门到初始状态。

(20)离线水洗完毕，打开水洗装置疏水阀，放尽水后关闭。

压气机离线水洗过程见图 5－3。

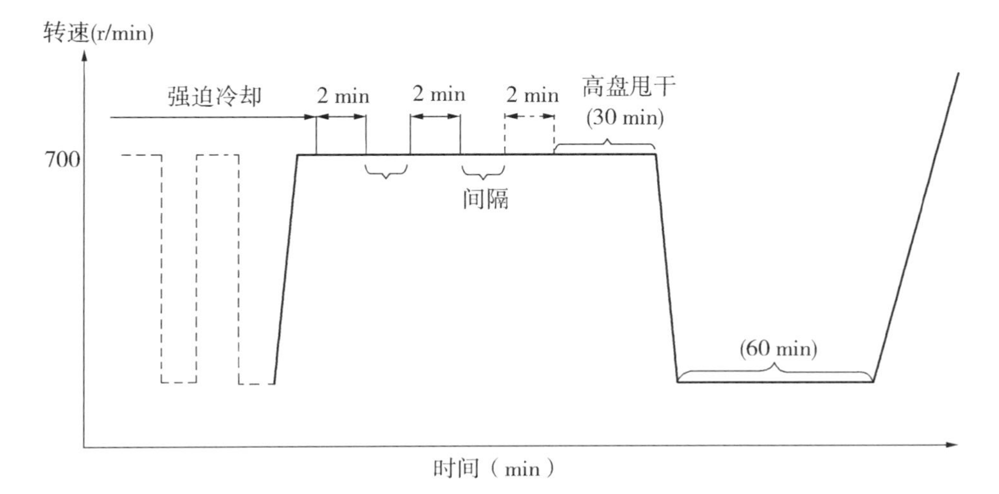

图 5－3　压气机离线水洗过程示意图

(三)压气机在线水洗

1. 在线水洗周期

建议每运行一周在线水洗一次。

2. 在线水洗条件

在线水洗时注入的水在高温下会蒸发成水蒸气，使进入燃气透平的流量骤然增大，燃机可能会过负荷，故需在机组75%～90%额定负荷情况下进行。

3. 在线水洗步骤

(1)压气机水洗水箱清洗完毕，水箱已上好水，水洗装置具备启动条件。

(2)将机组负荷降至75%～90%额定负荷。

(3)选择在线水洗模式。

(4)打开压气机在线水洗阀。

(5)启动压气机水洗泵。

(6)缓慢打开水洗泵出口调节阀，调节至出口压力表指示大约为0.45MPa。

(7)保持注水大约2分钟。

(8)关闭水洗泵出口调节阀。

(9)检查燃机运行情况。

(10)重复(6)～(9)步骤1～2次(最多3次)，每次间隔5min。

(11)清洗完毕，停清洗水泵。

(12)关闭在线水洗阀。

(13)机组按调度要求带负荷。

(14)在线水洗完毕，打开水洗装置疏水阀，放尽水后关闭。

压气机在线水洗过程见图5-4。

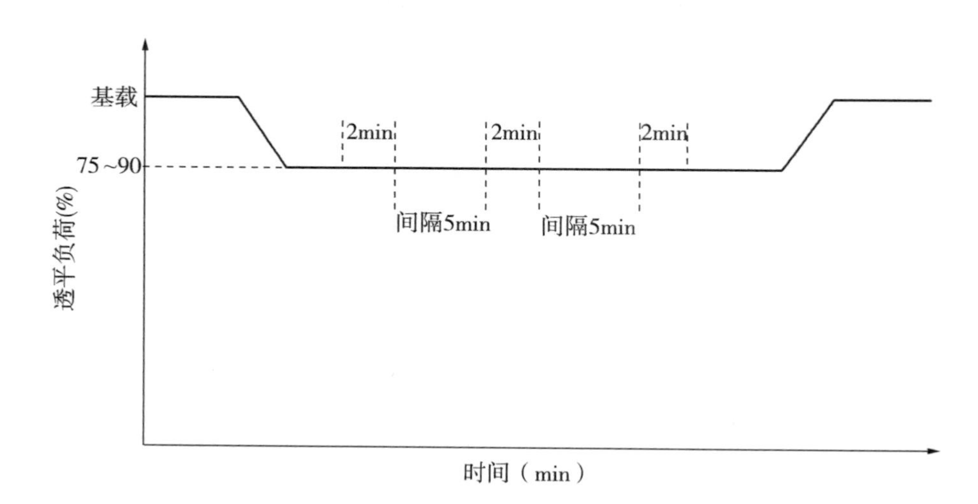

图5-4　压气机在线水洗过程示意图

(四)水洗注意事项

(1)每次水洗应记录水洗前后机组带100%负荷的参数，评价清洗效果。

(2)机组长期停运后，不能马上进行压气机离线水洗操作，必须带额定负荷运行后方可进行。机组带额定负荷运行次数由停运时间的长短决定，如图5-5所示。

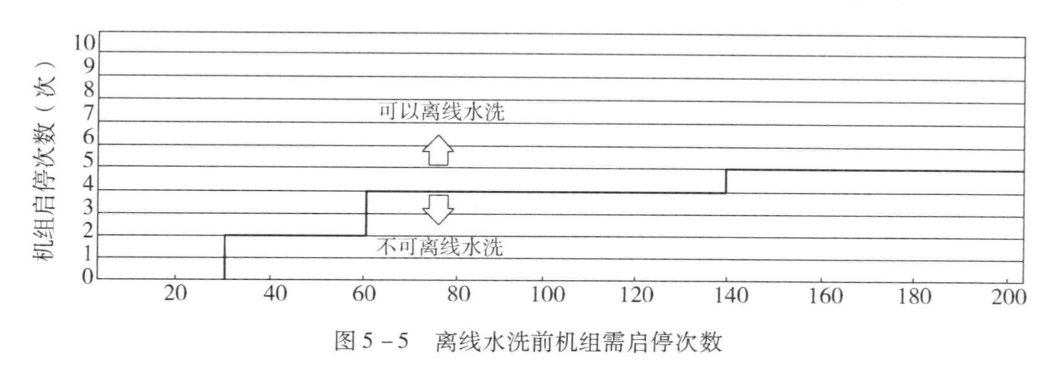

图5-5 离线水洗前机组需启停次数

(3)对于离线水洗，当燃机轮间最高温度高于95℃时，根据要求要进行高盘冷却，将轮间温度降到95℃以下才能进行。为了避免燃机高盘冷却，在压气机有离线水洗需求时，一般安排机组停运2d及以上时间后进行。压气机离线水洗后，燃机内会残留有水分，为避免燃机内部生锈，应及时安排启机。

(4)离线水洗时，如果余热锅炉汽包壁温较高，当燃机高盘时，余热锅炉内部烟道的受热面受到快速强制冷却，造成高压汽包下壁温度下降快，会产生较大的上下壁温差(中、低汽包在此过程中一般不会出现上下壁温差大现象)。因此如果余热锅炉高压汽包壁温度大于130℃时，在启动高盘前应将余热锅炉高压汽包水位上升至满水位，在高速盘车过程中，如果高压汽包水位下降到50mm左右，应再次启动给水泵将高压汽包上至满水位。高盘时，余热锅炉受热面内部有大量的蒸汽凝结成水。离线水洗结束后，应开启余热锅炉过热器，再热器疏水阀，将凝结水及时排出，避免启机过程中出现水冲击。

(5)离线水洗时，每次喷水完成后，应在离线水洗疏水口处接水，通过排水浑浊程度判断是否需要继续水洗。

(6)离线水洗结束，机组首次启动后，应观察离线水洗疏水口是否有热的气体流出，判断疏水阀是否全部关严。

(7)离线水洗可增加洗涤剂，以加强水洗效果。一般在第二次注水时加入洗涤剂，加入后需停止高盘，低速盘车30min，让洗涤剂充分浸润。用除盐水将水洗箱清洗干净后，再启动高盘，用干净的除盐水继续离线水洗，直到排水水质清晰且无泡沫。

(8)在线水洗循环次数根据清洗效果决定(最多3次)，在线清洗过程中禁止加入洗涤剂。

(9)在线水洗过程中，要密切监视机组的振动，燃烧器压力波动情况以及BPT情况。如有异常，立即关闭水洗泵出口调节阀和在线水洗阀，停止水洗泵运行。水洗的注水时间要严格控制，不应过长。

五、系统优化

(一)不抽真空离线水洗

离线水洗时，机组需要在 SFC 拖动下以 700r/min 的转速高速盘车。对于单轴的 M701F3 联合循环机组，为防止汽轮机低压缸叶片产生鼓风热量损坏末级叶片以及降低 SFC 装置的功率，需要凝汽器建立真空系统。

当机组满负荷运行时，汽轮机低压缸末级叶片承受的压力最大，包括高速旋转产生的离心力，蒸汽推动叶片产生的切向应力。压气机不抽真空离线水洗时，汽轮机低压缸末级叶片只承受低速旋转产生的离心力及空气阻力产生的切向应力。根据离心力与转速的二次方成正比可知，压气机离线水洗时汽轮机低压缸末级叶片承受的离心力只有额定转速的 5.5%，末级叶片承受的空气阻力产生的切向应力非常有限。因此不抽真空离线水洗时，低压缸末级叶片的工况比机组满负荷时低压缸叶片的工况要安全很多。经实践，不抽真空离线水洗时，汽轮机低压缸排汽，低压缸末级静叶金属，低压缸排汽导流板金属的温升均不大，离报警值有足够的裕度。另一方面，如果凝汽器建立真空系统，虽然能减小 SFC 在高盘时的功率，但需要较多辅机(凝结水泵，循环水泵，真空泵，启动炉等)的投运，从节能角度的角度来说，不抽真空水洗更为节能。因此不抽真空离线水洗是可行性的，也有一定的节能空间。

(二)强化水洗效果

离线水洗在机组高盘期间进行，高盘时，IGV 开度为 50%，中、低压防喘阀全开。为让更多的清洗水可以流入压气机的下游清洗压气机叶片，避免清洗水被中、低压防喘阀旁路掉，在选择离线水洗模式后，高盘时 IGV 全开，中、低压防喘阀保持关闭，提高了压气机离线水洗效果。

第六章

燃气轮机罩壳通风及二氧化碳灭火系统

一、系统概述

为防止燃气轮机缸体直接暴露在环境中，燃气轮机设置有罩壳。罩壳一方面可隔离运行中燃气轮机缸体的高温，另一方面在火灾发生时为灭火提供封闭空间，并能够降低噪声。燃机罩壳通风系统设置有罩壳风机，以防止罩壳空间内温度过高，并可及时排出泄漏的天然气和其他气体杂质，保持罩壳内空气清洁。同时，系统还设置有燃气检测器，防止运行中燃料气在罩壳空间内泄漏积聚而威胁机组的安全运行。

燃机罩壳内的灭火系统采用的是二氧化碳(CO_2)灭火系统。该灭火系统是一种先进的灭火设施，灭火剂对绝大多数物质没有破坏作用，灭火后能很快散逸，不留痕迹、没有毒害作用。CO_2 灭火剂灭火效率高，价格便宜，但 CO_2 主要靠窒息作用灭火，释放时防护区内不得有人员驻留或人员必须提前撤离，因此其保护对象通常为无人员驻留或不常有人的场所，如原煤仓、电缆夹层、燃机罩壳、模块罩壳等。

二、系统流程

燃气轮机罩壳通风系统由罩壳风机、罩壳风机进出口差压变送器、罩壳消防挡板、罩壳燃气检测器等组成，如图 6-1 所示。

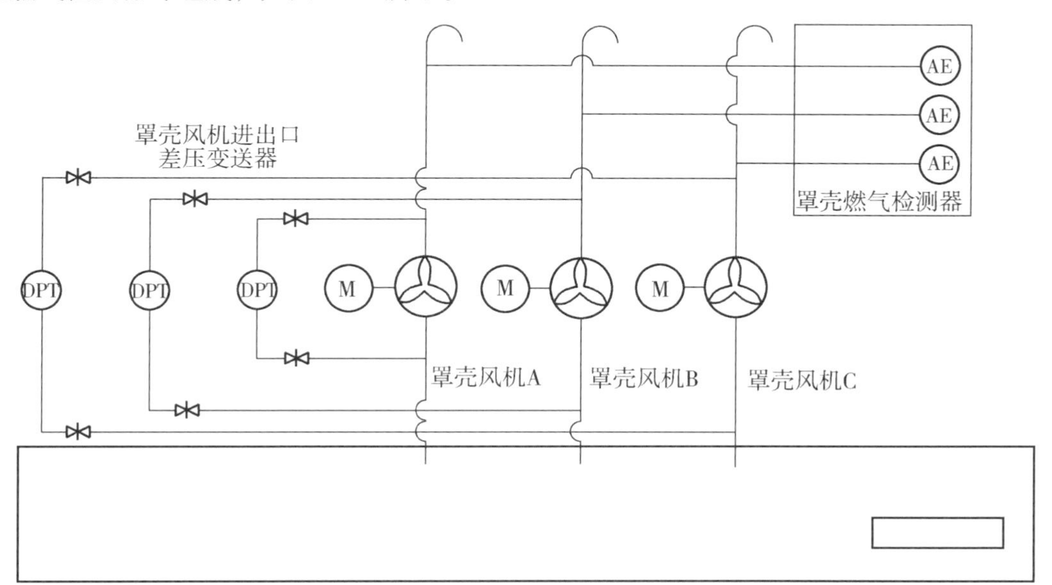

图 6-1　燃气轮机罩壳通风系统示意图

通过罩壳风机使罩壳内建立起负压，大气通过罩壳消防挡板进入罩壳，通过风机及风道排出，并带走罩壳内积聚的热量和可能泄漏的燃料气。罩壳风机出口处设置有燃气检测器，监测燃气的泄漏情况，保证机组安全运行。罩壳风机设置有差压变送器，用以监视罩壳风机运行情况。

燃机罩壳 CO_2 灭火系统如图 6－2 所示。系统共有 61 瓶 CO_2，其中 32 瓶用于一次喷放，可在一分钟内使燃机包内 CO_2 浓度达 37%；二次喷放共 28 瓶，喷放时间持续 20min，以维持这段时间内 CO_2 不低于 30% 的灭火浓度；1 瓶在动作时关闭燃机消防挡板。

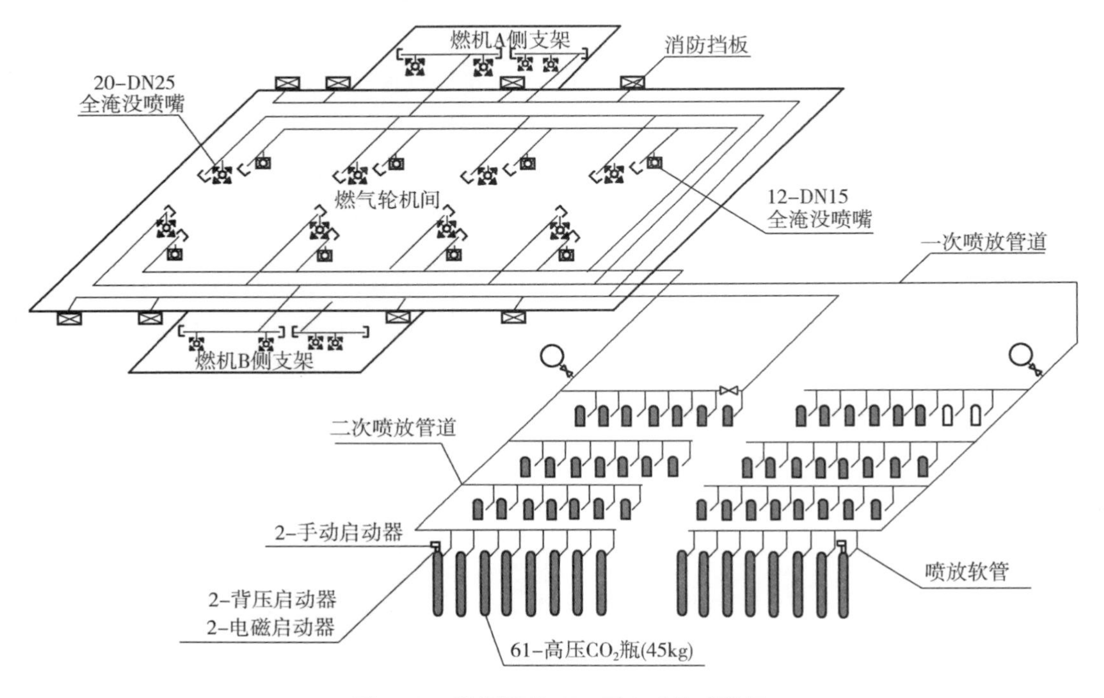

图 6－2　燃机罩壳 CO_2 灭火系统系统图

燃机罩壳区域设置了两路防爆型感温探测器和一路火焰探测器。当一路探测器报警时，罩壳内的防爆警笛将动作；当两路探测器同时报警时，罩壳外的声光报警器将动作。同时经过一段时间延时后启动灭火装置灭火。

CO_2 灭火系统机理主要是利用 CO_2 将燃烧物周围的氧气含量降低到扩散火焰燃烧所需的 15% 的氧气含量以下而灭火，即窒息作用，同时又有降温隔热的作用。采用 CO_2 的灭火区在气体喷放时严禁任何人员停留。对于燃气－蒸汽联合循环机组，由于燃气运行时罩壳内和轴承区域温度很高，燃料气体或滑油泄漏极易引发火灾，如不能及时扑灭，将使机组受到严重的破坏，所以 CO_2 灭火系统是一个十分重要的保护系统。

当火灾发生时，由火灾探测器监测后将信号传给火灾自动报警控制器，控制器根据信号进行紧急切断，经 30s 延时后开启灭火装置，CO_2 从瓶组通过选择阀经管路送至火源处进行灭火。同时，控制器开启喷放灭火剂指示灯并通过声光报警装置使人员快速撤离；另一方面，当火情没有被探测器检测而被人员发现时，有关人员通过手动装置启动火灾自动报警控制器或通过机械应急操作直接启动电磁驱动装置打开灭火器瓶组进行灭火。当火情得到控制时讯号将通过压力信号反馈装置反馈给火警自动报警控制器关闭 CO_2 供给，或者通过外界直接紧急启动或紧急停止灭火系统。这些的共同作用使灭火系统正常运行。燃机罩壳 CO_2 灭火系统响应图如图 6－3 所示。

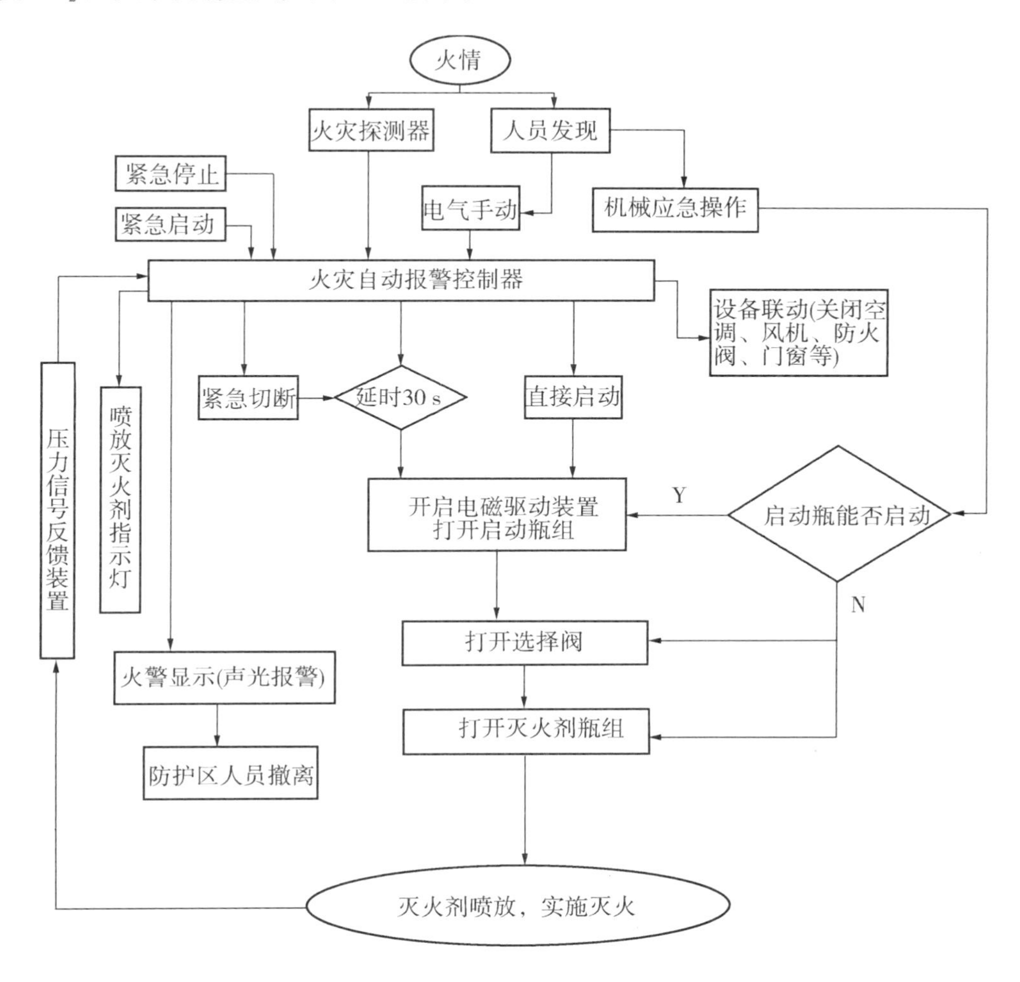

图 6－3　燃机罩壳 CO_2 灭火系统响应图

三、系统主要设备

(一)燃机罩壳通风系统主要设备

1. 消防挡板

消防挡板设置于燃气轮机罩壳左右两侧以及前侧面(压气机方向)，带有 CO_2 锁闩。燃机罩壳风机运行时，由于罩壳内负压的作用，消防挡板开启；罩壳 CO_2 灭火系统的快速喷放气瓶组母管与进气通风挡板锁闩通过一条管路相连，火灾发生时，喷放的 CO_2 会在消防挡板的锁闩上施加压力推动锁紧杆，从而关闭消防挡板，形成封闭的灭火空间。

2. 罩壳风机

罩壳风机的作用是排出罩壳内积聚的热量、可能泄漏的天然气与其他气体杂质。

3. 罩壳风机差压变送器

罩壳风机差压变送器用于监测风机进出口压差，防止通风不足。差压变送器在每台风机的进口和出口取压差信号，以监测风机的空气流速。

4. 燃气检测器

燃气检测器设置于每台罩壳风机出口处，共3个。设定两个报警整定值，分别为1级2% LEL和2级25% LEL(LEL为天然气着火浓度下限)。

(二)燃机罩壳 CO_2 灭火系统主要设备

燃机罩壳 CO_2 灭火系统主要由灭火剂、储存装置、主控阀、选择阀、压力开关、喷嘴、火灾探测器、灭火控制器及管道和附件等组成。

1. 灭火剂储存容器

灭火剂储存容器长期处于充压工作状态，它是气体灭火系统的主要组件之一，对系统能否正常工作影响很大。灭火剂储存容器既要储存灭火剂，同时又是系统工作的动力源，为系统正常工作提供足够的压力。

2. 压力开关

压力开关安装在选择阀的出口部位，对于单元独立系统则安装在集流管上。当灭火剂释放时，压力开关动作，送出灭火剂释放信号给控制中心，起到反馈灭火系统的动作状态的作用。

3. 火灾探测器

火灾探测器是消防火灾自动报警系统中对现场进行探查、发现火灾的设备。火灾探测器是系统的“感觉器官”，它的作用是监视环境中有没有火灾的发生。一旦有了火情，就将火灾的特征物理量，如温度、烟雾、气体和辐射光强等转换成电信号，并立即动作向火灾报警控制器发送报警信号。

4. 喷嘴

全淹没喷嘴是安装在灭火释放管道的末端，用来控制灭火剂的释放速度和喷射方向，是将灭火剂释放到防护区的关键组件。

5. 选择阀

选择阀是组合分配系统中用来控制灭火剂释放到起火防护区的阀门。选择阀平时都是关闭的，选择阀的启动方式有气动式和电动式。无论电动式或是气动式选择阀，均设有手动执行机构，以便在自动失灵时，仍能将阀门打开。该选择阀是一种气动快开阀，其工作原理为当控制气体推动驱动气缸活塞，带动曲柄动作，使转轴旋转，主阀处于可开启状态，在灭火剂压力作用下主阀打开，释放灭火剂，应急时，可直接扳动手柄打开选择阀，释放灭火剂。

四、系统运行维护

(一)系统投运前检查

(1)燃机罩壳系统检修工作已结束，工作票已回收。
(2)燃机罩壳内所有检修工作已结束，且已清理干净。
(3)检查所有消防挡板开启、燃气轮机罩壳所有门关闭。
(4)检查燃机罩壳系统所有仪表已正常投入。
(5)燃机罩壳风机具备启动条件。
(6)CO_2 灭火系统试验正常。
(7)检查 CO_2 灭火系统就地手动控制操作盘打在维修状态。
(8)检查 CO_2 灭火系统就地手动控制操作盘手动喷放按钮未按下。
(9)检查 CO_2 气瓶间外的气瓶重量显示仪无报警。
(10)检查 CO_2 气瓶间各连接处无漏气。

(二)系统投运

(1)启动一台罩壳风机，观察运行正常，将备用罩壳风机投运备用。
(2)将燃机罩壳区域报警控制盘送电，检查页面上无报警信息，检查燃机罩壳区域无声光报警。
(3)将就地 CO_2 手动控制操作盘打在自动状态，检查“维修”状态灯灭。

(三)运行监视检查

(1)检查运行罩壳风机运行正常，前后差压正常。
(2)检查燃气检测器检测可燃气体浓度正常。
(3)检查燃机罩壳内温度正常。
(4)检查所有消防挡板开启、燃气轮机罩壳所有门关闭。
(5)定期切换 3 台罩壳风机运行。
(6)检查燃机罩壳区域无声光报警。
(7)检查就地 CO_2 手动控制盘正常，均在自动状态。
(8)检查 CO_2 气瓶外的气瓶重量显示仪无报警。
(9)检查 CO_2 灭火系统设备外观检查，无漏气，各压力指示正常。

(四)系统停运

由于燃气轮机罩壳内属于高温危险区域，燃气轮机运行时，一般不允许在燃气轮机罩壳内工作。当需要进入燃气轮机罩壳内进行相关工作时，必须将燃机罩壳 CO_2 灭火系统退出自动模式，以防止 CO_2 误喷，确保人员的生命安全。将 CO_2 灭火系统的就地控制盘打在维修位，维修指示灯亮，CO_2 灭火系统就会退出自动模式。

机组检修，燃气管道已经置换为氮气后，应停运罩壳风机、CO_2 灭火系统，CO_2 灭火系统退出自动模式后还应将燃机罩壳区域报警控制盘断电。

(五)系统连锁及定值

(1)机组启动时，自动启动第二台罩壳风机，保持两台罩壳风机运行；机组停运1h后，自动保持一台罩壳风机运行。

(2)运行罩壳风机故障，自动联启一台备用罩壳风机。

(3)当任一燃气检测器检测到浓度达到2% LEL时，发出报警，并自动联启所有备用罩壳风机。

(4)当三个燃气检测器任意两个检测到燃气轮机间排放口燃料泄漏大于25% LEL时，机组跳闸。

(5)当燃机罩壳内任一个探头探测到有火(紫外线火焰探测器检测有火或温度探测器检测温度超过160℃)，系统发生声光报警。

(6)当燃机包内不同回路的两个探头探测到有火，燃机罩壳 CO_2 灭火系统延时30s后开始喷发，并发出机组跳闸信号，停运所有燃机罩壳风机，关闭所有消防挡板。

(六)燃机罩壳 CO_2 灭火系统的启动及终止

燃机罩壳 CO_2 灭火系统的启动方式有三种，即自动启动、手动启动、机械应急启动，一般情况下系统启动方式可置于自动方式下。

1. 自动启动

从火灾探测报警、关闭联动设备以及释放灭火剂均由系统自己完成，不需要人员介入的操作与控制方式。

将灭火报警控制器控制方式置于“自动”位置时，整个灭火系统处于自动控制状态，当防护区发生火情时，由火灾探测器控测并向火灾报警控制器发出信号，火灾报警控制器控制声光报警盒，发出撤离报警信号，并控制联动设备。经延时，发出灭火指令，灭火控制器打开释放控制器，释放 CO_2 启动气体，打开相应防护区的主控阀(选择阀)，释放灭火剂，实施灭火剂喷放时间到后，灭火控制器关闭释放控制器，进而关闭主控阀(选择阀)。

2. 手动启动

人员接到火灾自动报警信号后，经确认再启动手动按钮，通过灭火控制器操作联动设备以及释放灭火剂。

将灭火报警控制器控制方式置于“手动”位置时，整个灭火系统处于手动控制状态，当防护区发生火情时，由火灾探测器探测并向火灾报警控制器发出信号，火灾报警控制器控制声光报警盒，发出撤离报警信号。经现场人员确认是火灾后，按下火灾报警控制器上的手动按钮，灭火报警控制器控制联动设备。经延时后发出灭火指令，灭火控制器打开释放控制器，释放 CO_2 启动气体，打开相应防护区的主控阀(选择阀)，释放灭火剂，实施灭火，灭火剂喷放时间到后，灭火控制器关闭释放控制器，进而关闭主控阀(选择阀)。

3. 机械应急启动

系统在自动与手动操作失灵时，人员用系统所设的机械式启动机构，直接操作联动设备和释放灭火剂。

电动(自动和手动)失灵的情况下，防护区内的人员撤离，具体操作人员首先关闭联动设备、窗户等不必要的开口。打开相应防护区释放控制器的箱门，将手动旋钮转至"开"的位置，释放启动气体，即可打开主控阀(选择阀)，释放灭火剂，实施灭火。确认火已被扑灭，将手动旋钮转至"关"的位置，进而关闭主控阀(选择阀)，停止释放灭火剂。

当系统发出灭火指令或已手动启动系统的情况下，在系统延时时间内发现异常情况(误报警、人员没有及时撤离等)，需停止系统释放灭火剂时，可按下防护区门口的停止放气按钮，即可阻止灭火控制器发出打阀指令和停止灭火剂的释放，系统延时时间后按停止放气按钮则无效。

五、系统典型异常及处理

燃机罩壳 CO_2 灭火系统动作。可能原因：误动作、燃机罩壳内有火情。

处理措施：

(1)当系统发出声光报警，应报告消防部门，并马上就地检查，通知燃机包内人员马上疏散，如确认为有火，可关上燃机罩壳门，手动按下就地控制盘的紧急喷放按钮手动释放 CO_2 灭火。

(2)检查如发现系统误动，在喷发延时 30s 内按住停止放气按钮可停止喷发。

(3)如燃气泄漏着火或火焰危及燃气系统，必须马上紧急停机，关闭本机组燃气流量计入口门，将燃气流量计入口门后管道泄压，并通知相关部门进行氮气置换。

(4)确认 CO_2 灭火系统二次喷放已结束且机组内火灾已被扑灭，可打开燃机包门，投入燃机罩壳风机运行，通风至 O_2 浓度达 20% 后才能进入。

六、系统优化

M701F3 型单轴联合循环机组原设计无论机组正常运行还是停运，均保持燃机罩壳风机两运一备。由于机组停机后燃机罩壳内温度较低，可在停机后减少罩壳风机的运行，以减少厂用电的消耗。

经过试验发现，在机组打闸后单台燃机罩壳风机运行情况下，燃机罩壳内平均温度值比两台罩壳风机运行大约高 4℃左右，随着时间推移，其温度下降趋势与两台罩壳风机运行几乎一致。机组停机打闸后即使停运一台罩壳风机，燃机间的温度也不会上升，能保障安全。因此，通过逻辑优化，机组打闸 1h 后至启机前仅保持一台罩壳风机运行。

第七章

主蒸汽系统

一、系统概述

主蒸汽系统是指从锅炉高、低压过热器和再热器联箱出口至汽轮机入口的蒸汽管道、阀门、疏水管、热工仪表等组成的工作系统。主蒸汽系统的功能是将余热锅炉产生的符合设计参数的过热及再热蒸汽输送给汽轮机做功发电。

按余热锅炉产出的蒸汽压力大小的不同，主蒸汽系统分为三个压力等级，分别为高压主蒸汽系统、中压主蒸汽系统(又叫热再蒸汽系统)、低压主蒸汽系统。分别进入汽轮机的高压缸、中压缸和低压缸推动汽轮机做功。高、中、低压主蒸汽系统均配置有对应的旁路系统。除此之外，主蒸汽系统还包含低压缸冷却蒸汽系统、疏水系统等辅助系统。

二、系统流程

主蒸汽系统如图 7－1 所示。

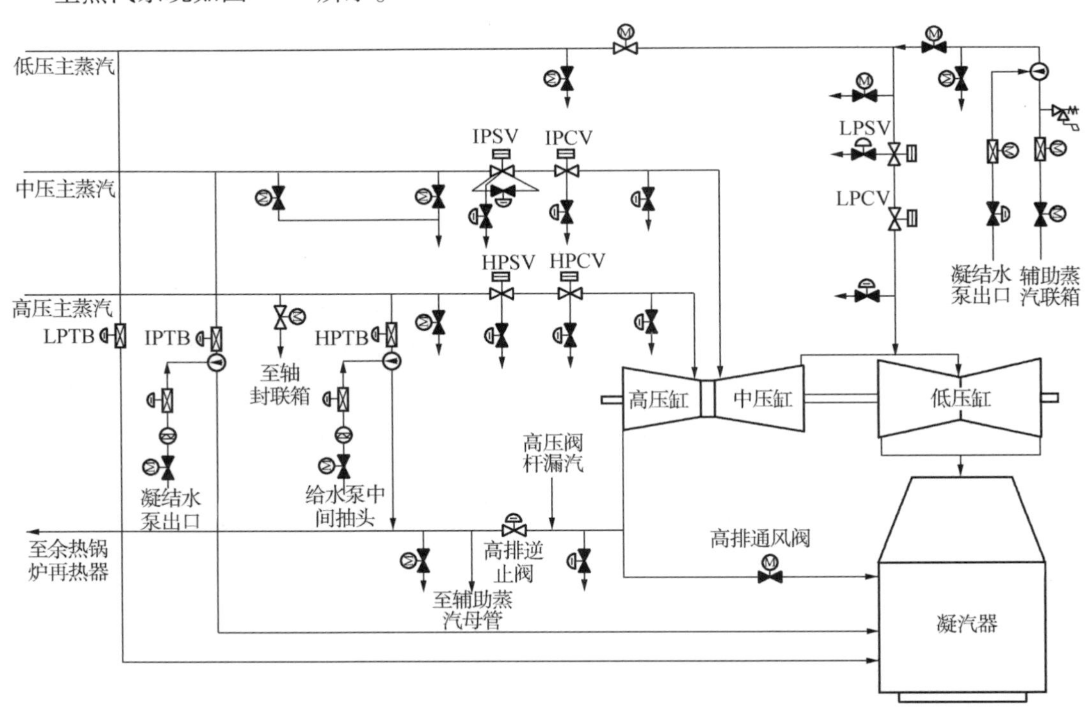

图 7－1　主蒸汽系统示意图

(一)高压主蒸汽系统

高压主蒸汽系统主要作用是将高温高压蒸汽从余热锅炉的高压过热器出口送到汽轮机高压缸的入口。高压主蒸汽管道内的蒸汽可通过高压旁路(HPTB)直接将蒸汽导入冷再热管道，送至余热锅炉再热器。此外，高压主蒸汽有一路分支可作为机组轴封的备用汽源。

具体流程：余热锅炉产生的高压过热蒸汽通过高压主蒸汽管道、高压主汽阀(HPSV)和高压主汽调阀(HPCV)进入汽轮机高压缸。高压蒸汽流过汽轮机高压缸的喷嘴和动叶后，压力和温度降低，将蒸汽的热能转变为机械能，从高压缸排出，进入冷再热管道。

(二)冷再热蒸汽系统

冷再热蒸汽系统将汽轮机高压缸排汽送到余热锅炉，与中压过热蒸汽混合后进入再热器再次加热。

汽轮机高压缸排汽侧装有一个气动高排逆止阀，以防启停机及停机备用阶段冷再热管道上的汽水逆向流入汽轮机。在高排逆止阀前装有一条高排通风管道通到凝汽器，在启停机过程中，通过开启电动高排通风阀，降低高压缸鼓风摩擦产生的热量，以防止高压缸排汽温度过高。

此外，在高排逆止阀后的冷再热蒸汽有一路分支可供机组辅助蒸汽，高压主汽阀及高压主汽调阀的高压阀杆漏气排入冷再热管道进行回收利用。

(三)中压主蒸汽系统

中压主蒸汽系统又叫再热蒸汽系统。再热蒸汽系统将从余热锅炉再热器 2 出口的再热蒸汽送至汽轮机中压缸入口。这个系统还可通过中压旁路(IPTB)系统将再热蒸汽排至凝汽器。

具体流程：在余热锅炉产生的高温再热蒸汽经中压主蒸汽管道、中压主汽阀(IPSV)和中压主汽调阀(IPCV)后进入汽轮机中压缸。蒸汽流过汽轮机中压缸的喷嘴和动叶后，压力和温度继续降低，将蒸汽的热能转变为机械能，并通过连通管进入低压缸。

(四)低压主蒸汽系统

低压主蒸汽系统将从余热锅炉低压过热器出口的蒸汽送至汽轮机低压缸的入口。低压主蒸汽系统还连接有将低压蒸汽排到凝汽器的低压旁路(LPTB)系统，以及连接到低压主汽阀上游的低压缸的冷却蒸汽管(这条管道在机组启动中用来冷却低压缸，为了便于低压缸冷却蒸汽能自动切换到低压主蒸汽供汽，两条蒸汽管道上都安装有电动隔离阀)。

余热锅炉产生的低压主蒸汽进入汽轮机中低压缸连通管，与中压缸排汽汇合，通过低压主汽阀(LPSV)和低压主汽调阀(LPCV)后进入低压缸，蒸汽流过汽轮机的喷嘴和动叶后，压力和温度降进一步降低，将蒸汽的热能转变为机械能，乏汽排到凝汽器。

(五)旁路系统

汽轮机旁路系统是指将余热锅炉产生的高温高压蒸汽绕过汽轮机，经旁路阀直接送至冷再热管道(高压旁路)或凝汽器(中、低压旁路)的连接系统。高、中、低压主蒸汽系统对应配置有高、中、低压旁路系统。

1. 旁路系统的作用

(1)缩短启动时间，改善启动条件，延长汽轮机寿命。在机组的启停阶段，汽轮机主汽阀前的蒸汽参数是随着燃气轮机、余热锅炉负荷的变化而变化的。采用了旁路系统，就可在一定程度上调节蒸汽参数以适应汽轮机汽缸温度的要求，从而加快启动速度，缩短启动时间。汽轮机启动过程中金属温度变化幅度和变化率越小，汽轮机的寿命损耗系数越小。显然，设置旁路系统能满足机组启停时对蒸汽温度的要求，故可降低汽轮机寿命损耗系数，延长汽轮机寿命。

(2)协调作用。协调余热锅炉和汽轮机间在启停或特殊工况下由于热容量、热惯性不同，对蒸汽流量响应速度不一致造成的差异，使机组能适应频繁启停和快速升降负荷，并将机组压力部件的热应力控制在合适的范围内。

(3)保护锅炉受热面。在机组启停或甩负荷工况下，经旁路系统保持锅炉始终有一定的蒸汽产量，避免锅炉受热面干烧，起到保护锅炉受热面的作用。

(4)回收工质、热量和消除噪声污染。机组启、停和甩负荷等特殊工况，汽轮机仅需低压缸冷却蒸汽维持运行，但余热锅炉依然会产生大量多余的蒸汽，若直接将这些蒸汽排入大气，不仅会造成大量的工质损失和热量损失，而且会产生严重的排汽噪声，污染环境。设置旁路系统则可达到既回收工质又保护环境的目的。

(5)防止锅炉超压，减少锅炉安全门动作次数。在机组突然甩负荷(全部或部分负荷)时，旁路迅速开启，维持系统压力稳定，改善此时锅炉运行的安全性，减少甚至避免安全阀动作。

2. 旁路系统的设置

汽轮机高压旁路系统设置在高压主汽阀前与冷再热管道之间，100%容量。在机组启停机及汽轮机甩负荷期间，控制高压主蒸汽压力。高压主蒸汽经高压旁路阀调节压力和温度后，进入冷再热系统。为了将蒸汽温度降至冷再热蒸汽的温度，高压旁路阀安装了蒸汽减温装置。减温装置采用雾化喷嘴将减温水喷射成很小的水滴进入蒸汽流，喷射的水滴吸收减温器出口的蒸汽热量，从而降低蒸汽温度。通过调节减温水流量，控制汽轮机高压旁路阀出口的蒸汽温度。高压旁路喷水减温阀的温度设定值为396℃(默认设定温度为冷再运行温度)。

汽轮机中压旁路系统设置在中压主汽阀前与凝汽器之间，100%容量。在机组启停机及汽轮机甩负荷期间，控制中压主蒸汽压力。中压主蒸汽经中压旁路阀调节压力和温度后，送至凝汽器。为了使中压旁路蒸汽的参数与凝汽器的设计参数相适应，中压旁路阀设置了减温装置，通过调节喷水流量，控制汽轮机中压旁路阀出口的蒸汽温度。中压旁路喷水减温阀的温度设定为180℃。

汽轮机低压旁路系统设置在低压电动主汽阀前与凝汽器之间，100%容量。在机组启停机及汽轮机甩负荷期间，控制低压主蒸汽压力。低压主蒸汽经低压旁路阀降压后，送至凝汽器。因为低压主蒸汽温度较低，在凝汽器的设计允许温度范围之内，所以低压旁路上没有装设减温装置。

3. 旁路系统的运行模式

汽轮机高、中、低压旁路控制有以下三种模式：实际压力跟踪模式、最小压力控制模式、后备压力控制模式。这三种模式的投运由控制系统中的 PCS(process control system)自动完成。

(1)实际压力跟踪模式。

实际压力跟踪模式下，旁路阀压力设定值为刚切至实际压力跟踪模式时对应旁路阀前的主蒸汽压力值，维持主蒸汽压力值恒定，压力高了则开大旁路阀，压力低了则关小旁路阀。

停机时主汽调门开始程控关闭，对应的旁路阀则切至实际压力跟踪模式。此外，机组跳机、OPC(over speed protect controller)动作、甩负荷，旁路阀也会自动切入实际压力跟踪模式。

(2)最小压力控制模式。

最小压力控制模式下，旁路阀控制分两个阶段。阶段一：旁路阀压力设定值跟踪旁路阀前的压力值，旁路阀不会动作；阶段二：旁路阀压力设定值按最小压力设定值(关于燃机负荷的分段函数)变化。

点火成功，旁路控制即由实际压力控制模式切至最小压力控制模式。

①当以下任一条件满足，高压旁路切至最小压力控制模式阶段二。

a. 点火成功后高压过热器出口压力 >4.8MPa；

b. 点火成功后高压过热器出口压力 >0.5MPa 且比初始值高 0.3MPa。

②当以下任一条件满足，中压旁路切至最小压力控制模式阶段二。

a. 点火成功后中压过热器出口压力 >1.25MPa；

b. 点火成功后中压过热器出口压力 >0.3MPa 且比初始值高 0.1MPa。

③当以下任一条件满足，低压旁路切至最小压力控制模式阶段二。

a. 点火成功后低压过热器出口压力大于 0.15MPa；

b. 点火成功后低压过热器出口压力大于 0.1MPa 且比初始值高 0.03MPa。

(3)后备压力控制模式。

在后备压力控制模式下，旁路阀压力设定值维持略高于实际旁路阀前的主蒸汽压力。高、中、低压旁路阀最高压力设定值分别为 11MPa、3.6MPa、0.6MPa。

当机组负荷 >200MW，高、中压旁路阀全关，则高、中压旁路阀进入后备压力控制模式。当机组负荷 <200MW，低压旁路阀全关，则低压旁路阀进入后备压力控制模式。

(六)低压缸冷却蒸汽系统

燃气轮机与汽轮机同轴，在机组转速升至 2000r/min 后，汽轮机带负荷前，为防止低压缸叶片超温过热的情况，汽轮机低压缸需通入冷却蒸汽，以带走叶片高速旋转所产生的鼓风热量。而此时余热锅炉产生的蒸汽参数不足以满足低压缸冷却的需要，所以单独设置了低压缸冷却蒸汽系统，并配置了相应的减温、减压装置。低压缸冷却蒸汽来源于机组辅助蒸汽，减温水取自凝结水泵出口。

(七)疏水系统

汽轮机启动过程中，蒸汽对管道进行凝结放热，有大量的凝结水。直到蒸汽管道壁温达到对应压力下的饱和温度时，凝结放热过程结束，凝结水量才大大减少。这些凝结水若不及时排出，积聚在管道低点，阻塞管道，使得蒸汽流动不畅，易发生水冲击。一旦部分积水进入汽轮机，将会使叶片受到水的冲击而损伤甚至断裂，使金属部件急剧冷却而造成永久变形，甚至使大轴弯曲。为了有效地防止汽轮机进水事故及管道中积水引起的水冲击，必须及时地把蒸汽管道中存积的凝结水排出，以确保机组安全运行。为此，主蒸汽系统都设置有疏水系统，它位于各蒸汽管道、各主汽阀、调阀低点位置，将管道中存积的凝结水及时排至凝汽器。此外，疏水系统还有加快暖管和回收工质的作用。

主蒸汽疏水系统包括高、中、低压主蒸汽管道疏水，高、中、低压主汽阀、调阀疏水，高、中、低压进汽管道疏水，高排逆止阀前疏水、后疏水，冷却蒸汽管道疏水等。

三、系统主要设备

(一)高、中、低压主汽阀、调阀

汽轮机高压主汽阀，高、中、低压主汽调阀一般为柱塞式调阀，电液控制。中压主汽阀和低压主汽阀一般为摆动式止回阀门，只有全开和全关两个位置。高、中、低压主汽阀，调阀开启阀门的动力来自控制油油动机，关闭阀门的动力则由弹簧提供。

高压主汽阀、调阀各有高、低压两路阀杆漏汽，高压阀杆漏汽排至冷再热管道，低压阀杆漏汽排至轴封加热器。中、低压主汽阀、调阀均只有一路阀杆漏汽，均排至轴封加热器。

中压主汽阀装有一个气动平衡阀，连接中压主汽阀阀板前后，平衡主汽阀前后蒸汽压力，以减小中压主汽阀开启所需的驱动力。该气动平衡阀在中压主汽阀开启前开启，中压主汽阀开启后再关闭。对于机组热、温态启机，如该平衡阀未正常开启以平衡中压主汽阀前后压力，将会导致中压主汽阀开启失败。

中压主汽阀还装有一个跳闸预启阀，控制油压驱动。用于维持阀杆密封蒸汽的压力，防止蒸汽泄露。当汽轮机跳闸时，打开泄压，以减小凸肩环受力。

(二)高、中、低压旁路门

高、中压旁路阀是角型气动活塞式控制阀，弹簧反向作用，气源失去时自动关闭；低压旁路阀是气动球芯控制阀，弹簧反向作用，气源失去时自动关闭。高、中、低压旁路阀的气源均来自仪用压缩空气。

四、系统运行维护

主蒸汽系统启动前应确认主蒸汽系统所有阀门状态正确；主蒸汽系统所有液动、气动、电动阀门投自动，动力源投运正常；主蒸汽系统仪表投入正常，无报警；主蒸汽系统无外漏。启动前如主蒸汽系统管道无压时，应对主蒸汽管道进行充分疏水抽真空，以免机组启动后水冲击及影响机组真空。

主蒸汽系统运行期间，要注意主蒸汽系统所有阀门随着控制程序自动开启与关闭正常，主蒸汽各参数(压力、温度、流量、化学参数等)正常，没有出现相关报警。

表 7-1 汽轮机额定蒸汽参数

高压蒸汽参数	9.93MPa，538℃，276.5t/h
再热蒸汽参数(中压主汽阀前)	3.35MPa，566℃，306.7t/h
低压蒸汽参数	0.428MPa，248.7℃，49.6t/h

(一)启机过程中阀门动作情况

机组发启动令后，低压缸冷却蒸汽电动门、调门开启，疏水门开启，系统投入暖管，维持低压缸冷却蒸汽压力为 0.25MPa。

机组点火后，安全油压建立，中、低压主汽阀开启，旁路阀由实际压力跟踪模式切换至最小压力控制模式控制，主蒸汽管道、高排逆止阀后各疏水阀根据逻辑设定自动开启疏水暖管，主蒸汽开始升温、升压。

机组转速升速至 2000r/min 时，低压主汽调阀开始逐渐开至 20% 开度，冷却蒸汽进入汽轮机低压缸进行冷却，低压缸冷却蒸汽管道疏水门自动关闭，冷却蒸汽压力维持在 0.25MPa，温度控制在 160℃。

机组转速升至 3000r/min 时，高、中压主汽阀、调阀根据逻辑设定自动开启疏水。

机组并网 5min 后，高压主汽阀开启至 5% 开度，旁路阀控制主蒸汽压力按最小压力设定值变化，高、中压旁路减温水调阀控制旁路阀后温度分别不超过 396℃ 和 180℃。

汽轮机进汽条件(表 7-2)满足后，机组暖机结束，汽轮机高、中压缸开始进汽。高压主汽阀从 5% 开至全开，高、中、低压主汽调门由程序控制缓慢开大。汽轮机中压缸进汽压力达到 0.38MPa 后，低压缸冷却蒸汽切至由低压主蒸汽提供。汽轮机中压缸进汽压力达到 0.4MPa 时，高排逆止阀自动开启，高排通风阀自动关闭。所有疏水阀门依次按逻辑自动关闭。

表 7-2 汽轮机进汽条件

项 目	条 件
高压缸进汽条件	高压主汽阀前蒸汽过热度≥56℃； 高压主汽阀前蒸汽压力≥4.7MPa； 高压主汽阀前蒸汽温度与高压缸入口金属温度之差在 110℃～-56℃间，或冷态启动时高压主蒸汽温度小于 430℃
中压缸进汽条件	中压主汽阀前蒸汽过热度≥56℃； 中压主汽阀前蒸汽压力≥1.0MPa； 中压主汽阀前蒸汽温度与中压缸叶片环金属温度之差≥-56℃

机组负荷升至200MW时，高、中压主汽调阀全开，低压主汽调阀维持调门前蒸汽压力0.29MPa直至全开，高、中、低压旁路门全关，旁路阀控制由最小压力控制模式切换至后备压力控制模式。

(二)停机过程中阀门动作情况

机组负荷降至200MW后，低压主汽调门关闭到预设定的冷却位置(20%)。低压旁路门开始打开，由"后备压力控制模式"转为"实际压力跟踪模式"。高、中压主汽调阀按预定程序开始关小直至全关，高、中压旁路门开始打开，由"后备压力控制模式"转为"实际压力跟踪模式"，高、中压旁路减温水调阀控制旁路阀后温度分别不超过396℃和180℃。汽轮机中压缸进汽压力降至0.57MPa时，高排通风阀自动开启，高排逆止阀自动关闭，进汽管道、高排逆止阀前疏水阀自动开启。高、中压主汽调阀全关后，高、中压主蒸汽管道及主汽阀、调阀阀体疏水依次开启。

如为检修停机，高、中压主汽调阀关闭至预定位置(约10%)，保持该工况运行，对汽机进行冷却。机组负荷降至20MW或汽机高压缸进口金属温度<350℃后，会继续保持运行50min后再解列。

机组打闸后，低压主汽调阀，电动低压主汽阀自动关闭。

(三)异常情况下阀门的动作情况

在机组发生甩负荷的情况下，机组的高、中、低压主汽调门迅速关闭，高、中、低旁路阀应迅速打开，相应旁路喷水减温阀也应打开控制温度，旁路系统转入实际压力跟踪模式控制。高排逆止门关闭，高排通风阀、汽机进汽管道、高排逆止阀前疏水阀打开。机组转速重新稳定于额定转速后，低压主汽调阀自动打开到冷却位置(20%)。

五、系统典型异常及处理

(一)中压主汽阀在挂闸后不能开启

可能原因：

(1)中压主汽阀平衡阀未开启。

(2)中压主汽调阀内漏。

(3)中压主汽阀机械卡涩。

(4)中压主汽阀油动机故障。

处理措施：

(1)就地检查中压主汽阀平衡阀是否开启，平衡阀仪用压缩空气是否正常投入，如有问题尽快恢复。

(2)检查中压主汽调阀是否未关到位，如未全关，通知热工调整。

(3)如中压主汽阀机械卡涩或油动机故障，通知检修处理。

(二)启停机过程中旁路阀卡涩

可能原因：

（1）旁路阀仪用压缩空气异常。

（2）旁路阀控制器故障。

（3）旁路阀机械卡涩。

处理措施：

（1）检查仪用压缩空气是否正常投入，如有问题及时恢复。

（2）将旁路阀切至手动控制，尝试通过远方手动操作来控制阀门状态。

（3）如果还是无法控制，则联系、安排检修人员就地根据阀门指令缓慢操作阀门，注意观察蒸汽压力及汽包水位，如有必要可通过调节其他阀门保证蒸汽压力的正常平稳，并通知检修紧急处理阀门缺陷。

（4）旁路阀门恢复正常后，应将旁路阀调至指令开度后，再投回自动控制。

（5）如阀门不能恢复正常，威胁机组安全运行时，应及时申请停机，保证机组设备的安全。

六、系统优化及改造

（一）低压缸冷却蒸汽系统疏水优化

M701F3 联合循环机组启机升至 2000r/min 时，低压缸冷却蒸汽开始进汽。低压缸冷却蒸汽隔离电动门后的疏水门延时 10s 后自动关闭，低压缸冷却蒸汽调门后疏水门延时 30s 后自动关闭。由于低压缸冷却蒸汽系统这两个疏水阀关闭较为快速，且当时低压调门开度还较小，导致低压缸冷却蒸汽压力的上升，最终导致低压缸冷却蒸汽安全门频繁动作。根据以上分析，对这两个疏水门的延时关闭时间进行了优化调整，有效避免了低压缸冷却蒸汽安全门在启机过程中频繁动作的情况发生。

（二）中压主汽阀前疏水改造

M701F3 联合循环机组热态启机时汽轮机进汽条件中，中压主汽阀前的蒸汽与中压缸金属温度匹配阶段的时间最长，导致机组暖机时间较长。

导致热态启机中压主汽阀前的蒸汽与中压缸金属温度匹配阶段的时间长的原因有两个：①热态启机前再热器 2 出口温度较中压主汽阀前温度低很多，机组点火后中压主汽阀前疏水电动门打开疏水，再热器 2 出口蒸汽流过中压主汽阀前疏水，从而对中压主汽阀前的蒸汽进行降温，温降达 60℃，直至机组负荷快升至暖机负荷时，再热器 2 出口温度才超过中压主汽阀前温度，中压主汽阀前温度才逐渐上升。②中压主汽阀前的疏水管道和中旁后疏水管设计不合理，两根疏水管合并后经一个电动阀引入凝汽器，由于并管的原因，使中压主汽阀前疏水点到并管处的差压较小，疏水量小，不能及时反映真实的主蒸汽温度。

对中压主汽阀前疏水管进行改造，并进行疏水阀逻辑优化。在中压主汽阀前的疏水管道和中旁后疏水管分别安装疏水电动门，独立控制。热态启机过程中，中旁后疏水阀先开一段时间，中压主汽阀前疏水在机组达到暖机负荷或余热锅炉再热器 2 出口温度高于中压主汽阀前温度时再开，从而在前期以减小中压主汽阀前的主蒸汽温降，后期加快了中压主汽阀前的温升速度，有效地缩短了暖机时间。

第八章

辅助蒸汽系统

一、系统概述

M701F3 联合循环机组辅助蒸汽系统主要作用是给机组提供轴封用汽及机组启动时低压缸冷却蒸汽。辅助蒸汽系统汽源包括启动锅炉、邻机供汽和本机冷再热蒸汽。辅助蒸汽系统用户包括汽轮机轴封用汽、汽轮机低压缸用汽和启动除氧器用汽。在机组启动时，由启动锅炉或邻机冷再热蒸汽提供机组辅助蒸汽，正常运行时由机组冷再热蒸汽提供辅助蒸汽。

二、系统流程

辅助蒸汽系统如图 8－1 所示。辅助蒸汽系统分为厂用辅助蒸汽系统和 3 台机组的机组辅助蒸汽系统，厂用辅助蒸汽系统和机组辅助蒸汽系统分别通过#1、#2、#3 机辅汽电动门相连。辅助蒸汽系统主要包括汽源和用户两部分。

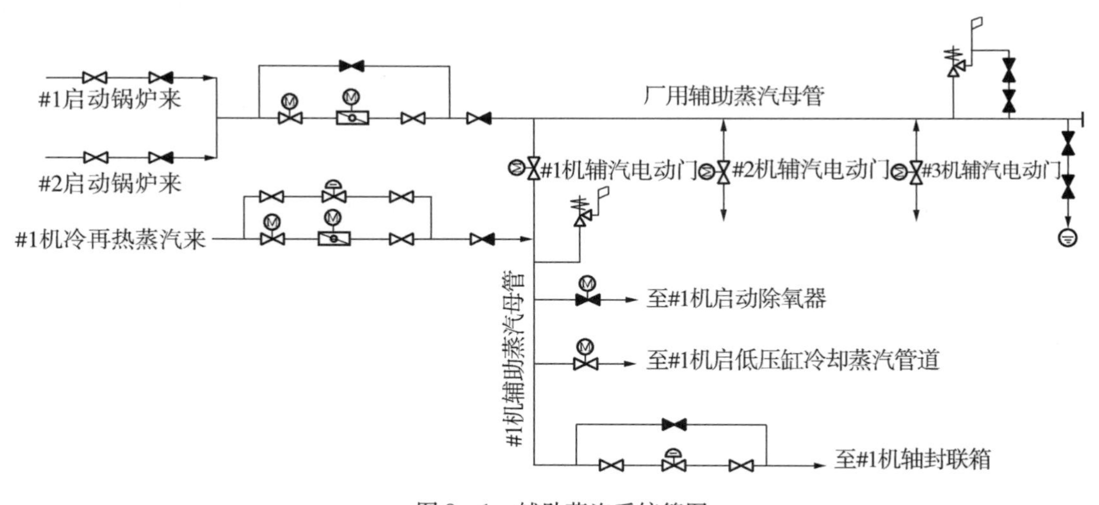

图 8－1　辅助蒸汽系统简图

(一) 辅助蒸汽汽源

辅助蒸汽系统一般有三路汽源，分别是启动锅炉、本机冷再供汽和邻机供汽。

(1) 当机组自身或邻机无法提供合格蒸汽向轴封和低压缸冷却蒸汽供汽时，需要由启动锅炉来提供。

(2)在机组启动期间，随着负荷增加，当冷再热蒸汽压力、温度符合要求时，辅助蒸汽可切换至机组冷再热蒸汽供汽。

(3)当机组在运行中，机组冷再热蒸汽均可通过机组辅助蒸汽母管向厂用辅助蒸汽母管供汽，从而为其他机组提供辅助蒸汽。

(二)辅助蒸汽用户

(1)汽轮机轴封用汽。为机组启停过程及正常运行提供汽轮机轴封用汽。机组负荷较高时，汽轮机高、中压缸体向轴封漏气，形成自密封，减少对辅助蒸汽的需求。

(2)汽轮机低压缸用汽。M701F3 型联合循环机组燃气轮机、汽轮机和发电机同轴布置，机组启动时燃气轮机先启动，同时带动汽轮机转动，由于汽轮机低压转子叶片长，空转时会产生大量的鼓风热量，为防止叶片过热损坏，需要引入冷却蒸汽至汽轮机低压缸通流部分进行冷却。机组启动期间余热锅炉还不能产生满足需求的蒸汽，此时冷却蒸汽由辅助蒸汽系统提供，当余热锅炉低压系统蒸汽满足要求后即可转由余热锅炉直接提供。

(3)启动除氧器用汽。在机组启动时，为消除溶解氧对锅炉系统造成的腐蚀危害，需要引入辅助蒸汽进入除氧器，将除氧器内的水加热至沸点，达到除氧目的。

三、系统主要设备

辅助蒸汽系统主要包括#1 启动锅炉、#2 启动锅炉、厂用辅助蒸汽母管、机组辅助蒸汽联箱、用汽支管、机组辅汽电动门、疏水装置及其连接管道和阀门等设备。

锅炉按照烟气与水所处的位置来划分，可分为火管式锅炉和水管式锅炉。火管式锅炉烟气在管道内通过，烟气管外充满水，水受热产生蒸汽。水管式锅炉炉水在管道内流动，烟气通过水管外壁传热给管内的水。火管式锅炉与水管式锅炉相比，水容量更大，这样火管式锅炉的调载能力更强，但启动后出蒸汽时间要明显长一些。#1 启动锅炉采用火管式锅炉，#2 启动锅炉采用水管式锅炉。两台启动锅炉采用的燃料均为天然气。

1. #1 启动锅炉

启动锅炉烟气流程如图 8－2 所示。

#1 启动锅炉为三回程双炉胆火管式蒸汽锅炉，偏心燃烧设计和分布，以第一时间从高温火区吸收最大的热量，开炉后能迅速产生大量饱和蒸汽及在大量耗用蒸汽后能迅速复原增压。烟气经过流程如图 8－2 所示。第一回程在炉底部，即水温最低处，故能保持火区与水区间较大的温差，从而增加热传导的效率。锅炉将蒸汽过热器布置在锅炉第二回程处，将锅炉产生的饱和蒸汽，引入过热器与第二回程的高温烟气进行交换，有效地将饱和蒸汽温度提高，达到过热蒸汽温度要求。并且，在过热蒸汽内部、锅炉第二回程侧安装了自动排烟挡板，主要的目的是为了有效控制过热蒸汽的温度，通过控制进入过热器的烟气量，来控制辅助蒸汽温度在需要的范围。

#1 启动锅炉配置了两套相互独立的燃烧系统，在小负荷工况下，单组燃烧系统运行，实现锅炉额定负荷 10%～50% 范围内自动调节；大负荷工况下，两组燃烧系统同时投入运行，实现锅炉额定负荷 20%～100% 范围的自动比例调节。在 25%～100% 额定负荷下，过热蒸汽温度达到 310℃，蒸汽压力达 1.0MPa，额定蒸汽量为 55t/h。

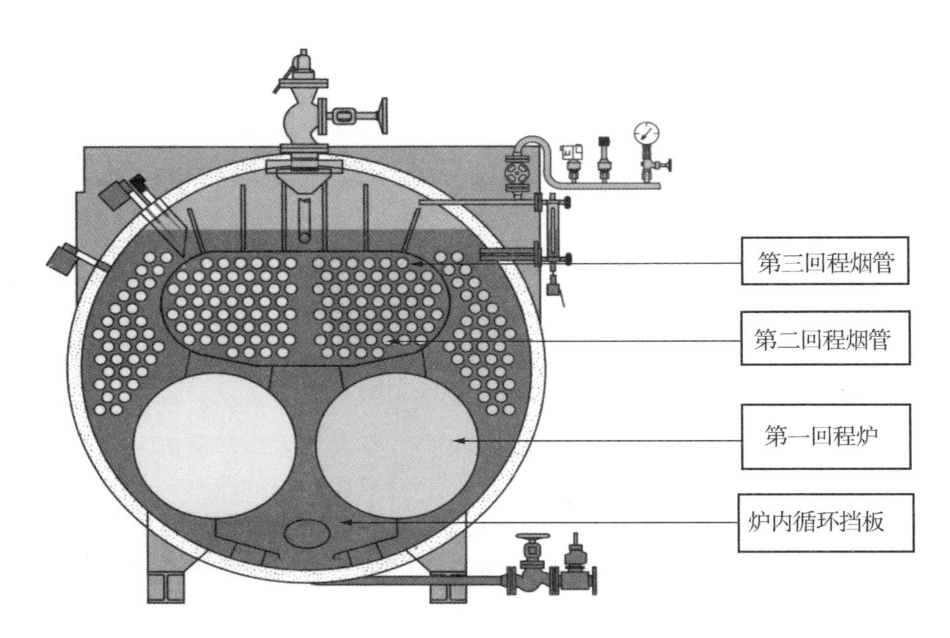

图 8－2　#1 启动锅炉烟气流程图

2. #2 启动锅炉

#2 启动锅炉形式为双锅筒纵置式 D 型结构，采用密封性能可靠、炉膛承压能力高的全膜式水冷壁结构方式。炉膛前墙膜式水冷壁上布置有一个水平全自动燃烧器，炉膛出口处布置有水平式过热器(采用与烟气逆流布置)，而后是对流管束，烟气为“之字形”横向冲刷对流管束，最后经过省煤器由烟囱排出。

#2 启动锅炉额定工况下，过热蒸汽温度达到 310℃，蒸汽压力达 1.0MPa，额定蒸汽量为 35t/h。

四、系统运行维护

(一)辅助蒸汽系统运行说明

(1)辅助蒸汽系统正常运行时由一台机组冷再热蒸汽供汽，其他机组冷再热蒸汽作备用；机组全停或是机组启动时由启动锅炉供辅助蒸汽。

(2)辅助蒸汽系统投运。一般先投厂用辅汽母管，视需要再投机组辅汽母管。

(3)辅助蒸汽系统停运。一般先停机组辅汽母管，视需要再停厂用辅汽母管。

(4)启动锅炉启动轮换。两台启动锅炉定期轮换启动，如长时间不启动应定期启动保养，确保处于正常状态。

(5)启动锅炉冷态启动，点火后应保持最低负荷运行，待锅炉升至一定压力后再缓慢升负荷，控制升压升温速率，待压力升至额定压力时再投负荷自动调节。

（二）厂用辅汽母管投运

（1）检查厂用辅助蒸汽系统管道完好、阀门状态正确、仪表投入正常。

（2）当使用启动锅炉供汽时，打开启动锅炉出口电动门，启动锅炉运行至额定压力，对启动锅炉至厂用辅助蒸汽母管管段暖管疏水；疏水完毕后，打开启动锅炉至厂用辅助蒸汽母管电动门，微开启动锅炉至厂用辅助蒸汽母管调门，进行厂用辅汽母管暖管疏水。

（3）当使用相邻机组冷再热蒸汽供汽时，手动缓慢点开供汽机组至厂用辅汽母管电动门，进行厂用辅助蒸汽母管暖管疏水。

（4）厂用辅助蒸汽母管压力升至 1MPa 后，当使用启动锅炉供汽时，启动锅炉至全厂辅汽调门投自动；当使用相邻机组冷再供汽时，全开供汽机组至厂用辅汽母管电动门。

（5）厂用辅助蒸汽母管暖管疏水完毕后，关闭相关暖管疏水门。

（三）机组辅汽母管投运前的检查及准备

（1）确认压缩空气系统已投运。

（2）确认凝结水系统已投运。

（3）确认循环水系统已投运。

（4）确认厂用辅汽母管已投运。

（5）确认机组辅汽系统各类仪表均投入正常。

（6）机组辅助蒸汽系统管道完好、阀门状态正确。

（四）机组辅汽母管投运

（1）微开机组辅汽电动门，进行机组辅汽母管暖管疏水。

（2）待机组辅助蒸汽母管压力升至 1MPa 后，全开机组辅汽电动门。

（3）机组辅汽母管温度达 180℃以上时，机组辅汽母管暖管疏水完毕后，关闭相关暖管疏水阀。

（4）机组冷再热蒸汽满足供辅助蒸汽条件时（冷再热蒸汽压力大于 1MPa、温度大于 260℃），打开机组冷再供辅汽电动门，将机组冷再供辅汽调门投自动，注意调门自动维持机组辅汽母管压力在 1MPa。

（五）机组辅汽母管停运

确认机组无辅汽用户时，关闭冷再供辅助蒸汽调门、电动门，关闭机组辅汽电动门。

（六）厂用辅汽母管停运

（1）如需停厂用辅汽母管时，各机组如有辅助蒸汽需求，应切至机组自身供应。

（2）关闭#1、#2、#3 机辅汽电动门，如需切至机组自身供汽，应缓慢关闭，注意不影响机组辅助蒸汽压力。

（3）停运启动锅炉，关闭启动锅炉出口电动门，关闭启动锅炉至厂用辅助蒸汽母管电动门、调门。

(七)辅助蒸汽系统正常运行维护

(1)检查辅助蒸汽系统疏水器前后手动门开，疏水器旁路门关。

(2)辅助蒸汽系统无外漏、内漏。

(3)辅助蒸汽温度一般为 303 ~ 330℃，机组辅助蒸汽温度低于 200℃ 报警。

(4)辅助蒸汽压力为 1MPa，压力低于 0.75MPa 或高于 1.25MPa 时报警。

五、系统典型异常及处理

(一)辅助蒸汽压力异常

可能原因：

(1)汽源压力异常。

(2)辅助蒸汽母管供汽阀异常，导致进入辅助蒸汽母管蒸汽量过多或过少，导致辅助蒸汽压力异常。

(3)压力变送器故障。

(4)辅助蒸汽系统泄漏。

处理措施：

(1)检查辅助蒸汽供汽汽源压力是否正常，如异常，应立即恢复正常或切换汽源。

(2)检查辅助蒸汽母管供汽阀。如辅汽压力低时，检查供汽电动门、调门、手动门是否故障，开度是否过小；如辅汽压力高时，检查供汽调门开度是否过大，调门是否内漏，调整供汽阀门维持辅汽压力稳定，否则切换汽源。

(3)检查辅助蒸汽系统是否有泄露，如有则设法堵漏。

(4)检查压力变送器，如有异常，安排校正处理。

(二)辅助蒸汽温度低

可能原因：

(1)汽源温度异常。

(2)辅助蒸汽系统未充分疏水或疏水器故障堵塞，辅汽母管底部有大量积水。

(3)热电偶故障。

处理措施：

(1)检查汽源温度是否正常，如有异常，立即恢复。

(2)对辅助蒸汽系统进行充分疏水。

(3)检查辅助蒸汽母管温度热电偶，如有异常，安排校正处理。

六、系统优化及改造

（一）无外来辅汽启动机组

调峰、燃气机组具有启动快、启动频繁等特点。在以往的启机过程中，均要启动锅炉提供辅助蒸汽，对启动锅炉设备的损耗较大且浪费能源。通过无外来辅汽热态启动试验表明，在机组两班制运行时，锅炉汽包内存有的压力足够为自身机组提供次日启动过程中的辅汽，并且安全能够得到保证。具体实现方式为：两班制热态启动时，高压汽包提供轴封用汽，低压汽包直接提供低压缸冷却蒸汽。这样既减少了启动锅炉反复启停的损耗，又节省了能源，提高了效率。

（二）机组启动过程中辅汽安全门动作优化改造

低压缸冷却蒸汽在启动过程中用以冷却低压缸末级叶片，当机组启动至一定阶段后，低压系统将切换至由锅炉供给的低压主蒸汽进入汽轮机，低压缸冷却蒸汽退出，在这一切换的过程中，辅汽用量的波动容易引起辅汽压力大幅波动，甚至引起辅汽安全门动作。

通过修改低压缸冷却蒸汽调门逻辑，降低低压缸冷却蒸汽调门关闭速率后，辅汽压力波动有了一定的改善，辅汽压力升高值未到其高报警值，有效避免了原来辅汽超压可能引起的安全门动作。

（三）冷再供辅汽管路优化改造

原冷再供辅汽只有一路，由电动调门调节压力。由于该路管径较大，电动调门较小的开度变化会引起机组辅助蒸汽母管压力较大的波动，改造后，增加的一路冷再供辅汽旁路管径较小，由气动调门调节。当辅助蒸汽用汽量较小时，由旁路气动调门调节，当辅助蒸汽用汽量较大时，旁路无法维持机组辅助蒸汽母管压力，则由原来的主路电动调门参与调节，机组正常运行时，一般由旁路供汽，机组辅助蒸汽压力稳定。

第九章

轴封系统

一、系统概述

轴封即轴端密封，位于转轴从缸体伸出的地方。转子主轴与汽缸之间为避免动静摩擦而预留一定的间隙。汽缸内蒸汽压力与外界大气压力不等，压差作用下就会造成高压蒸汽通过间隙向外界泄漏，造成工质损失、热力环境恶化，并且加热主轴或冲进轴承而恶化润滑油质；在低压缸部分，如果外界空气漏入，则会降低凝汽器真空，降低机组出力和效率。为了防止这种现象，在转子穿过汽缸两端处都装设汽封以达到密封作用，即轴封。高压轴封用来防止高、中压缸蒸汽漏入大气中，低压轴封用来防止空气漏入低压缸中。

尽管加装轴封，漏汽现象仍不能完全消除，为了进一步减小和防止这种漏汽现象，保证机组正常运行和启停，以及回收轴封漏汽和高、中、低压主汽阀、主汽调阀漏汽，减少系统工质和热量损失，蒸汽轮机装设有轴端汽封以及与之相连的管道、阀门、轴抽风机等附属设备，共同构成轴封系统。

二、系统流程

轴封系统流程如图 9－1 所示。机组均压箱汽源有两路：一路是本机组辅助蒸汽，另一路是本机组高压主蒸汽。其中，机组辅助蒸汽汽源也有两路，一路是厂用辅助蒸汽，另一路是本机组冷再热蒸汽。厂用辅汽可以由启动锅炉提供汽源，也可以由其他机组辅助蒸汽作为汽源。机组正常运行时，轴封蒸汽由机组辅助蒸汽母管供应，机组高压主蒸汽作为轴封蒸汽备用汽源。当均压箱蒸汽压力过高时，可通过均压箱溢流阀来排至凝汽器。

低压缸和高、中压缸两端设有轴封，其中低压轴封设有减温器，使低压轴封的蒸汽温度控制在 150℃，减温水来源于凝结水泵出口母管。为避免喷射的水雾直接进入低压轴封中造成事故，在喷水减温阀后设有水雾分离器，用来进行水雾的分离，分离的水分通过自动疏水器排到凝汽器中。

机组启、停机或低负荷运行时，轴封蒸汽系统的工作汽源一般由机组辅助蒸汽提供，辅助蒸汽通过辅汽供轴封压力调节阀进入均压箱，然后分别提供给高、中压缸轴封和低压缸轴封。当汽轮机负荷升高后，高、中压缸可实现自供轴封，且其内的高压蒸汽通过轴封齿倒供入均压箱，再经过喷水减温后作为低压缸轴封的部分供汽。

高、中、低压主汽阀和调阀为使阀杆滑动自如，在设计时使阀杆与阀门壳体之间留有适当的间隙，因此会造成阀杆间隙泄漏蒸汽。为了收集阀杆泄漏蒸汽，回收热量及工质，

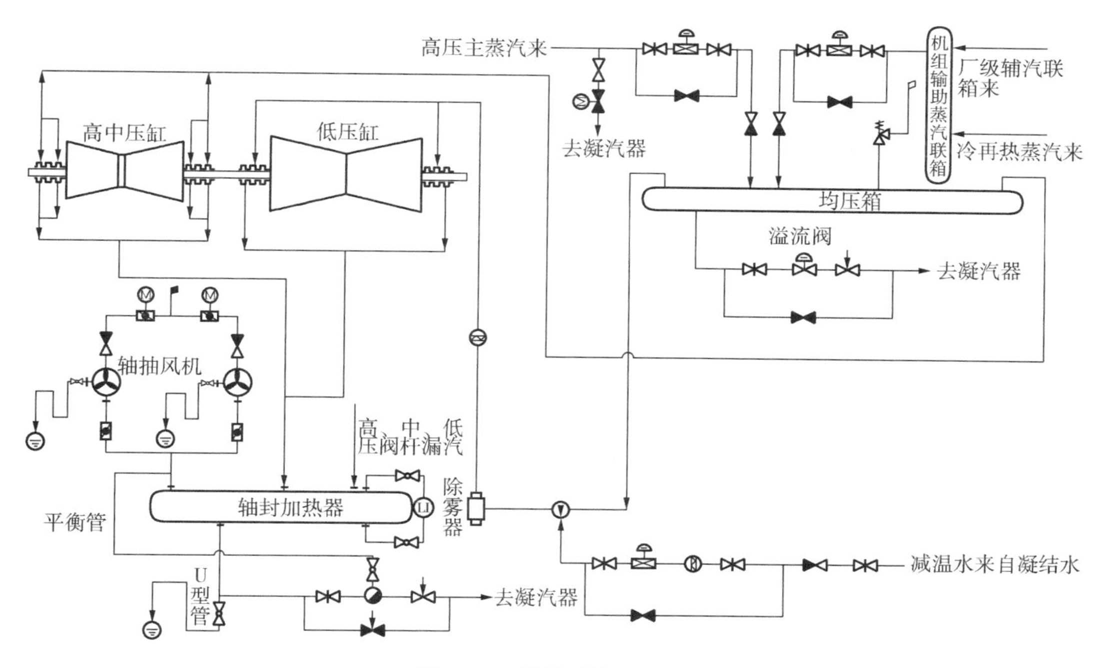

图 9－1 轴封系统流程图

每个阀门都装有阀杆蒸汽泄漏管道。高压主汽阀、调阀各设有两条泄漏管道：高压阀杆泄漏管道和低压阀杆泄漏管道。其中，高压阀杆泄漏管道连接到高压缸排汽侧，低压阀杆泄漏管道连接到轴封加热器(也称轴封冷凝器)。中、低压主汽阀和调阀只有低压阀杆泄漏管道，连接到轴封加热器。为了防止汽缸两端冒汽、回收热量及工质，高、中压缸和低压缸轴封外轴封齿的漏气被轴抽风机抽至轴封加热器加热凝结水。轴封加热器内，蒸汽凝结成水并回收到凝汽器，不凝结气体则由轴抽风机抽出，排到大气中。正常运行时，轴封加热器汽侧压力约为－8.5kPa。轴封加热器汽侧设有疏水至凝汽器的自动疏水器，疏水器上装有一根平衡管，连至轴抽风机入口管道。为防止自动疏水器故障时，轴封加热器汽侧水位高并满至汽轮机轴封处，造成汽轮机进水事故，轴封加热器另有一路疏水至地沟 U 型管。正常情况下必须保证 U 型管前疏水手动门为全开状态，且应保持 U 型管中有一定的水位，以防 U 型管水封被破坏，进而影响凝汽器真空。特别是机组首次启动或者大小修后，应先往 U 型管中注满水。

为避免均压箱超出系统设定压力，在均压箱上设有一个机械安全阀，该安全阀在均压箱蒸汽压力达到 0.07MPa 时起跳。系统设有疏水管道，在均压箱，高压和中压轴封管道、低压轴封管道、均压箱溢流管道均设有自动疏水器及疏水旁路。轴封系统投入正常运行前，对轴封系统进行暖管时，应打开这些疏水旁路阀使轴封系统管道充分疏水、暖管。机组运行时应对备用轴封蒸汽汽源管道进行定期的疏水暖管，保证蒸汽品质符合条件。为防止轴抽风机管道积水，轴抽风机底部疏水应该保持为全开，防止轴抽风机带水过负荷。

三、系统主要设备

轴封系统主要由高、中压缸轴封，低压缸轴封，均压箱，轴封加热器，2 台 100% 容量的轴抽风机，轴封蒸汽压力控制阀，低压轴封蒸汽减温水气动调节阀，低压轴封蒸汽喷水减温器，以及相关管道、阀门、仪表等组成。

(一)轴封

轴封有迷宫型轴封。迷宫密封是在转轴周围设若干个依次排列的环行轴封齿，齿与齿之间形成一系列截流间隙与膨胀空腔，密封介质在通过曲折迷宫的间隙时产生节流效应，造成压力损失，从而达到阻漏的目的。当蒸汽流过轴封齿与轴表面构成的间隙时，受到了一次节流作用，汽流的压力和温度下降，而流速增加。汽流经过间隙之后，是两轴封齿形成的较大空腔。蒸汽在空腔内容积突然增加，形成很强的旋涡，在容积比间隙容积大很多的空腔中汽流速度几乎等于零，动能由于旋涡全部变为热量，加热蒸汽本身，因此，蒸汽在这一空腔内，温度又回到了节流之前，但压力却回升很少，可认为保持流经缝隙时的压力。因此，蒸汽每经过一次间隙和随后的较大空腔，汽流就受到一次节流和扩容作用，由于旋涡损失了能量，蒸汽压力不断下降。汽流经过轴封齿后，随着压力降低，蒸汽泄漏减小。简而言之，迷宫密封是利用增大局部损失以消耗其能量的方法来阻止工质向外泄漏。

在机组启、停过程以及低负荷阶段(图 9－2)，各汽缸里面的排汽区域压力都低于大气压。轴封蒸汽供给汽室 X，一侧漏过轴封齿，进入汽轮机；另一侧漏过轴封齿，进入汽室 Y。由于轴封加热器压力维持在大气压力以下，因此，大气通过轴封外泄漏至 Y 腔室。泄漏的蒸汽、空气混合气，通过至轴封加热器的管路从 Y 腔室抽走。在轴封加热器中，疏水排回凝汽器，而空气排放到大气中。

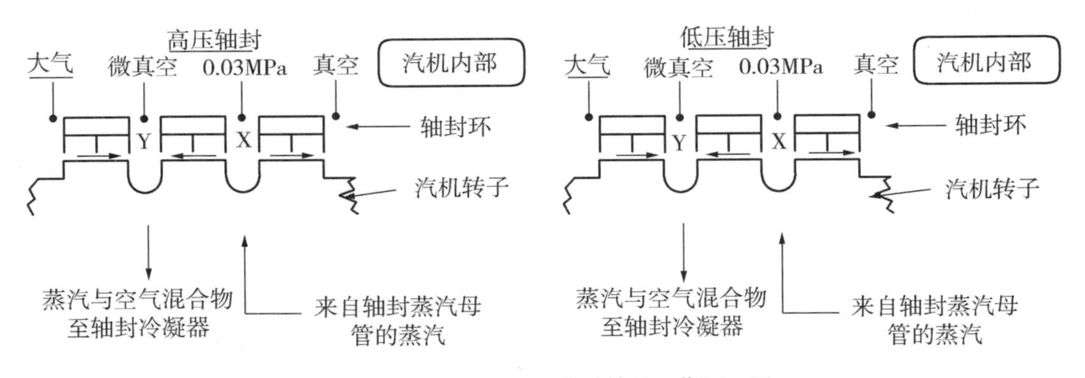

图 9－2　低负荷或零负荷时轴封工作原理图

在机组高负荷运行期间，当高、中压缸排汽压力超过 X 腔室的压力时，蒸汽就会逆向穿过内轴封段流向 X 腔室。排汽区压力继续升高时，流量增大，使高、中压缸的轴封变成自密封。此时，蒸汽从 X 区排放到均压箱，再从均压箱流到低压缸轴封(图 9－3)。

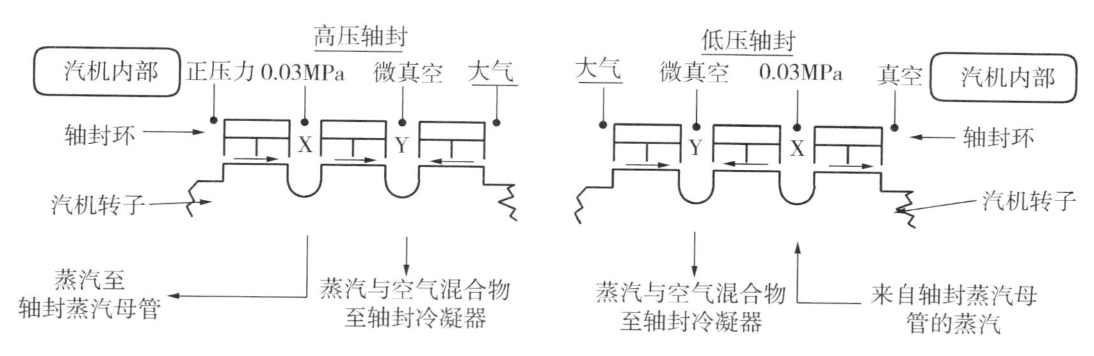

图 9－3 高负荷时轴封工作原理图

（二）均压箱

均压箱上装有温度、压力测量元件，用于监测联箱内蒸汽温度和压力；均压箱顶部装有安全阀，当均压箱压力超过限值时，快速释放压力，保证系统设备安全；均压箱底部和供汽管线均装有自动疏水器。

（三）轴封加热器

轴封加热器又称轴封冷凝器，是一种表面式换热装置，采用管壳结构。它被用来回收蒸汽轮机轴封漏汽及高、中、低压主汽阀、调阀的阀杆漏汽，并利用轴封漏汽和阀杆漏汽的热量来加热凝结水，同时达到漏汽冷凝的目的。轴封加热器结构及工作流程如图 9－4 所示，其主要由壳体、进出口水室和热交换管组成。管内走凝结水，蒸汽则在壳侧。其中不可凝结的气体被轴抽风机抽出排空，加热器内部保持微负压状态。漏汽冷凝后的水则通过自动疏水阀自动回收至凝汽器，自动疏水阀能够自动控制轴封加热器内的水位保持在一个正常水平。轴封加热器换热面积为 $70m^2$，水侧设计压力为 3. 96MPa，汽侧设计压力位 0. 0951MPa，轴封加热器内最小冷却水流量保持在 8. 5t/h 以上。

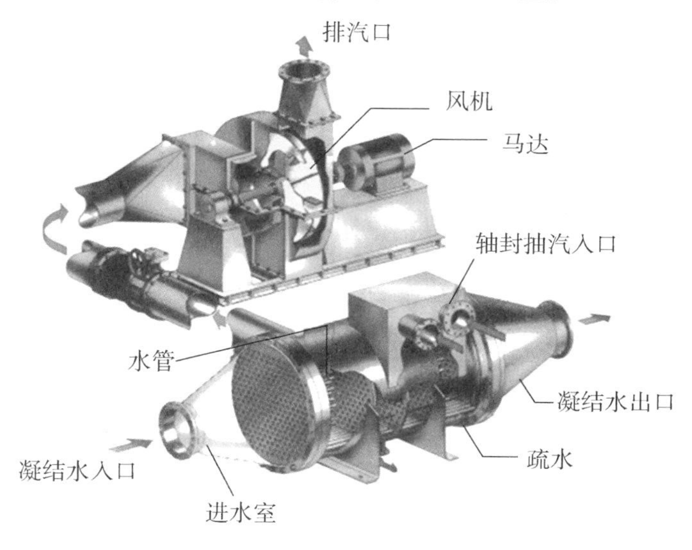

图 9－4 轴封加热器结构及工作流程

(四)轴抽风机

轴抽风机的作用是维持轴封加热器壳体为微负压状态，使被轴封及阀杆漏汽顺利进入轴封加热器内加热凝结水，防止蒸汽外漏；同时空气和其他不凝结气体由轴抽风机排至大气，提高了漏汽与凝结水的换热效率。轴封系统运行中如果发生轴抽风机异常停运，则漏汽不能被回收，汽轮机端部会有轴封蒸汽泄漏，甚至有漏汽污染润滑油系统的危险。轴抽风机的入口在轴封加热器的壳侧，两台轴抽风机的出口相互连接，由一条出口母管排入大气。在每台轴抽风机的出口管道上均装有逆止阀，在每台轴抽风机的疏水管上都装设水封。轴抽风机一般采用离心式风机，一用一备，额定流量为3180m^3/h，全压为10.75kPa，电动机电压为380V，功率为18.5kW，转速为2950r/min。

(五)低压轴封蒸汽减温器

低压轴封蒸汽减温器的作用是降低低压轴封蒸汽的温度，防止低压轴封壳体热变形后与蒸汽轮机转子发生动静摩擦。低压轴封供汽管的蒸汽进入减温器后，蒸汽随管道截面缩减而加速；然后，蒸汽经过喷嘴，使冷却水蒸发雾化，从而降低轴封蒸汽温度。为了避免喷水被蒸汽携带进入低压缸轴封，在减温器后设置了水雾分离器。水雾分离器将分离出的水分通过自动疏水器排至凝汽器。减温水来自凝结水泵出口母管，减温水量由气动调节阀依据减温器后低压轴封蒸汽的温度信号来控制。

四、系统运行维护

(一)系统启动

1. 启动前的检查与准备

送轴封蒸汽前，一定要确认机组盘车装置已投入运行。只有在盘车投入的情况下送轴封，转子才会受到轴封蒸汽的均匀加热而不会发生轴封齿变形、转子弯曲。除此之外，还需进行以下的检查和准备：

(1)机组循环水系统已投运，且运行正常。

(2)机组辅助蒸汽系统已投运，且运行正常。

(3)凝结水系统已投运，且运行正常。

(4)确定压缩空气系统已投运，且运行正常。

(5)系统各阀门动作正常、开关位置正确，各表计显示正常。

(6)轴封加热器水位正常。

(7)轴抽风机具备启动条件，风机本体疏水阀开启。

2. 系统启动操作

确认以上检查正常后，可以开始投入轴封系统，轴封系统启动操作如下：

(1)检查确认机组辅助蒸汽母管压力约为1.0MPa，确认机组辅助蒸汽母管暖管结束，机组辅助蒸汽供轴封调阀前疏水疏尽。

(2)将低压轴封蒸汽减温水调节阀和轴封蒸汽溢流控制阀投入自动。

(3)开启A、B轴抽风机出口电动阀。

(4)检查A、B轴抽风机入口手动门为半开。

(5)启动一台轴抽风机。检查轴抽风机运行是否正常，调节轴抽风机入口手动门，使得轴封加热器压力缓慢降低至-8.5kPa左右，将另一台轴抽风机投入备用。

(6)微开辅助蒸汽供轴封调阀，轴封蒸汽系统暖管。

(7)检查确认均压箱温度和低压轴封蒸汽温度缓慢上升的情况，如有必要，适当开启各轴封管路自动疏水器旁路阀加快暖管速度。

(8)暖轴封后，均压箱蒸汽温度>120℃，关闭各疏水器旁路阀。缓慢将均压箱压力升至27kPa。将辅助蒸汽供轴封调阀投入自动。

(9)检查确认均压箱压力、温度和低压轴封蒸汽温度是否正常。

(二)系统运行监视

机组运行中，若轴封蒸汽中断，低温空气经轴封齿处进入蒸汽轮机内，将使汽缸、转子迅速冷却，由于上缸、下缸、转子冷却速度不一致，很可能造成转动与静止部件发生摩擦而损坏蒸汽轮机。若有空气进入低压缸，将降低凝汽器的真空，造成机组出力和效率的降低。若轴封蒸汽压力太高则有污染润滑油的风险。因此在机组运行中需确保轴封蒸汽系统工作正常，措施如下：

(1)检查确认轴抽风机无异响、异味，振动正常。

(2)检查确认高、中压缸和低压缸轴端无蒸汽冒出。

(3)检查确认轴封加热器负压在-8.5kPa左右、水位在225mm以下。

(4)检查确认均压箱压力稳定在27kPa、温度正常、汽机轴端无温差大报警。

(5)检查确认低压轴封蒸汽温度稳定在150℃，冷却水控制正常，无温度高或低报警。

(6)检查确认轴封蒸汽系统各疏水器工作正常，阀门状态正常，系统无内外漏。

(7)检查轴封加热器疏水U型管无溢流。

(三)系统停运

只有确认凝汽器真空到0kPa才可以停止轴封蒸汽系统。如果真空不到0kPa停运轴封蒸汽，会使冷空气进入汽缸造成汽缸受热不均，轻则引起汽缸暂时变形。严重的将引起汽缸永久变形，转子静止后投盘车将引起动静摩擦。

(1)检查确认机组真空到0kPa。

(2)将高压主蒸汽供轴封调阀投入手动，关闭辅助蒸汽供轴封调阀，确认均压箱压力降低至0kPa。

(3)均压箱压力降低至0kPa后5min，退出备用轴抽风机自动备用，停运轴抽风机。

(四)系统联锁定值

(1)辅助蒸汽供轴封调阀控制均压箱压力在27kPa。当均压箱压力低于25kPa时，高压主汽供轴封调阀开启，维持均压箱压力在25kPa；当均压箱压力超过35kPa时，均压箱溢流阀开启泄压，维持均压箱压力不超过35kPa。

（2）当均压箱压力下降到10kPa的时候发出轴封压力低报警信号。

（3）当低压轴封蒸汽温度高于180℃或低于120℃的时候分别发出低压轴封温度高、低报警。

（4）当高压轴封蒸汽与高中压缸端壁金属温差超过±110℃报警。

（5）均压箱压力达到70kPa时均压箱的安全门动作。

（6）运行轴抽风机停运，联锁启动备用轴抽风机。

五、系统典型异常及处理

（一）均压箱压力低

当均压箱压力低于10kPa时报警。

可能原因：均压箱压力传感器故障，供轴封调阀故障，机组辅助蒸汽或高压主蒸汽压力低，轴封系统管线泄露。

处理措施：

（1）检查轴封蒸汽汽源是否压力正常。如辅助蒸汽供轴封，检查辅助蒸汽压力是否正常；如高压主蒸汽供汽，则检查高压主蒸汽压力是否正常，对应管路上的阀门状态是否正常。如有问题，应及时恢复汽源压力，恢复阀门至正常状态，如有必要可切换汽源。

（2）检查辅助蒸汽供轴封调阀及高压主蒸汽供轴封调阀开度是否正常，是否卡涩或未投自动保持在较小开度。如有问题，应及时恢复调阀至正常状态，必要时切换汽源或调节调阀旁路。

（3）就地核对压力，检查压力传感器是否故障，如故障应通知检修及时处理，暂时手动控制均压箱压力。

（4）检查均压箱溢流阀是否误开，如误开应缓慢关闭。

（5）现场检查轴封系统是否有外漏或内漏，如有内漏或外漏，尽量堵漏。

（6）若轴封蒸汽压力无法维持，应破坏真空紧急停机。

（二）均压箱压力高

当均压箱高于35kPa时，溢流阀自动打开；当达到70kPa时，均压箱安全阀动作。

可能原因：均压箱压力传感器故障、供轴封调阀故障、供轴封旁路误开。

处理措施：

（1）检查辅助蒸汽供轴封调阀及高压主蒸汽供轴封调阀开度是否正常，是否卡涩在较大开度或内漏大。如有问题，应及时恢复调阀至正常状态，必要时切换汽源；或者关小调节前手动阀，维持均压箱压力正常；或者关闭调阀前手动阀，通过其旁路阀调节。

（2）轴封系统检修后初次投入，应检查辅助蒸汽供轴封调阀及高压主蒸汽供轴封调阀旁路阀是否误开。如误开，应及时将其旁路缓慢关闭，注意轴封蒸汽压力平稳下降至正常值。

（3）就地核对压力，检查压力传感器是否有故障，如有故障应通知检修及时处理，暂时以就地压力表手动控制均压箱压力至正常值。

(4)均压箱压力稳定在正常值后，观察均压箱安全阀回座、溢流阀是否自动关闭。

(三)轴封加热器负压低

可能原因：运行轴抽风机故障，运行轴抽风机入口门开度小，出口电动门误关，备用轴抽风机出口逆止门不严，轴抽风机本体及出口管路水封破坏漏空气，轴封加热器及抽抽风机入口有破损漏空气，凝结水流流量太小，轴封加热器水位过高，轴封加热器真空压力变送器故障。

处理措施：

(1)轴封系统刚启动，注意检查运行轴抽风机进口阀开度是否合适，出口门是否误关，如有问题恢复阀门至正常状态，维持轴封加热器负压为－8.5kPa。

(2)检查备用轴抽风机是否倒转，如倒转，可能为备用轴抽风机出口逆止阀不严或疏水管路水封破坏，关闭备用轴抽风机出口阀，通知检修处理。也可暂时切换轴抽风机，择机处理。

(3)运行轴抽风机、出力不足或出现水击现象，检查轴抽风机疏水门是否开启，如运行异常，应切换备用轴抽风机维持轴封加热器负压为－8.5kPa；停运故障风机，通知检修处理。

(4)如锅炉停止上水现象出现，应检查凝结水流量是否太小，轴封加热器后凝结水温度是否异常增高，凝结水泵运行是否异常。如有以上现象，应该检查凝结水再循环门是否动作正常，将凝结水再循环门恢复正常，必要时开其旁路手动门调节或暂时给低压汽包上些水，保证凝结水泵最小流量。

(5)检查轴封加热器水位，如水位高，应检查轴封加热器疏水是否正常，及时检查确认轴封加热器疏水U型管前手动门开启，将轴封加热器水位降至正常值，再检查轴封加热器自动疏水器前后手动门是否误关，浮球疏水是否故障，如水位下降不下来，轴封加热器负压持续降低，应紧急停机，以免汽轮机进水。

(6)轴抽管道或轴封加热器漏真空，通知检修堵漏。

(7)对于轴封加热器压力变送器故障，通知检修更换压力变送器。

六、系统优化及改造

(一)热态启机高压主蒸汽供轴封

热态启机高压主蒸汽供轴封启动时，需要启动锅炉或运行机组提供辅助蒸汽，用来供轴封蒸汽及低压缸冷却蒸汽。由于机组在两班制运行方式下停运时间短，余热锅炉蒸汽参数较高，可以满足机组启动过程中轴封用汽需求。故对机组热态启动进行优化，采用高压主蒸汽供轴封，配合低压主蒸汽供低压缸冷却蒸汽，可以实现无外来辅助蒸汽的热态启机。这样既减少了启动锅炉的启动次数，也提高了机组的经济性能。

(二)高压主蒸汽供轴封增加自动疏水器

机组正常运行期间，轴封蒸汽主要由机组辅助蒸汽提供，而高压主蒸汽作为备用。为了保证高压主蒸汽供轴封处于良好备用状态，在高压主蒸汽供轴封调阀前管路上加装了自动疏水电动阀。机组运行时，该自动疏水电动阀每隔4h自动打开3min进行疏水，确保轴封蒸汽备用汽源品质合格。

(三)低压主蒸汽供轴封

机组高负荷运行期间，高压缸轴封实现自密封，仅低压轴封需要补充少量轴封用汽，而低压主蒸汽即能满足低压轴封的需求，可利用低压主蒸汽通过低压缸冷却蒸汽管道倒供机组辅助蒸汽，进而提供轴封用汽。此路可作为机组高负荷运行时轴封的紧急备用汽源。

第十章

凝结水系统

一、系统概述

凝结水系统的作用是通过凝汽器回收并凝结汽轮机低压缸排汽、汽轮机旁路管道排汽以及各蒸汽系统管道的疏水，然后通过凝结水泵将凝结水送到轴封加热器，加热后的凝结水再送到余热锅炉的低压给水加热器。凝汽器热水井既是蒸汽及疏水的回收箱，又是凝结水的储存箱。凝汽器在冷凝过程中，配合真空系统，同时对凝结水进行除氧及除杂质。

凝结水的主要用户为余热锅炉低压汽包给水、减温水、杂用水。其中，减温水用户包括汽轮机中压旁路减温水、低压轴封减温水、低压缸冷却蒸汽减温水、低压缸喷水和凝汽器水幕喷水；杂用水用户包括真空泵汽水分离器补水、真空破坏阀排气管密封水以及其他与凝汽器真空系统直接连接的阀门的阀体密封水。阀体密封水作用是防止外界空气漏入凝汽器，影响真空。

凝结水系统包括凝汽器、凝结水泵、启动除氧器以及凝结水系统所必需的管道、阀门和仪表。凝结水系统的范围从凝汽器到锅炉低压系统的给水加热器。正常运行中凝结水主要依靠凝汽器进行真空除氧，凝结水至低压汽包给水管段设有设置除氧器。为了保证启动前凝结水含氧量合格，凝结水系统单独设置了一台启动除氧器，凝结水泵出口的凝结水经过启动除氧器后再次进入凝汽器，进行循环热力除氧。

二、系统流程

凝结水系统主要包括凝结水主管路、补水管路、溢流管路、再循环管路、用户管路、化学加药/取样管路及凝汽器检漏管路等，系统简图如图 10 – 1 所示。

(一) 凝结水主回路

汽轮机低压缸排汽在凝汽器冷凝后形成凝结水汇集、存储在热水井中，然后经过凝结水泵进口门、入口滤网到达泵入口处，经过泵升压后，通过泵出口逆止门、出口门送至轴封加热器，经过加热器后再送至余热锅炉低压给水加热器。凝结水泵安装在地平线以下，热井中的凝结水是通过重力作用进入凝结水泵的。为减少沿程压力损失，要求其间的管线应尽可能短。

(二) 补水管路

除盐水通过补给水管道为凝汽器补水，保持凝汽器热水井水位在正常范围内。补给水

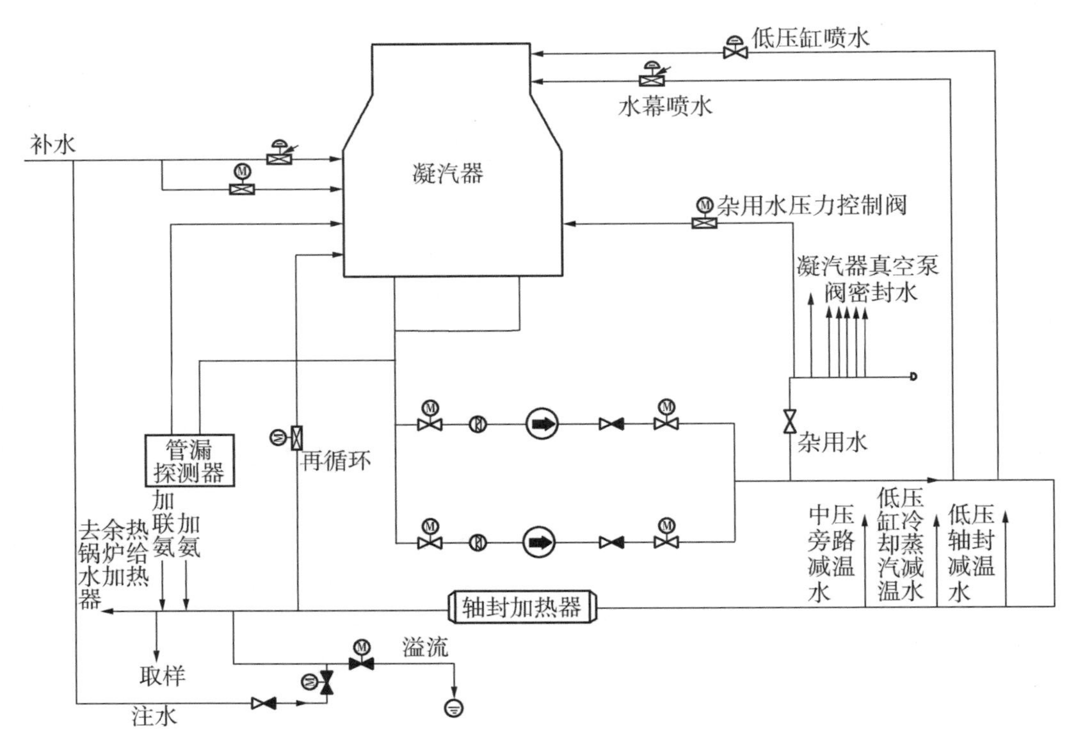

图 10－1　凝结水系统

来自除盐水，有两条补水管道，一条管径较小，作为补水主路，补水门为气动控制阀；另外一条管径较大，作为补水旁路，补水门为电动控制阀。其中补水旁路控制阀的水位设定值比主路控制阀的设定值稍低，以避免两者在补水时相互干扰，实现补水量小时由主路控制阀调节，补水量大时旁路控制阀再加入调节的效果。

凝结水泵出口母管还设置了注水管路，当凝结水系统由于检修或其他原因使得出口母管中凝结水被排尽时，可以通过此注水管往凝结水泵出口门后的母管注入除盐水，注满水后再启动凝结水泵可以防止打开泵出口门时造成管道冲击。

(三)溢流管路

凝结水系统设置了溢流管路，主要功能是将凝结水系统中多余的凝结水排到地沟。当凝汽器热井水位过高时，溢流阀将会自动打开排水，同时备用的凝结水泵会联锁启动，增加流量供给，避免送往低压给水加热器的给水流量不足(凝结水系统逻辑优化后已取消该自动启动逻辑，溢流阀投手动位置)。

(四)再循环管路

凝汽器再循环管路的作用是保持最小的凝结水流量，将部分凝结水返回到凝汽器热水井里。凝汽器再循环管连接在轴封加热器的下游分支，经过流量控制阀后返回到凝汽器。

当机组启动、停用或低负荷时，由于凝结水量少，此时开启再循环门，使凝结水回至凝汽器，防止凝结水泵发生汽蚀，同时确保有足够的冷却水量使轴封蒸汽在轴封加热器里凝结成水，保护轴封加热器。凝汽器再循环系统的最小凝结水流量取决于凝结水泵的最小流量和轴封加热器所需的最小流量中的较大者，另外最小流量设定还需考虑两台凝结水泵同时运行的情况，此时，再循环流量将变为两台凝结水泵总的所需最小流量。

（五）喷水管路

凝结水喷水管道用来调节蒸汽温度，防止蒸汽温度超限。减温水用户包括汽轮机低压缸冷却蒸汽减温水、汽轮机低压轴封蒸汽减温水、汽轮机中压旁路减温水、低压缸喷水以及凝汽器水幕喷水。

（六）杂用水管路

杂用水向真空泵汽水分离器提供补水，同时也向真空破坏门以及各类需要由凝结水密封的阀门法兰提供密封水。杂用水通过压力控制阀调节回流至凝汽器的凝结水量来保持一定的压力值。

（七）化学加药/取样管路

化学加药管布置在轴封加热器的下游，凝结水进行加联氨和氨水处理，其目的是为了降低凝结水中的含氧量，并用氨水来调节凝结水系统中的 pH 值。凝结水取样管位于化学加药点的上游，用来检测凝结水品质。

（八）凝汽器检漏管路

凝结水系统设置了检漏装置，通过检测热井中凝结水的电导率来判断凝汽器钛管是否发生泄漏。检漏用的凝结水由两台凝结水泵的入口管道分别引出，经过检漏装置后大部分回流至凝汽器。

三、系统主要设备

凝结水系统主要由有除氧功能的单壳/双通道表面式凝汽器、2 台 100% 容量的凝结水泵、启动除氧器、轴封加热器、凝汽器检漏装置，以及凝结水系统所必需的管道、阀门和仪表等组成。

（一）凝汽器

凝汽器的主要作用是冷凝低压汽缸排汽、回收汽机旁路管道排汽及各蒸汽管道的疏水。凝汽器中发生的热交换是电厂热力循环中不可或缺的一环，其实现了工作介质在朗肯循环中等压放热的过程。

凝汽器在真空环境下具有除氧功能。其原理是封闭容器中，气体的溶解度与其分压力成正比，凝结水状态越接近饱和，水蒸气的分压就越大，氧气的分压就越小。饱和条件下，氧气的分压力接近于零，凝结水中溶解的氧气从水中逸出，从而去除水中溶氧。

凝汽器分为表面式凝汽器和混合式凝汽器，后者汽轮机排汽与冷却介质直接混合接触冷却，因排汽凝结水易被污染，需要处理后才能作为锅炉给水，已很少采用。现代电厂主要采用的是表面式凝汽器，其在空间上为蒸汽侧和冷却介质侧，两者由冷却管及端板分隔开来。

凝汽器的冷却介质主要由水和空气组成，分别称为水冷式凝汽器和空冷式凝汽器。空冷式凝汽器结构庞大，金属材料消耗多，除严重缺水地区的电厂和列车电站外，一般电厂较少采用。水的比热容高，传热效果好，容易获得和保持凝汽器真空，是目前蒸汽轮机电厂采用的主要形式。水冷式凝汽器的冷却方式分为闭式循环冷却和径流冷却方式，前者冷却水排入冷却水池或冷却水塔降温后再循环使用，后者冷却水取自江、河、湖泊或大海，换热后再直接排入江、河、湖泊或大海。

凝汽器是一个单外壳、双通道的设备，其结构上主要包括凝汽器壳体、前水室、后水室、端板、冷却管、喉部膨胀节、热水井、支座、挡板、人孔门以及壳体管路等。凝汽器壳体、热井和水室都是由碳钢材料制成，每个水室的内表面衬有3mm厚的橡胶，并配有阳极保护以减少水室的腐蚀。凝汽器汽侧和水室装有进出用的孔。凝汽器中布置了许多钛管，在循环水侧的钛管表面电镀了一层碳钢，以防止循环水腐蚀；汽侧内部设有多孔配水管和挡板，用以接收和扩散蒸汽、疏水及再循环凝结水。

表面水冷式凝汽器的示意图如图10－2所示。凝汽器中装有大量的钛管，并通以循环冷却水。当汽轮机的排汽与凝汽器钛管外表面接触时，因受到钛管内水流的冷却，放出汽化潜热变成凝结水，所放潜热通过钛管管壁不断地传给循环水并被带走。这样排汽就通过凝汽器不断地被凝结下来。排汽被冷却时，其比容急剧缩小，因此，在汽轮机排汽口下凝汽器内部造成较高的真空。少量的不凝结气体会汇集到凝汽器中，导致凝汽器真空度下降，传热恶化，需要真空泵将凝汽器中不凝结气体抽出以维持较高的真空度。

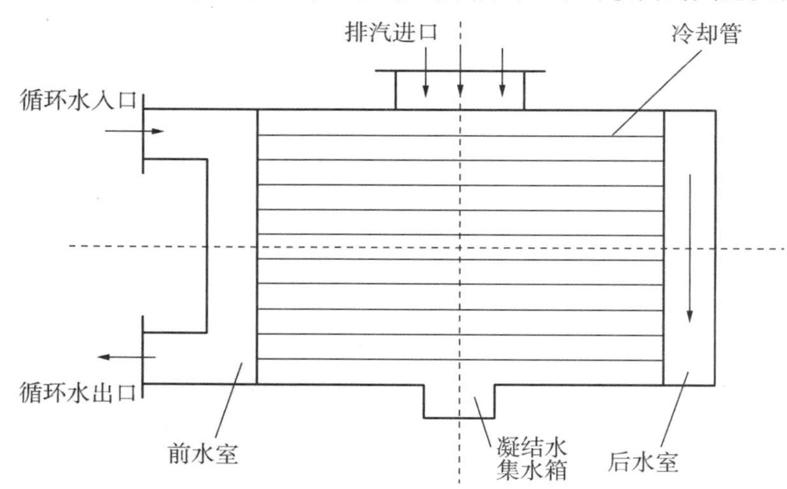

图10－2　表面水冷式凝汽器示意图

表面水冷式凝汽器主要技术参数如表 10－1 所示。

表 10－1　凝汽器主要参数

名　称	单位	数据
设计热负荷(额定时)	kJ/h	820×10^6
设计绝对压力	kPa	7.33
传热系数	kJ/h/m²/℃	13 400
循环水量	m³/h	24 970
循环水入口温度	℃	29.0
循环水出口温度	℃	37.1
总有效管子表面	m²	11 020
有效管子长度	mm	10 500
总的管子长度	mm	10 570
规格与厚度	mm	$\phi 25.0 \times 0.5$
长宽高	m	$14.5 \times 6 \times 9.4$
冷却水管数量	根	11 562

(二)凝结水泵

凝结水泵作用是从热井中抽取凝结水，加压后送往余热锅炉等用户，以维持机组的汽水循环。凝结水泵在接近凝结水的饱和状态下工作，为防止凝结水泵发生汽蚀，可以采用以下方法来降低汽蚀危害。

(1)采用筒袋型泵，筒袋泵的进出口都在上端，第一级叶轮处在泵的底端，提高泵入口的倒灌高度，从而提高泵入口静压，减少汽蚀发生概率。

(2)首级设置前置诱导叶轮(图 10－3)，使得凝结水在进入叶轮前就有一个旋转的速度，降低净正吸压力。

(3)首级叶轮采用双吸结构和较宽的吸入口(图 10－4)，以保持较低的入口流速。

(4)在泵的轴封处装设平衡管，平衡管的另一端接到凝汽器汽室，以抽出运行中泵内的气体排至凝汽器中。

(5)采用多级离心泵。

(6)叶轮材料采用铜或不锈钢等抗汽蚀材料。

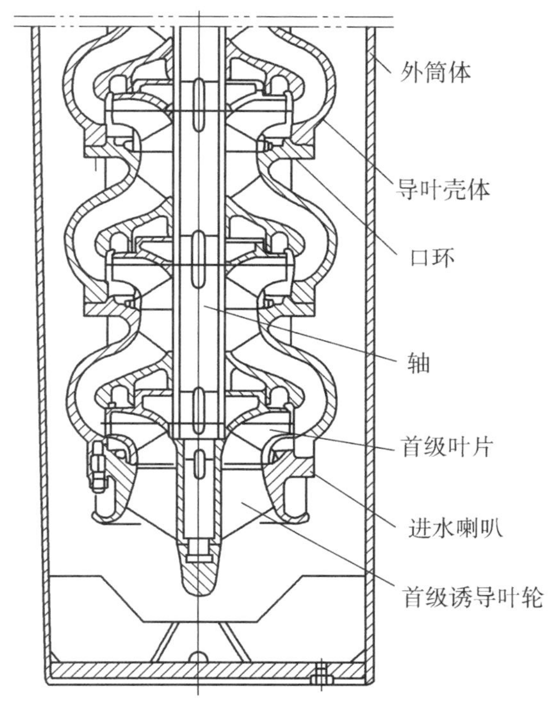

图 10－3　前置诱导叶轮图

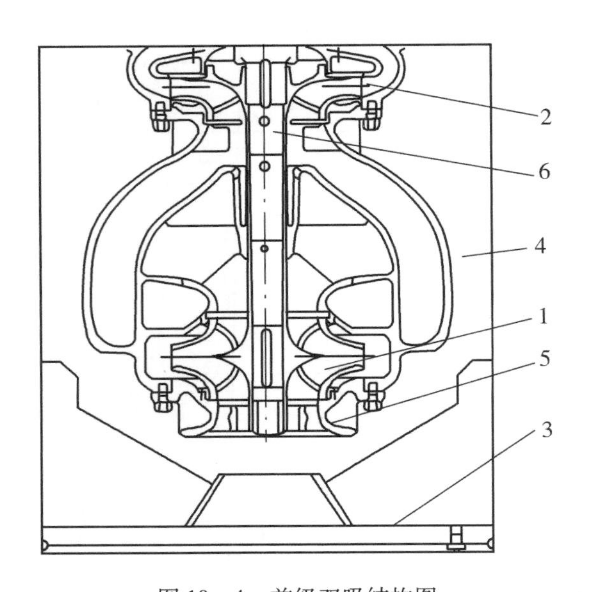

图 10－4　首级双吸结构图

1—首级叶轮；2—次级叶轮；3—外筒体；4—首级涡轮壳体；5—进水喇叭；6—轴

凝结水泵由转子、定子、吸入室及出水壳体等组成，其中转子部分包括叶轮、转轴、联轴器和轴套等，定子部分包括壳体、吸入喇叭管、轴承和底座等。水泵一般为筒袋形立式多级离心泵，首级双吸，次级单吸，额定工况下，流量 463t/h，扬程 306m，效率 81.5%，轴功率 412kW，转速 1480r/min。泵的吸入与吐出管口均在基础下方。凝结水从入口管进入外筒体，通过底部的吸入喇叭管进入到首级叶轮，加压后沿着内筒体依次经过后面的叶轮，最后从出口壳体处出来。泵由两部分组成，泵筒体和工作部分。

1. 泵筒体

泵筒体是由钢板卷焊制成，泵进出口都在泵筒体上。筒体内即有吸入部分，又有吐出部分，吸入部分与吐出部分由一隔板隔开，隔板上开有密封圈槽。泵设有平衡管，一端接在泵进口管道和外筒体上端，另外一端接在凝汽器热井水面之上。平衡管有两个作用，一个是泵启动之前注水时方便排出泵体中的空气，一个是泵正常运行时用来排出凝结水系统中夹带的气体，确保凝结水泵的正常运行。另外平衡管也使泵入口水面与热井内的凝结水面形成连通器，有助于热井内凝结水通过高度差顺利流到泵入口处。

2. 工作部分

(1) 泵本体。泵体共分两部分：首级导流壳和中段。首级导流壳由第一级吐出涡室、第一级吐出涡室到第二级吸入涡室的过渡流道以及第二级吸入涡室三部分组成。第一级吐出涡室为半螺旋双涡室，过渡流道为两个成 180°分布的流道；第二级吸入涡室为环形吸入室。中段起到向下一级过渡的作用。

(2) 吸入喇叭管。吸入喇叭管主要起到导流作用，它与第一级导流壳联结，与导流壳上的吸入喇叭管相对于第一级叶轮中心线对称，从泵入口进入筒体中的水从这两个喇叭管进入，再经导流板导流后进入第一级叶轮。

(3)叶轮。第一级叶轮为双吸叶轮，采用双吸叶轮，增大叶轮入口面积，有利于汽蚀性能，同时由于形状对称，叶轮两侧所受压力相等，这样在理论上轴向力自身平衡。其余各级叶轮均为单吸叶轮，同向排列，叶轮有前后口环，并有平衡孔，以平衡轴向力。

(4)密封环。壳体配置泵体密封环，泵体密封环和叶轮间有硬度差，具有防咬合能力。

(5)轴套。轴套用来防止轴表面的磨损。

(6)导向轴承。泵共有四处导向轴承，起径向支承作用：上端的、中间的、下端的、最下端的。导向轴承内部设有几个轴向通孔，用于过水，起到润滑作用。

(7)推力轴承。叶轮自身平衡轴向力，但仍会产生残余轴向力，此轴向力由一对向心推力球轴承承受，轴承润滑方式为脂润滑。

(8)机封函体。泵的轴封采用机械密封，轴封由机封函体、机械密封及压盖组成。泵启动之前密封水由外来工业水供水，泵启动之后自动切为泵出口凝结水供水。

(9)联轴器。联轴器为一弹性柱销联轴器。

(三)启动除氧器

启动除氧器的作用是在机组启动之前，通过对凝结水进行循环热力除氧使凝结水品质达标。凝结水从轴封加热器后管道引出，进入启动除氧器除氧后回流至凝汽器热水井。除氧器的加热蒸汽来自辅助蒸汽母管，排气管接到凝汽器，通过凝汽器真空系统将不凝结气体排出。

(四)轴封加热器

轴封加热器是利用蒸汽轮机轴封漏汽加热凝结水的管壳式热交换器，设置于凝结水再循环管道之前(已在第九章介绍)。

(五)凝汽器检漏装置

为监视凝汽器换热端的泄漏情况，防止水质较差的循环水漏入汽室中污染凝结水，导致水质恶化，系统设置了凝汽器检漏装置。检漏装置将凝结水从凝汽器热井中抽出并监测其电导率，当检漏装置测得电导率超过设定值时，发出报警信号。

凝结水检漏装置由检漏取样架和检漏面板组成，如图 10－5 所示。在取样架中，凝结水样品从凝汽器热水井抽出，然后流经真空监视窗口，通过真空监视窗口可观察到是否有残余固体颗粒和泄漏的空气。之后凝结水样品进入气水分离器并将其中的气体分离，分离出的气体通过抽气管路回到凝汽器，留下的凝结水进入泵加压后从取样架流出，进入检漏面板的主管路。主管路上设有一条支路，该支路上装有电导率仪以对凝结水样品的电导率进行检测。为排除凝结水样品中氨根离子对电导率的影响，还安装有阳离子交换柱以提高电导率的测量精度。未进入检测支路的凝结水送回至凝汽器。

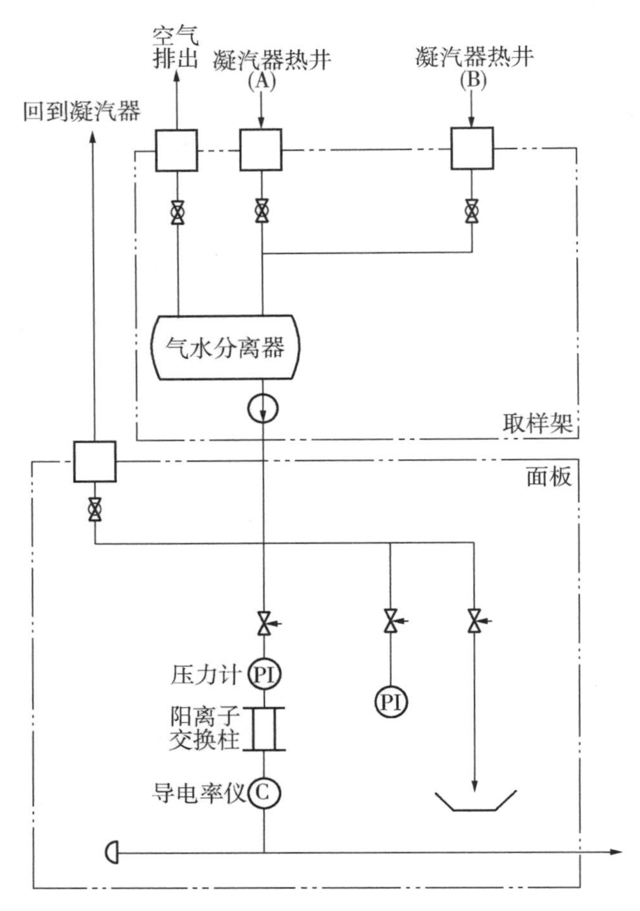

图 10－5　凝汽器检漏装置

四、系统运行维护

(一)凝结水系统投运

1. 启动前的检查与准备

凝结水系统投运前，需要检查相关的辅助系统已投运，相关表计正常投入，系统阀门在正确位置，具体如下：

(1)确认除盐水系统已投运正常。

(2)确认压缩空气系统已投运正常。

(3)确认工业水系统已投运正常。

(4)凝汽器以及凝结水管道已冲洗合格。

(5)投入系统中各类仪表在线。

(6)关闭凝汽器放水门。

(7)回路检查。

①凝汽器汽侧人孔门关闭。

②凝汽器水位计投运正常。

③凝结水阀门密封水压力调节门前后手动门打开，凝结水至杂用水手动门开，手动门后节流孔板旁路手动门关闭，至各用户的密封水分门开。

④凝结水泵再循环调节门前电动门、调门后手动门开，旁路门关，再循环电动门后疏水门关。

⑤凝结水排补手动门开，调节门关，凝结水系统溢流阀及凝结水系统注水电动门关闭。

⑥凝结水至余热锅炉电动门关闭。

⑦凝结水至启动除氧器电动门关闭，调门关闭，调门后手动门关闭。

⑧凝结水至低压缸末级叶片喷水回路投运正常。

⑨凝结水至水幕喷水回路投运正常。

⑩凝结水至中压旁路减温水回路投运正常。

⑪凝结水至低压缸冷却蒸汽喷水减温回路投运正常。

⑫凝结水至低压轴封减温水回路投运正常。

⑬凝结水泵出口疏水门关闭、凝结水泵出口电动门后母管疏水门关闭。

⑭凝结水泵出口母管排气门微开、轴加后排气门微开。

(8)凝结水泵检查。

①工业水供凝结水泵进、出口总门开，工业水压力正常。

②工业水供凝结水泵机械密封门及凝结水泵出口供机械密封水门开，机械密封水回水门开。

③凝结水泵轴承冷却水进、出口门开。

④凝结水泵平衡管抽气门开。

⑤凝结水泵进口门开，出口门关。

⑥凝结水泵入口滤网空气门开，滤网放水门关闭，滤网排气门见水后关闭。

⑦测凝结水泵电机绝缘合格后送电。

(9)开启凝汽器补水主旁路调节阀前、后隔离门。

(10)凝汽器补水，凝汽器水位正常后关闭并将补水调阀投自动。

(11)投入凝汽器检漏装置，确认凝汽器内凝结水水质合格。

2. 系统投运

启动前检查完成后，确认凝汽器水位正常、凝结水泵进口门开、凝结水泵进口压力正常后就可以进行凝结水系统的投运。

凝结水泵启动步骤：

(1)确认凝结水再循环电动门、调门在自动位，启动凝结水泵运行，检查电流正常，泵组运行正常，确认凝结水再循环调门自动开启维持凝结水泵最小流量。

(2)凝结水泵出口母管排气门、轴加后排气门见水后关闭。

(3)检查杂用水母管压力控制正常。

(4)检查泵启动正常后，开启另一台凝结水泵出口门并投入备用凝结水泵联锁。

(5)余热锅炉低压系统做好上水准备，需要上水时，微开凝结水至余热锅炉电动门，待电动门前后压力一致后再全开。

(二)凝结水系统运行监视

(1)热水井水位正常，远方水位与就地水位表一致，水位保持在可视范围内，凝汽器不频繁补水。

(2)凝结水品质合格，电导率、钠离子、含氧量等参数不超标，过冷度合格。

(3)凝结水泵电机电流正常，泵组振动正常，无异音。

(4)凝结水母管压力正常。

(5)泵推力轴承温度正常。

(6)电机线圈温度正常。

(7)凝结水泵机械密封水压力正常。

(8)凝结水泵进口滤网压差小于0.05MPa。

(9)杂用水母管压力正常。

(10)凝结水系统管路、阀门及法兰无滴漏等现象。

(三)凝结水系统停运

当凝结水系统没有用户时，且低压缸排汽温度小于45℃后，可以停运凝结水系统。

(1)解除备用泵联锁，关闭凝结水泵出口门，停止凝结水泵运行。

(2)关闭凝结水泵外来机械密封水供水门。

(3)投入凝结水泵电机加热器。

(4)如循环水系统也退出运行，停运凝汽器检漏装置。

(四)凝结水运行参数及联锁保护

1. 凝结水系统运行参数

(1)工频/变频运行时，凝结水母管压力低于2.2MPa/1.2MPa时，备用泵自启动。

(2)凝汽器水位控制目标值为0mm，低报警值为-75mm，高报警值为+75mm，高高报警值为+600mm。

(3)泵推力轴承温度为60℃左右，达70℃时报警。

(4)电机线圈温度为80℃左右，达130℃时报警。

2. 凝结水泵跳闸保护

(1)凝汽器水位低于-170mm。

(2)凝结水泵入口阀脱离全开位延时5s。

(3)凝结水泵出口电动门全关延时20s。

(4)凝结水泵推力轴承温度大于80℃。

(5)电机线圈温度大于140℃。

(6)电气故障。

五、系统典型异常及处理

(一)凝结水泵跳闸

(1)运行泵跳闸，备用泵应自动投入，否则手动投入。
(2)备用泵不能投入，应立即降负荷同时检查跳闸泵无明显故障，可起动一次跳闸泵。
(3)凝结水泵都不能起动，应立即停机。

(二)凝结水泵出口压力低

可能原因：
(1)凝汽器水位低。
(2)运行泵异常。
(3)凝结水泵入口滤网或泵体(包括滤网上的排空阀和疏水阀)漏空气。
(4)入口滤网堵。
(5)变频泵频率控制异常。
处理措施：
(1)若凝汽器水位低，应查明原因将水位恢复正常。
(2)若运行泵异常，手动切至备用泵运行，待备用泵运行稳定后停异常泵。

(2)若备用泵入口滤网或泵体漏空气，如短时不能堵漏，应立即切备用泵联锁，隔离备用泵，同时将低压汽包水位调门切手动，注意维持低压汽包水位离开跳机值足够距离，如有必要可降低机组负荷运行。若运行泵入口滤网漏空气，如短时不能堵漏，应立即启动备用泵，同时将低压包水位调门切手动，注意维持低压包水位离开跳机值足够距离，如有必要可降低机组负荷运行。备用泵起来后停原运行泵，隔离原运行泵。汇报值长，做好隔离后交检修处理。

(3)入口滤网堵，手动启动备用泵后，停运原运行泵，汇报值长，若有必要，隔离后交检修处理。

(4)变频泵频率控制异常，切至手动调节，调高运行频率。

(5)如水压低至2.2MPa(工频运行时为2.2MPa，变频运行时为1.2MPa)不联动备用泵，应手动投入，停故障泵。

(三)凝结水泵轴承温度高

可能原因：
(1)轴承油脂异常。
(2)轴承冷却水压力、温度异常。
(3)测点故障。
处理措施：
(1)检查油脂是否正常，是否刚加满油脂。
(2)恢复冷却水压力、温度。

(3)更换测点。
(4)温度有不断升高趋势或超过报警值后，切至备用泵运行。

(四)凝汽器水位低

可能原因：
(1)表计故障。
(2)凝汽器补水主路、旁路门控制异常。
(3)除盐水供水压力低。
(4)锅炉排污量过大。
(5)机组负荷大幅度下降。
(6)凝结水系统有泄漏。
(7)锅炉换热面爆管。
处理措施：
(1)更换故障表计。
(2)手动控制加大补水。
(3)恢复除盐水压力。
(4)关闭误开的疏水门、排空门。
(5)检查补水门自动补水，补水流量正常。
(6)如泄漏较大无法维持凝汽器水位，应立即停机。
(7)检查凝结水流量是否与高、中、低压主蒸汽总流量对应，如差值较大，有可能锅炉换热面爆管，应尽快停机处理。

(五)凝汽器水位高

可能原因：
(1)表计故障。
(2)凝汽器补水主路、旁路门内漏严重。
(3)凝汽器钛管泄漏。
(4)机组负荷大幅度提高。
处理措施：
(1)更换故障表计。
(2)必要时关闭凝汽器补水主路、旁路门前手动门。
(3)密切监视凝结水电导率、钠离子含量、pH 值等指标，若确定是凝汽器钛管泄漏，应尽快停机处理。
(4)加强放水，可通过汽包定排、紧急放水门等进行放水，保持凝汽器水位在可视范围内。
(5)密切监视凝汽器真空及凝结水过冷度。

(六)凝结水含氧量超标处理

可能原因：

(1)凝汽器、凝结水、凝结水泵漏空气。
(2)阀门密封水压力过低。
(3)表计故障。
处理措施:
(1)查漏并消漏或堵漏。
(2)恢复密封水供水压力。
(3)联系化学仪表班处理。
(4)联系化学人员，加药除氧。
(5)必要时投入启动除氧器。

六、系统优化及改造

(一)凝结水泵变频改造

凝结水泵 6kV 工频泵，额定出口压力为 3MPa 左右，低压汽包压力最高不超过 0.5MPa，机组最高负荷运行时，低压给水调门也不超过 60% 开度，节流损失明显。通过对凝结水泵进行变频改造，目前正常运行时低压给水调门开度保持 90% 开度，由变频器进行给水调节，凝结水泵出口压力在 1.5MPa 左右，节能明显。

为节约改造成本，两台凝结水泵共用高压变频控制，采用“一拖二加旁路”方式。即一台变频器可分别拖动两台凝结水泵，同时考虑其可靠性和变频器检修隔离方便，变频装设了自动旁路，原来供凝结水泵工频运行的开关及接线方式不变，作为变频器的自动旁路，变频器的电源用原 6kV 一台备用开关供给，接线如图 10－6 所示。

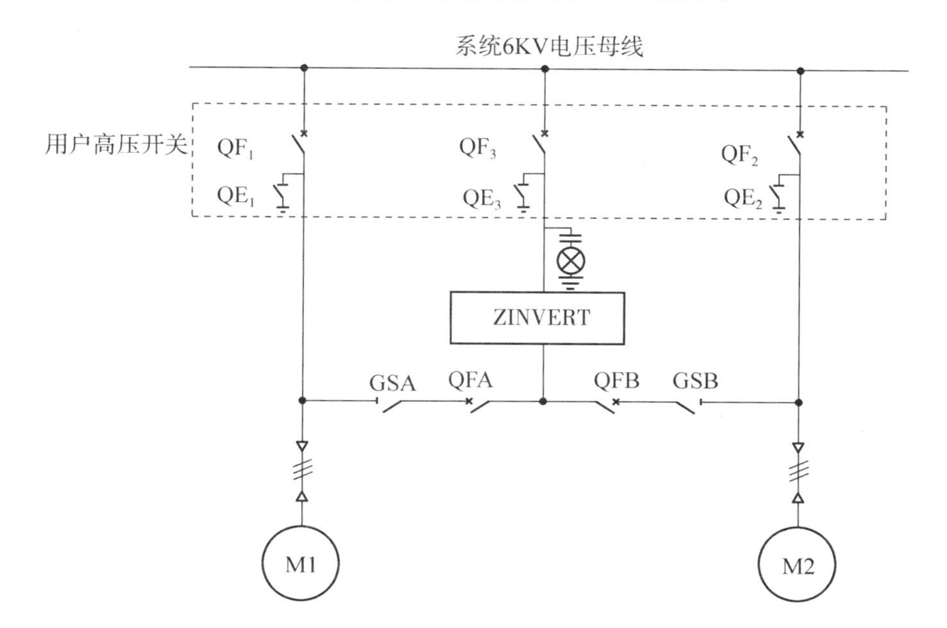

图 10－6 凝结水泵变频器接线

(二)凝结水泵自供机械密封水降压改造

凝结水泵自供机械密封水原来采用泵出口直接引水自供，由于凝结水泵工频运行时，泵出口压力较高，约为3MPa，导致与外供机械密封水管路(压力为0.3MPa左右)连接处法兰垫片经常损坏而泄漏，后来在自供密封水管路上增设一个减压阀，降低自供密封水压力，解决了管路泄漏问题。

(三)凝汽器水位高高备用泵自动联启逻辑优化

凝汽器水位高高时，为防止凝汽器满水，原逻辑设定备用凝结水泵自动启动，同时自动打开排放到地沟的溢流阀，对凝汽器进行放水。由于溢流阀排放处位于厂房内，排放地沟的疏水能力有限，当溢流阀打开时，疏水不及会导致其附近区域发生水淹，并有可能影响附近的控制油泵设备运行，因此进行逻辑优化。优化后的逻辑凝汽器水位高高定值由原来的300mm提高到600mm，水位高高时不联启备用泵，也不打开溢流阀放水，只作为报警发出警示。因凝汽器水位高高时，距离远方/就地水位计量程最高值还差400mm，故安全在可控范围内。

(四)启动除氧器退出运行优化

启动除氧器设计用来保证启动前凝结水含氧量合格。依靠凝汽器真空及化学加药可以有效保证机组正常运行中凝结水含氧量达标。在不投入启动除氧器的情况下，机组启机初期有含氧量超标的现象。由于机组设计时考虑将余热锅炉管道壁厚增加0.5mm的裕量，减小了机组启机初期凝结水氧浓度有超标的危害。经过论证及长时间的运行实践，总体效果是可接受的。因此，目前启动除氧器处于退出运行状态。

第十一章

高、中压给水系统

一、系统概述

余热锅炉高、中压给水系统是余热锅炉最主要的系统之一，它的主要作用是将低压汽包炉水分别升至一定压力后，经高、中压省煤器及高、中压给水调阀送入高、中压汽包，保证余热锅炉高、中压汽水系统供水正常。高、中压给水系统同时也为高压过热器减温器、再热器减温器、高压旁路减温器提供减温水，温度高于设定值时投入，以保证余热锅炉蒸汽参数在正常范围内。高、中压给水系统还设有中压主蒸汽集箱、高压主蒸汽集箱和再热器出口蒸汽集箱反冲洗水管道，在锅炉初次安装或检修后可对高中压主蒸汽管道系统进行反冲洗，正常运行时退出。

高、中压给水系统主要的设备一般是100%容量的高压给水泵和100%容量的中压给水泵，一运一备。为了防止给水泵在无负荷或低负荷时发生汽蚀，高压给水泵和中压给水泵的出口都设有再循环管道，给水流量低时再循环回路打开将水打回低压汽包，维持最小流量，以保证给水泵工作安全。

二、系统流程

中压给水系统和高压给水系统分别如图11－1、图11－2所示。系统流程大致如下：来自低压汽包炉水经给水管道分别进入中压给水泵和高压给水泵，由中压给水泵和高压给水泵升压后分别向中压系统和高压系统供水。高压给水泵和中压给水泵出口都设置再循环阀回水至低压汽包，保证低负荷时最小流量运行。中压给水经中压管道直接进入中压省煤器，再经中压给水阀组后进入中压汽包。中压给水还向再热蒸汽出口集箱、中压过热蒸汽出口集箱反冲洗和再热器减温器提供工作水。高压给水从高压给水管道先经高压给水阀组后进入高压省煤器，再进入高压汽包。高压给水泵出口还设有高压过热器主集箱反冲洗水管道和高压过热器减温器减温水管道，高压给水泵中间抽头单独向高压旁路减温器提供减温水。高、中压给水系统还设有必要的疏水阀和排气阀，这里不详细介绍。中压给水调阀设置在省煤器之后，主要是为了保证省煤器压力高于饱和压力，防止省煤器发生汽化造成冲击。高压给水压力设计足够高，不存在给水汽化问题。

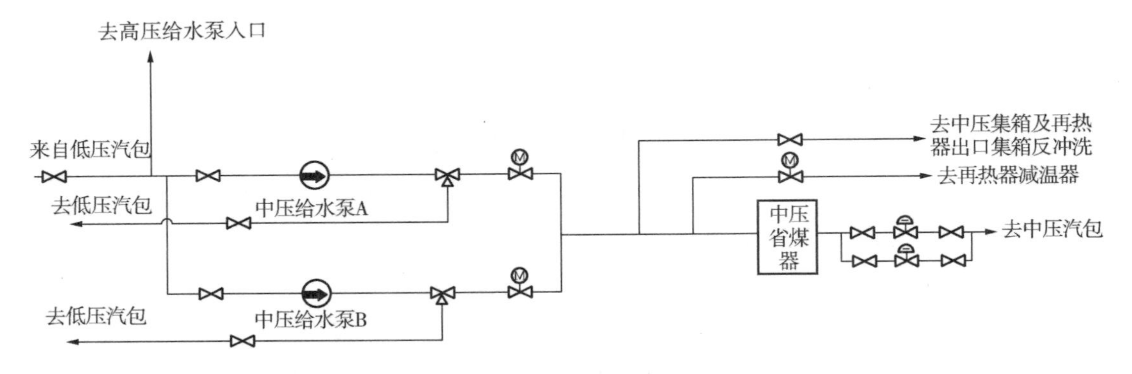

图 11－1　中压给水系统流程图

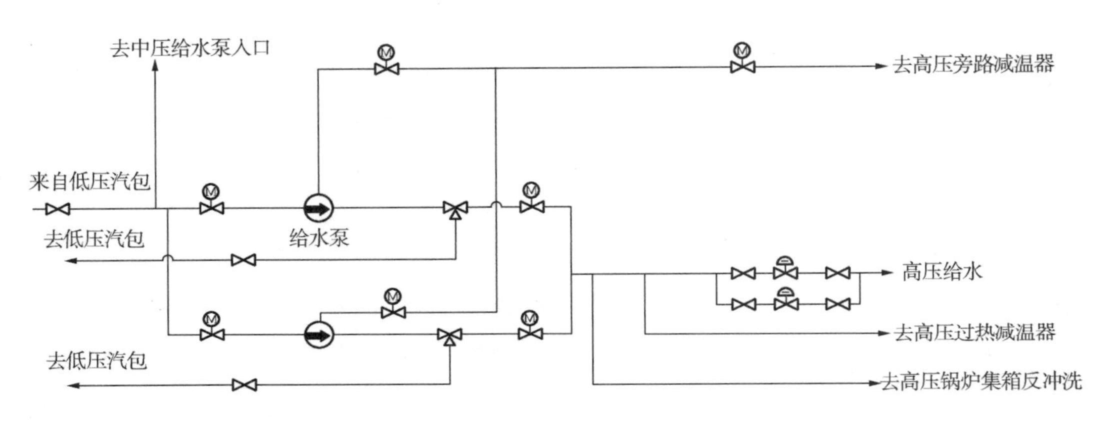

图 11－2　高压给水系统流程图

三、系统主要设备

(一)给水泵

1. 给水泵的工作原理

给水泵工作原理是，在给水泵启动转子转动后，液体在叶轮的推动下做高速旋转运动，液面形成抛物面，最低处压力最低，叶轮外缘处的压力在离心力的作用下升高，液体被压出；而叶片中心位置的液体由于压力下降在中心位置形成真空，新的液体被吸入。

2. 给水泵相关构件

给水泵结构如图 11－3 所示。

(1)转子。

转子由叶轮和轴组成，作用是将电动机的机械能传给液体，提高液体的动能和压力。

(2)平衡装置。

当给水泵每级叶轮两侧由于压力不同而产生一个由出口指向进口侧的轴向推力，轴向

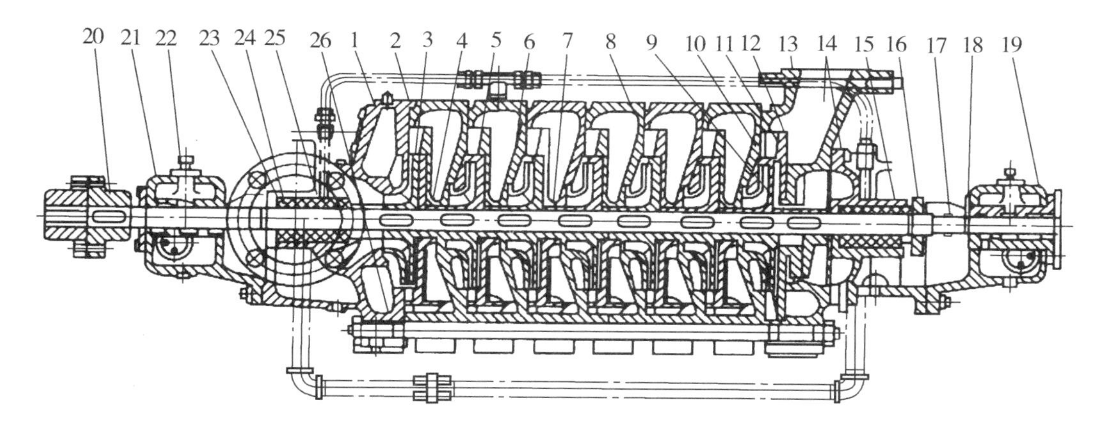

图 11－3　给水泵结构图

1—进水段；2—中段；3—叶轮；4—轴；5—导轮；6—密封环；7—叶轮挡套；8—导叶套；9—平衡盘；10—平衡套；11—平衡环；12—出水段导轮；13—出水段；14—后盖；15—轴套乙；16—轴套锁紧螺母；17—挡水圈；18—平衡盘指针；19—轴承乙部件；20—联轴器；21—轴承甲部件；22—油环；23—轴套甲；24—填料压盖；25—填料环；26—泵体拉紧螺栓

推力会使转子发生位移，动静部分发生摩擦，因此必须设平衡装置将轴向推力消除掉。高压给水泵和中压给水泵主要由静平衡盘(平衡盘座、节流套)、动平衡盘、平衡圈等组成。静平衡盘装在出水段壳体内，动平衡盘固定在末级叶轮后面，随轴一起旋转。动平衡盘后依次经挡套、分瓣环、定位座环固定。平衡盘结构如图 11－4 所示。

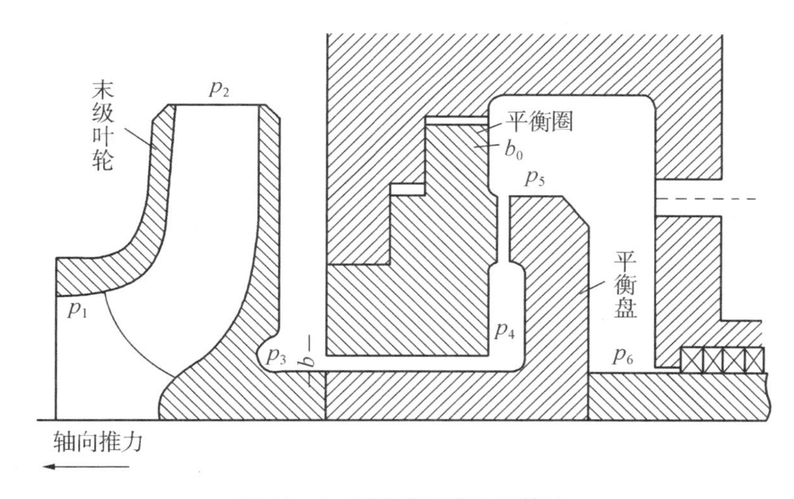

图 11－4　平衡盘平衡装置结构

叶轮产生的轴向力大于平衡盘上的轴向力时，泵轴向泵入口方向移动，使平衡盘和平衡圈之间的间隙 b_0 减小，这时高压液体通过间隙 b_0 时的阻力增大，泄漏量减小，使平衡盘和平衡圈之间的压力 P_4 上升，增大了平衡盘上的平衡力，直到平衡力与轴向力相等。轴向间隙 b_0 保持不变。反之当轴向力小于平衡力时，泵轴向右移动，间隙 b_0 增大，高压液体泄漏量增大，平衡盘和平衡圈之间的压力 P_4 下降，作用在平衡盘上的平衡力减小，直到与叶轮上产生的轴向力相等为止，保持轴向间隙 b_0 在一定间隙下运行。

(3)机械密封。

给水泵的动、静部分之间有间隙存在，会使泵内水向外泄漏，既造成水量损失也容易干扰主流，若泵吸入端是真空，外界空气漏入会危及泵的安全运行。为了减少泄漏，需对泵的动静间隙进行轴端密封。给水泵采用机械密封，主要由弹簧座、弹簧、密封圈、动环、静环等部件组成。弹簧座、弹簧、动环和轴套安装成一体，通过轴套上的键随轴转动，静环装在泵壳上，动环和静环端面依靠弹簧形成密封面，动环密封圈用来防止液体轴向泄漏，静环密封圈封堵静环与泵壳间的泄漏，密封圈还可以吸收振动缓和冲击。动、静环间密封实质上是由动静两环间维持一层极薄的流体膜而起到的密封作用。流体膜还对动静环接触面起到润滑冷却作用。只依靠密封水冷却轴套和密封装置是不够的，还要引入冷却器将密封水冷却。

(4)轴承。

给水泵轴两端分别安装一个径向轴承，用来支承转子。径向轴承水平中分，主要由轴盖、轴瓦、轴承座等组成。轴承上下瓦用销子定位，迷宫型密封瓦和溅油环可以防止润滑油向外甩出，也防止水进入轴承。

(5)联轴器。

联轴器作用是传递转矩，将水泵与电动机连接起来，将电动机轴的转矩传递给水泵转子。给水泵采用齿轮型联轴器，其主要由两个具有外齿的半联轴器和两个具有内齿的外壳所组成，内外齿数相等。两个半联轴器分别与轴用键连接。两个外壳的内齿套在半联轴器的外齿上，并用螺栓将两个外壳连接在一起。齿轮联轴器有较多的齿同时工作，外形尺寸小，承载能力大，在高速下工作可靠。齿轮联轴器如图 11-5 所示。

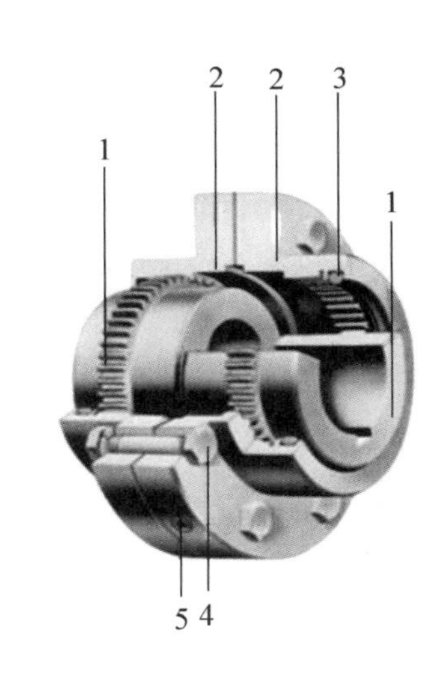

图 11-5　齿轮联轴器

1—外齿套；2—内齿圈；3—密封圈；4—铰孔螺栓；5—加油孔

(6)冷却系统。

给水泵冷却系统主要由轴承冷却系统和机械密封水冷却系统组成，它们采用冷却盘来冷却，冷却水都来自工业水系统。

机械密封水冷却盘分内管和外管。内管嵌套在外管内，机械密封水来自内压力水，循环通过冷却盘内管。冷却水通过冷却盘外管，原理如同水-水交换器。冷却水通过热传递原理不断将密封水的热量带走。

轴承冷却系统冷却盘浸入在润滑油中，冷却水循环通过冷却盘管，将油的热量不断带走，达到冷却目的。

(二)给水系统相关技术规范

高、中压给水泵电机主要参数如表 11-1 至表 11-4 所示。

表 11－1　余热锅炉高压给水泵参数

运行参数(中间抽头关闭)	单位	设计参数值
运行温度	℃	154.2
入口压力	MPa	0.5325
出口流量	t/h	315.85
出口压力	MPa	13.683
运行参数(中间抽头打开)	单位	设计参数
出口压力	MPa	13.209
抽头压力	MPa	4.93

表 11－2　余热锅炉高压给水泵电机参数

名称	数值或说明
额定功率	1843kW
额定电压	6kV
额定电流	210A
转速	2987r/min

表 11－3　余热锅炉中压给水泵规范

名称	数值或说明
流量	$64m^3/h$
扬程	457m
功率	132kW

表 11－4　余热锅炉中压给水泵电机规范

名称	数值或说明
电机功率	132kW
额定电压	380V
额定电流	238A
转速	2980r/min

四、系统运行维护

(一)系统的投运

高、中压给水系统投运可以分为以下几个过程。

1. 高、中压给水系统投运前准备

(1)确认凝结水系统已投运正常，低压系统已上水完毕，水质合格。

(2)确认工业水系统已投运正常，仪用压缩空气系统运行正常。

(3)确认影响高、中压系统投运的工作已结束，系统具备启动条件。

2. 高、中压给水系统的检查及注水

在高、中压给水系统启动前，应对系统进行全面检查，具体如下：

(1)确认系统各管路、阀门状态正常，所有电动门、气动门已正常投入，动作正常。

(2)系统相关仪表已投入正常，联锁保护试验合格并投入正常。

(3)给水泵各轴承油位、油质正常，高压给水泵冷却水盘已注满水。

高、中压给水系统启动前须对系统进行注水，防止给水泵启动时将对系统设备产生较大的冲击从而损坏设备。

(1)通过开启给水泵进出口电动阀及高、中压给水调阀，让低压汽包的给水在水位高度差的作用下注满整个高、中压给水管道，待高、中压给水泵管道及高、中压省煤器排空门出水后可判断给水系统注水完毕。

(2)注水前应确认低压汽包水位正常。

3. 给水泵的启动

给水泵组启动应注意以下几点：

(1)高、中压给水泵均为一运一备，正常情况下高压给水泵一台变频运行，另一台作工频备用。中压给水泵则一台工频运行，另一台工频备用。满负荷运行时，一台给水泵满足要求，备用泵只在运行泵故障或者给水压力较低时投入运行，两台给水泵不能长期并列运行。

(2)给水泵为离心泵，给水泵启动时须关闭出口电动门启动，待泵启动后再开出口电动门。

(3)给水泵启动后，应检查系统设备及系统参数均在正常范围内。

(4)及时投运余热锅炉加药系统。

(二)系统的运行监视及检查

高、中压给水系统启动后，为保证给水系统的正常运行，运行人员需重点监视如下内容：

(1)检查确认高、中压给水泵无异响、异味发出。进出口压力、盘根密封、振动、电动机电流、轴承和泵组温度等均正常。

(2)检查确认给水泵电动机绕组温度正常。

(3)检查确认给水泵各轴承振动正常、油位正常、油质合格，轴承温度、电动机轴承温度正常。

(4)检查确认给水泵再循环阀工作正常，再循环流量正常。

(5)检查确认给水泵冷却水压力、温度正常，冷却水回水温度小于50℃。

(6)检查确认备用给水泵无倒转。

(7)检查确认高、中、低压给水水质合格。

(8)检查确认高、中压给水调阀的状态及喷水减温调节阀的状态均正常。

(9)检查确认高、中压给水的压力流量均正常。

(10)检查确认系统无泄露，系统管道无明显振动情况。

当如下情况发生时，给水泵禁止启动：

(1)给水泵进口阀关闭状态。

(2)给水泵进口滤网差压高。

(3)低压汽包水位低低。

(三)系统的联锁保护

1. 高压给水泵的联锁保护

下列任一情况发生时，高压给水泵跳泵：

(1)入口门脱离全开位5s。

(2)低压汽包水位低于-1290mm。

(3)给水泵电机线圈温度>160℃(120℃报警)。

(4)给水泵电机轴承温度>90℃(85℃报警)。

(5)给水泵轴承温度>100℃(80℃报警)。

(6)给水泵油温>90℃(60℃报警)。

(7)给水泵电气保护动作。

(8)就地按事故按钮。

(9)变频运行时，变频器重故障动作。

(10)变频运行时，变频器高压侧开关电气保护动作。

备用高压给水泵处于联锁备用的情况下，在以下任一条件满足时，联锁启动。

(1)在 OPS 上主选备用高压给水泵，备用高压给水泵启动。

(2)高压给水泵运行 5s 后，高压给水泵出口母管压力低于 12.3MPa(变频闭环运行时为低于高压汽包压力 +0.2MPa，变频开环运行时为机组运行时高压汽包水位低于 -450mm)，备用高压给水泵联启。

(3)主泵有自启请求 5s 后仍未启动。

(4)运行泵运行 5s 出现故障停机或紧急停机要求。

(5)主泵电气保护动作。

(6)主泵变频运行 15s 后，变频器停运。

2. 中压给水泵的联锁保护

下列任一情况发生时，中压给水泵跳泵：

(1)低压汽包水位低于 -1290mm。

(2)中压给水泵电机线圈温度>120℃(90℃报警)。

(3)中压给水泵电机轴承温度>85℃(75℃报警)。

(4)中压给水泵轴承温度>90℃(80℃报警)。

(5)中压给水泵电气保护动作。

备用中压给水泵处于联锁备用的情况下，在以下任一条件满足时，联锁启动。

(1)在 OPS 上主选备用中压给水泵，备用中压给水泵启动。

(2)中压给水泵运行 5s 后，中压给水泵出口母管压力低于 4.0MPa，备用中压给水泵联启。

(3)主泵有自启请求 5s 后仍未启动。

(4)运行泵运行 5s 出现故障停机或紧急停机要求。

(5)主泵电气保护动作。

3. 高、中压给水调阀的控制逻辑

高、中压给水调阀均有两种控制模式：单冲量控制模式和三冲量控制模式。单冲量根据水位脉冲来控制调门输出；三冲量根据水位脉冲、给水流量脉冲和蒸汽流量脉冲控制调门输出，其中水位脉冲作为主调节信号，蒸汽流量脉冲作为前馈信号，给水流量脉冲作为反馈信号。三冲量控制可以减小虚假水位导致的水位较大波动。单冲量与三冲量控制的切换则分别根据高、中压蒸汽流量大小自动切换，启机过程中蒸汽流量达到一定值后自动切换至三冲量控制模式。

高压给水调门分主路调门和旁路调门，可实现单独控制与阀组联合控制，一般选择阀组联合控制。联合控制时，给水阀组指令从 0 到 6.47%，高压给水调阀 A(主路阀)调节快速开至 30%。当给水调阀组指令由 6.47% 继续增大至 20% 时，高压给水调阀 A 由开度 30% 关至 0。给水调阀组指令从 6.47% 到 100% 过程中，给水调阀 B(旁路阀)开始从 0 开度缓慢开至100%，给水调阀组指令大于20%后由给水调阀B单独控制汽包水位。

五、系统典型异常及处理

(一)给水泵的汽蚀

现象：

进口压力下降并摆动，电流下降并摆动，给水流量下降并摆动，泵内产生不正常的噪音和振动。

可能原因：

(1)汽包水位过低，使得给水泵入口压力低于饱和压力。

(2)给水泵进口滤网堵塞，给水进水管道有空气或蒸汽。

(3)给水流量突然大量减少，再循环阀故障不能开启。

处理措施：

(1)检查低压汽包水位是否正常，恢复低压汽包水位至正常水位，水位无法恢复正常，立即停泵。

(2)如低压汽包水位正常，应先切换给水泵运行，并分析给水泵汽蚀原因。

(3)如给水泵入口滤网差压高，停泵后应清理给水泵入口滤网。

(4)检查给水泵再循环调整门状态及再循环流量，如再循环阀门未开或开启过小，应处理后恢复。

(5)就地确认给水泵入口阀门在全开位置，停泵后对泵进行注水排空。

(二)给水调阀卡涩

现象：

给水调阀开度异常，实际开度与指令相差较大并保持不动。高压汽包水位持续下降或上升，给水流量与蒸汽流量相差大，差值不断拉大，DCS上发水位报警。

可能原因：

(1)给水调阀气源失去，给水调阀无法动作。

(2)给水调阀阀杆卡涩或阀杆脱落。

处理措施：

(1)立即退出机组AGC，稳定负荷。

(2)将给水调阀切至手动位置，通过手动来开关调阀看是否有卡涩现象，立即派人现场确认查看气源，如气源被误关，立即恢复气源，使调阀恢复正常。

(3)如果给水调阀卡在半开位，可利用旁路调阀及给水调阀前后手动门调节水位，使汽包水位基本能维持，必要时根据给水流量调节负荷，联系检修在线处理卡涩情况。

(4)处理过程中水位无法维持，应做停机处理。

(三)给水调门堵塞

现象：

给水流量异常下降，调门同一开度下较正常时流量低；满负荷时调门全开无法满足流量需求，汽包水位无法维持。

可能原因：

热力设备防腐蚀保护效果不佳，导致热力设备内壁腐蚀，生成的腐蚀产物 Fe_2O_3 在机组投入高温高压运行时转化为 Fe_3O_4，磁性的 Fe_3O_4 吸附在调整门芯上，越积越多，致使调整门堵塞。

处理措施：

(1)手动打开旁路调门，必要时启动备用给水泵，加大给水压力。

(2)如水位仍无法维持，应退出机组 AGC 并适当降低负荷，直至水位稳定。

(3)如果水位仍持续下降，应停机处理，停机后清理堵塞调门。

六、系统优化及改造

高、中压给水系统是燃机电厂重要的辅助系统，也是主要的耗能系统之一。由于机组低负荷运行期间，给水调阀开度较小，有较大的节流损失。因此，对机组高中压给水系统进行节能改造。

高压给水泵变频改造如图 11－6，每台机组新增一台高压变频器，机组的两台给水泵共用一台高压变频器，采用“一拖二加旁路”方式，即一台变频器可分别拖动两台给水泵，考虑到运行可靠性和方便变频器检修隔离，变频装置设置自动旁路，原来供给水泵工频运行的开关及接线方式不变，作为变频器的自动旁路，当一台泵变频运行时，另一台泵可工频备用。

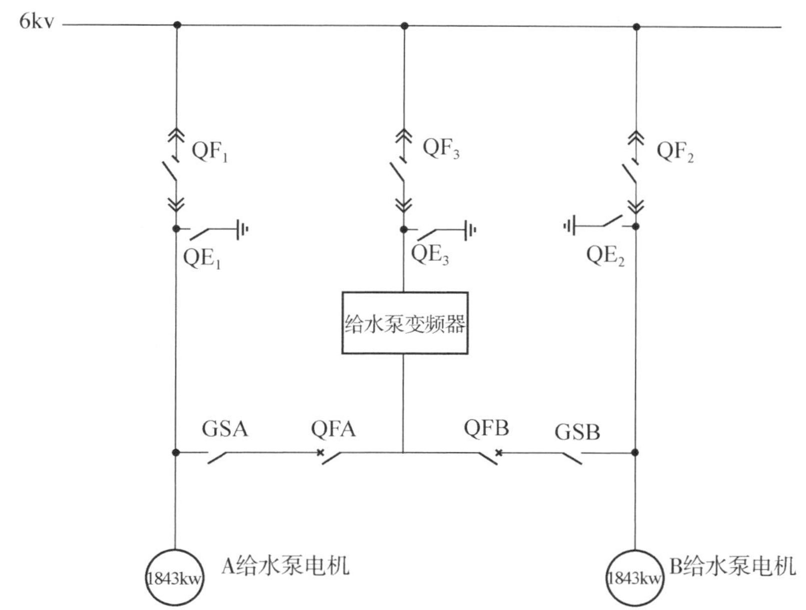

图 11－6　高压给水泵变频改造一次接线

每台机组变频改造后的泵出口压力远小于原来定速方式时压力，在低负荷时取得良好的节能效果，在启、停机过程中，泵出口压力可以更低，节能效果则更明显。同时，变频运行还可以减小启泵时管道的冲击和给水调门由于压差造成的冲刷，从而减少设备损坏。

第十二章

炉水再循环系统

一、系统概述

联合循环机组为了提高余热锅炉的效率，希望降低锅炉的排烟温度，这样可以减少热量损失，也就意味着燃气轮机排气余热被充分回收，即余热锅炉的当量热效率高。但是排烟温度不是独立的热力变量，它与所选的蒸汽循环形式、节点温差以及燃料中的硫含量有密切关系。如饱和蒸汽压力和节点温差已定时，它就被确定。当节点温差选的较小时，余热锅炉出口的排烟温度就能降低；当采用三压蒸汽循环时，排烟温度可以降低到 80 ~ 100℃。降低排烟温度还要受到露点温度（排烟中蒸汽开始凝结的温度）的制约，如果排烟温度低于露点温度，排气中的 SO_2 凝结成为亚硫酸而腐蚀金属壁面，所以余热锅炉的排烟温度应高于露点温度。因此，联合循环锅炉一般在给水加热器（即省煤器）设置炉水再循环系统，这样可以提高给水加热器入口的水温，防止鳍片管表面结露以防止尾部烟道低温腐蚀。

常规锅炉的给水加热器一般为非沸腾式，即不允许在给水加热器中产生蒸汽，因为蒸汽可能导致水击或局部过热，给水加热器中的蒸汽进入汽包后如被带入下降管还会对水循环带来不利影响。在机组刚启动以及低负荷时，给水加热器管内工质流动速度很低，此时较容易产生蒸汽。采用给水加热器再循环可以增加给水加热器中水的质量流量，从而解决这个问题。

二、系统流程

如图 12－1 所示，给水加热器分为低温段给水加热器 1 和高温段给水加热器 2，在给水加热器 1 出口设置再循环泵，确保进入给水加热器 1 的凝结水温度高于设定温度，以维持排烟温度高于露点温度。工质流程为凝结水操作台过来的给水经给水加热器 1 加热后，部分由再循环泵打回给水加热器 1 入口与凝结水操作台来的低压给水混合，部分引入给水加热器 2，继续加热后以接近饱和的温度进入低压汽包。如果在极端环境条件时，最大出力的再循环水量仍不足以保持排烟温度始终高于露点温度，就需要将给水通过给水加热器 1 前的旁路（给水三通阀开启）直接引到给水加热器 2 进口管道并进入低压汽包。在给水加热器 1 被全旁路时，管屏的温度等于进入管束的排烟温度。

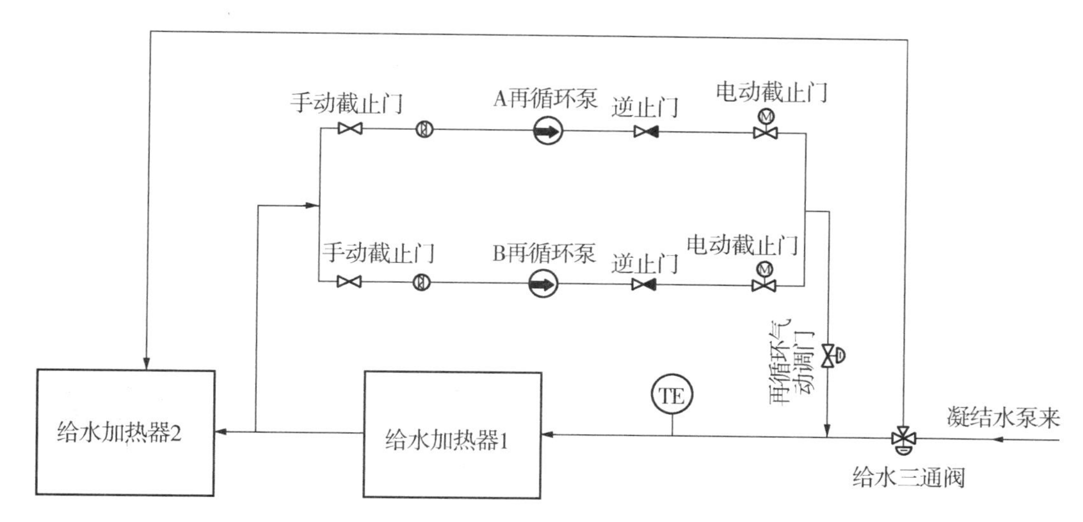

图 12－1 炉水再循环系统示意图

三、系统主要设备

炉水再循环系统设置有 2 台再循环泵，一用一备，由再循环水泵、隔离阀、止回阀和调节阀组成，取水于给水加热器 1 出口，用于将经预热的水在管束内再循环。调节阀采用从管束入口的热电偶的信号来调节再循环流量至足够水平而保持加热器管壁温度始终高于露点温度。另外还配备了相应的压力仪表、流量测量装置、过滤器等。

再循环泵为离心泵，变频器控制，额定出口流量 340 t/h，扬程 57m，电机为 380V 低压电机，额定电流 139A，转速 2950r/min。

四、系统运行维护

(一)再循环泵的投运

1. 再循环泵投运前的检查及准备

(1)确认压缩空气系统运行正常。

(2)确认工业水系统运行正常。

(3)确认 A、B 再循环泵进口滤网及进口、出口疏水门均关闭。

(4)确认 A、B 再循环泵进出口压力仪表均投入。

(5)确认炉侧低压给水电动门、机侧低压给水电动门(轴加后)开启，确认任一凝结水泵在运行。

(6)检查联轴器油位正常，油质合格。

(7)检查联轴器冷却水、泵驱动端冷却水以及机械密封冷却器冷却水投入，冷却水量正常。

(8)测再循环泵电机绝缘合格，电机及泵出口电动门送电、再循环泵变频器正常。

(9)微开泵的入口门，对泵体进行注水排空气。泵体注水排空气完毕后，全开两台泵的入口阀。

2. 变频再循环泵的启动

(1)将A、B再循环泵变频器送电，检查送电正常。

(2)将A、B再循环泵出口电动门投自动。

(3)将A、B再循环泵投自动。

(4)将再循环气动调阀投自动。

(5)选择主泵。

(6)启动主泵变频器，检查频率应自动升至60%(30Hz)，再循环气动调阀自动开至25%。

(7)确认主泵转动正常，出口压力正常，泵出口电动门自动打开。

(8)就地检查主泵振动正常，机械密封运行正常，不发热，冷却水出水温度<50℃。

(9)检查备用泵出口电动门自动打开。

(10)将变频器已投入自动控制状态。

(二)再循环泵及其系统正常运行监视

(1)泵组各部分无异常声音、振动不超限，电机不发热，电流正常。

(2)轴承温度、盘根温度正常，轴承润滑油油质合格、油位正常。

(3)冷却水、机械密封水流正常。

(4)泵出口流量控制阀开度正常，监视给水加热器1入口水温变化趋势正常，控制在55℃。

(三)再循环水泵倒换操作

(1)检查备用再循环泵在良好备用状态，切换主泵。

(2)检查原备用泵启动正常。

(3)检查原运行泵停运正常。

(四)再循环水泵停运操作

(1)确认余热锅炉已经停运。

(2)将再循环泵频率控制切至手动，降低至30Hz。

(3)停止变频器运行。

(4)检查运行再循环泵停运正常。

(5)如果泵或系统需要检修，则应按工作票做好安全措施。

(五)再循环泵控制及联锁保护

1. 温度控制

给水加热器1入口温度设定为55℃，由变频器与再循环气动调门共同控制，当温度低于 52℃，给水三通阀开启，旁路部分给水至给水加热器 2，以维持给水加热器 1 入口温度高于 52℃。

2. 再循环水泵启动允许条件

(1)凝结水至低压汽包上水电动门(轴加后)全开。

(2)凝结水至低压汽包上水电动门(炉侧)全开。

(3)再循环泵出口阀在自动全关位或另一台再循环泵在运行。

(4)任一凝结水泵在运行。

3. 当下列任一情况发生时，再循环泵跳闸

(1)运行泵出口门脱离全开位 60s 后。

(2)凝结水至低压汽包上水电动门(炉侧)脱离全开位。

(3)凝结水至低压汽包上水电动门(轴加后)脱离全开位。

(4)凝结水泵全停。

(5)电气保护动作。

(6)变频器故障。

4. 当备用泵投联锁备用时，下列任一情况发生，备用泵联启

(1)切换主泵。

(2)主泵自动启动要求 5s 后仍未启动。

(3)主泵运行中跳泵或手动停泵。

五、系统优化及改造

再循环泵在原设计是工频运行，依靠再循环气动调阀调节再循环流量，控制给水加热器 1 入口水温在 55℃。从机组投产后的运行数据发现，机组在正常运行方式下，低压给水再循环泵出口调节阀开度常常处于 50% 以下，有较大的节流损失，有一定的节能空间。因此对再循环泵进行了变频改造，变频器采用“一拖一”方式，即在原再循环泵开关后串联增加一套低压变频器，一台变频器对应一台电机及水泵。改造后变频器与再循环气动调门共同调节炉水再循环流量，控制给水加热器 1 的入口温度。在满足温度要求的前提下自动开大再循环气动调门，降低变频器频率，从而实现节能。

第十三章

凝汽器真空系统

一、系统概述

在凝汽式汽轮机组启动过程中，凝汽器真空是通过真空泵将凝汽器内大量不凝结气体抽出而形成的；而在机组正常运行时，汽轮机排汽在凝汽器内经循环水冷却后凝结成水，其体积急剧收缩，从而使凝汽器内形成高度真空。

凝汽器真空系统的作用是，在机组启动过程中将凝汽器汽侧及与之相连的空间内的不凝结气体抽走，建立启动真空，促进凝汽器内蒸汽的凝结，保证蒸汽管道输水畅通，加快机组启动速度；在机组正常运行时，连续不断地将凝汽器内漏入的空气和其他不凝结气体抽出，使凝汽器真空维持在规定值。

机组凝汽器真空系统由抽真空装置（A、B 真空泵）和高效真空泵（C 真空泵组）并联组成。在机组启动过程中，要求真空泵能快速使凝汽器建立真空，以满足启机条件，因此选用功率较大的 A、B 真空泵。在机组正常运行时，凝汽器真空主要是由排入凝汽器的蒸汽迅速凝结而形成，此时真空泵的主要功能是维持真空，负载较小，可选用功率较小的高效真空泵。

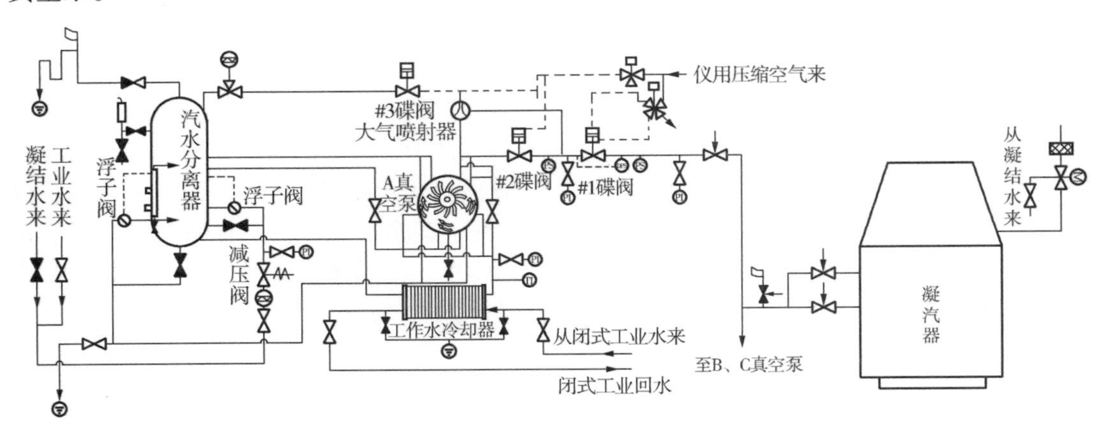

图 13－1　凝汽器 A 真空泵系统图

二、系统流程

A、B 真空泵采用单级水环式真空泵。以 A 真空泵运行为例，其工作流程如图 13－1 所示。启动真空泵前，真空泵入口蝶阀（#1 蝶阀）、大气喷射器入口蝶阀（#3 蝶阀）关闭，大气喷射器旁路蝶阀（#2 蝶阀）开启。启动真空泵后，关闭真空破坏门。当真空泵入口#1

蝶阀前后压差大于1.5kPa时联动开启。从凝汽器空气冷却区抽出的不凝结气体经过#1、#2蝶阀进入真空泵，再由真空泵排到汽水分离器中分离，分离出来的不凝结气体经止回阀排到大气，分离出来的水留在汽水分离器内。汽水分离器底部的水经过工作水冷却器冷却后向真空泵提供工作水，同时向真空泵入口提供冷却水。当真空泵入口绝对压力小于16.3kPa，即凝汽器真空值高于85kPa时，#3蝶阀开启，#2蝶阀自动关闭，大气喷射器投入运行，此时真空泵的入口处压力升高，改善了水环真空泵的极限抽吸能力，从而达到了防止真空泵发生汽蚀的目的。

A、B真空泵工作水的补水一共有两路来源，一路来自工业水，另一路来自机组凝结水杂用水母管。正常运行时，由工业水给真空泵补充工作水，经减压阀调压后进入汽水分离器。通过补水浮子阀及溢流浮子阀共同维持汽水分离器水位在规定范围内。为防止真空泵在不断运行过程中造成工作水温度升高而影响水环真空泵的出力，在汽水分离器和真空泵之间装设了板式冷却器，冷却器的冷却水来自工业水。

C真空泵组采用罗茨泵－水环泵串联而成的高效真空泵组。其工作流程如图13－2示，C真空泵启动，水环泵先启动，联动开启入口气动门，当泵组入口真空值高于88kPa时罗茨泵自启动，凝汽器的不凝结气体进入罗茨泵，经加压后冷却后进入水环泵，由于提高了水环泵的入口压力又降低了水环泵的入口温度，可保证水环泵高效稳定运行。罗茨泵在高真空下工作，负责抽出凝结器内未凝结的气体，维持住凝结器内的真空。

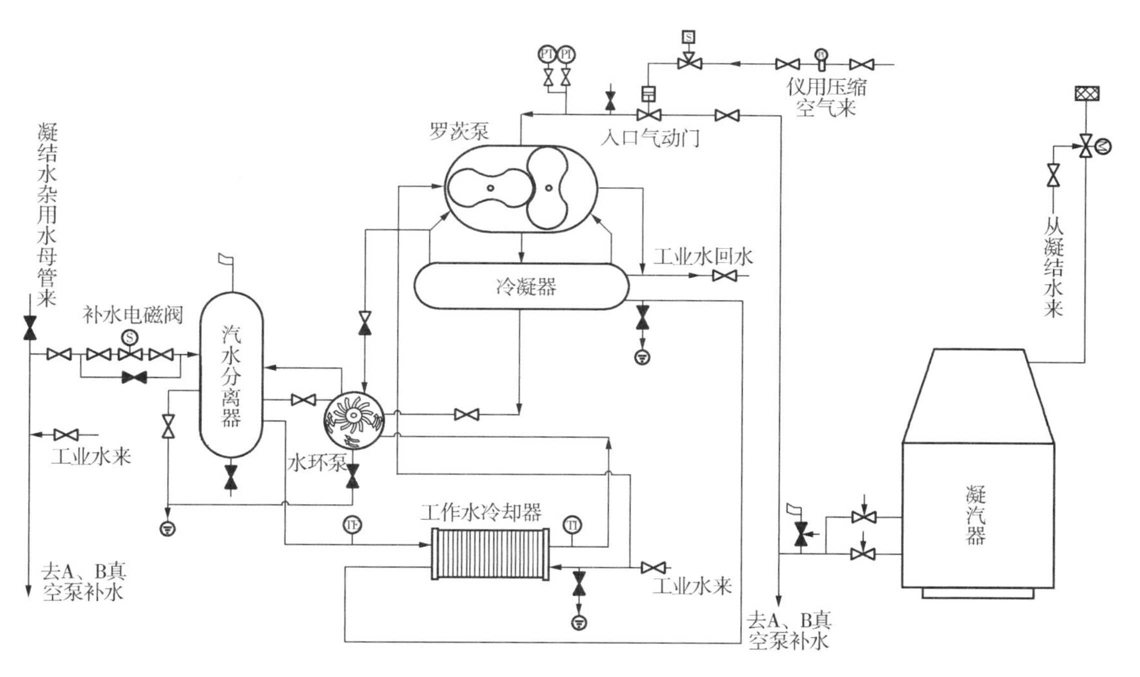

图13－2　凝汽器C真空泵系统图

C真空泵组水环泵的工作水补水系统和A、B真空泵一样，正常运行时由工业水补充工作水，经补水电磁阀进入汽水分离器，然后经板式冷却器冷却后向水环泵提供工作水。C真空泵组一样配置有板式换热器，工业水作为冷却水，冷却水除冷却水环泵工作水外，还用于冷却罗茨泵轴承及冷凝器。

三、系统主要设备

凝汽器真空系统主要设备有 A、B 真空泵(每套主要包括 1 台水环式真空泵、1 台汽水分离器、1 台大气喷射器、1 台工作水冷却器)，C 真空泵组(主要包括 1 台罗茨泵、1 台水环泵、1 台冷凝器、1 台汽水分离器、1 台工作水冷却器)，真空破坏阀及相应的管道仪表。

(一)水环式真空泵

水环式真空泵具有结构相对简单、制造过程精度要求不高、加工容易、操作方式简单、维修方便等优点，因此水环式真空泵在 300MW 以上的机组中已经被广泛使用。但是水环式真空泵工作条件也有一定限制，主要是受水环工作水温度的限制较大，存在一个极限抽吸压力，因此一般的水环式真空泵都会通过采用前置大气喷射器来降低极限抽吸压力的数值。

水环真空泵的工作原理如图 13 – 3 示，它的主要部件是叶轮和壳体。叶轮由叶片和轮毂构成，叶片有径向平板式，也有向前(向叶轮旋转方向)弯式。壳体由若干零件组成，不同型式的水环泵，壳体的具体结构可能不同，但特点相同，都是在壳体内部形成一个圆柱体空间，叶轮偏心地装在这个空间内，同时在壳体的适当位置上开设吸气口和排气口。吸气口和排气口开设在叶轮侧面壳体的气体分配器上，轴向吸气和排气。

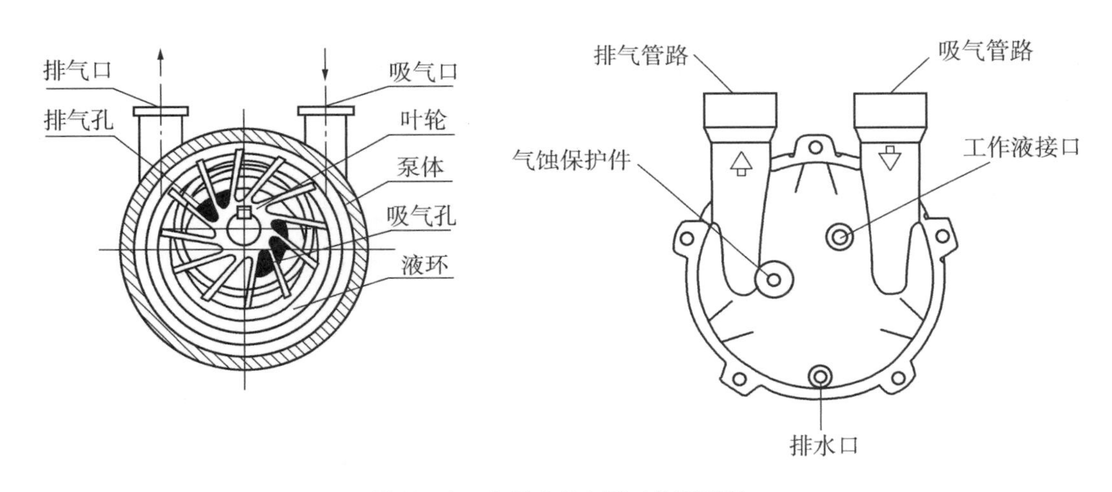

图 13 – 3　水环式真空泵工作原理图

由于叶轮偏心地装在壳体上，当叶轮旋转时，在离心力的作用下，水被抛向四周，形成一个与泵腔形状相似的封闭水环。水环的外表面和泵腔接触，内表面与叶片接触，叶轮轮毂与水环之间形成若干个月牙形小腔。当叶轮顺时针旋转时，由于偏心布置的影响，单个小腔的容积由小变大，腔室内压强不断的降低，当压强低于被抽容器内的气体压强时，气体就从吸入口进入小腔，这就是吸气过程。随着叶轮的继续旋转，小腔的容积逐渐减小，压强不断地增大，直到气体的压强大于排气压强时，被压缩的气体从排气口被排出。这样在泵的连续运转过程中，气体沿着叶轮的轴向不断被吸入、排出，从而达到连续抽气的目的。

由于凝汽器的真空要求较高，真空泵的吸气压力容易接近极限真空（工作水的饱和压力），导致泵体内的工作水汽化，发生汽蚀，影响泵的安全运行。专门设计的汽蚀保护管从排气处引一路空气至泵内的高真空腔室，防止汽蚀的发生；同时还在叶轮表面形成一层气体保护膜，防止汽蚀发生时叶轮遭到损坏。

水环真空泵和其他类型的机械真空泵相比具有以下优点：结构简单，制造精度要求不高，容易加工；结构紧凑，泵的转速较高，一般可与电动机直联，无须减速装置，故用小的结构尺寸，可以获得大的排气量，占地面积也小；压缩气体基本上是等温的，即压缩气体过程温度变化很小；由于泵腔内没有金属摩擦表面，无须对泵内进行润滑，而且磨损很小；转动件和固定件之间的密封可直接由水封来完成；吸气均匀，工作平稳可靠，操作简单，维修方便。

水环真空泵也有自身的缺点：其一，效率一般较低，在30%左右，较好的可达50%；其二，真空度低，不仅受到结构上的限制，更重要的是受工作液饱和蒸汽压的限制。用水做工作液，极限压强只能到2～4kPa。

A、B 水环式真空泵主要参数见表13－1。

表13－1　A、B 水环式真空泵参数规范

功率	108kW
电压	380V
电流	212A
功率因素	0.84
转速	740r/min
抽速	28.0～66.5m³/mim
吸入绝对压力	3.3～101.3kPa
排气绝对压力	101.3kPa

（二）罗茨泵

罗茨泵腔内两个“8”字形的转子相互垂直地安装在一对平行轴上，由传动比为1的一对齿轮带动做彼此反向的同步旋转运动。传动机构是在两轴的同端装有样式和大小完全相同的且互相啮合的两个齿轮，使主动轴直接与电动机相连，并通过齿轮带动使从动轴作相反方向的转动。两个叶轮之间以很小的间隙相向旋转运动，叶轮将泵的腔室分为几个小的空间。叶轮位置由Ⅰ转到Ⅱ时，进气室空间增大。叶轮继续转动到位置Ⅲ，部分空间与进气口隔开。当叶轮转动到位置Ⅳ时，被隔离空间与排气侧相通，由于排气侧气体压强较高，则有一部分气体返冲到被隔离空间中去，使气体压强突然增高。当叶轮继续转动时，连同返冲的气体一起排出泵外。其工作原理如图13－4所示。

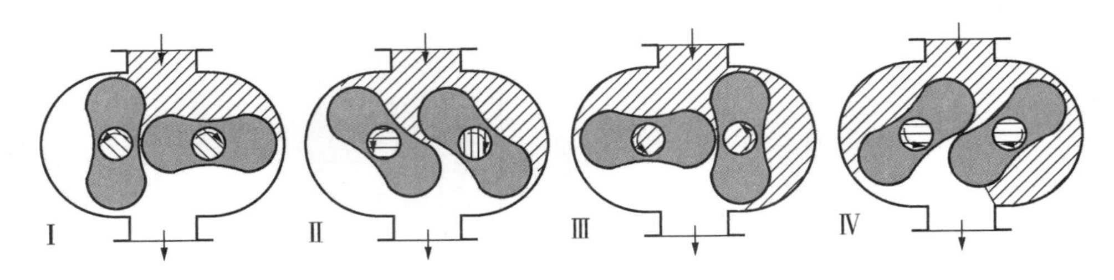

图 13-4 罗茨泵工作原理

罗茨风机为容积式风机，输送的风量与转数成比例，在转子之间，转子与泵壳内壁之间保持有一定的间隙，可以实现高转速运行。风机内腔不需要润滑油，结构简单，运转平稳，性能稳定，高效节能，精度高，噪音低，寿命长，结构紧凑，体积小，重量轻，使用方便，效率达 85% 以上。

C 真空泵组主要参数见表 13-2。

表 13-2 高效真空泵参数规范

功率	7.5kW
电压	380V
电流	15.4A
转速	1440r/min
最大流量	10kg/h
吸入绝对压力	3.3～101.3kPa
排气绝对压力	101.3 kPa
功率	15kW

(三)汽水分离器

汽水分离器是真空系统的重要设备之一，主要作用是分离水环式真空泵排出的汽水混合物，排出气体，回收工作水。基本工作原理是利用汽水比重不同，当汽水混合物进入到汽水分离器，容器忽然扩大，导致流速降低，在主流体离心向下倾斜式运动过程中，气相中细微的液滴速度下降下沉而与气体分离。真空泵出口的汽水混合物进入汽水分离器后，撞击到上挡板和侧挡板上实现汽水分离，水沿着有倾斜角度的下挡板流入筒体内，气体排入大气。

汽水分离器内水位的高低直接影响到水环式真空泵的性能，如水位过高，水环过厚，真空泵抽吸空间减少，会降低真空泵抽真空能力；如水位高于真空泵排气口，还有可能导致真空泵排气不畅，排气汽水不能充分分离，工作水中含空气量增大，进一步降低真空泵抽真空能力；如水位高于水环式真空泵汽蚀保护管汽水分离器接口，还会引起真空泵汽蚀；同时汽水分离器水位过高还会引起真空泵过载。汽水分离器水位过低，真空泵工作水量减少，不能正常建立真空泵水环，影响真空泵的出力；同时工作水量减少，真空泵无法得到充分冷却甚至出现干转现象，影响设备安全运行。汽水分离器的水位控制非常重要，因此汽水分离器设置了就地翻板水位计、补水浮子阀和溢流浮子阀用于指示、控制水位。

（四）大气喷射器

大气喷射器主要由工作喷嘴、混合室及扩压管三部分组成，其工作原理如下：工作气体通过喷嘴，由压力势能转变为动能，在混合室中形成了高于凝汽器内的真空，达到把汽气混合物从凝汽器内抽出的目的。在扩压管内，工质的动能再转变为压力势能，略微抬高压力将混合物排出。

大气喷射器是配置在水环式真空泵的进口管道上的一个前置射气抽气器，它的空气流量大大增加，真空泵吸入区的压力远高于水环水温所对应的“极限抽吸压力”，不会出现“汽蚀”现象，真空泵运行状况也就较为平稳。

（五）工作水冷却器

工作水温是水环式真空泵正常工作需要控制的量，主要原因是：

(1) 水温和吸气量有关，工作水温度越高，吸气量越小，真空泵出力不够，凝汽器真空就会下降。

(2) 水环式泵中的工作水的主要作用是密封和冷却，过高的温度不利于真空泵的冷却。

因此，水环式真空泵可以通过安装工作水冷却器来提高泵的效率。

（六）真空破坏阀

220V 直流电动控制真空破坏阀如图 13－5 所示，需要使用密封水进行水封。真空破坏阀的作用：在系统启动前抽真空时，关闭真空破坏阀，防止空气漏入凝汽器；机组紧急停机情况或停运真空系统时，打开真空破坏阀，破坏机组真空，使凝汽器真空迅速降低。由于真空破坏阀的阀芯两侧压差大，难免漏入空气，因此在真空破坏阀的前端通入密封水，在真空破坏阀的阀芯上形成一定高度的水层，防止空气进入凝汽器。同时，真空破坏阀的阀杆上也通入密封水，对阀杆进行水封，防止漏入空气。真空破坏阀所用的密封水来自机组的凝结水杂用水母管。

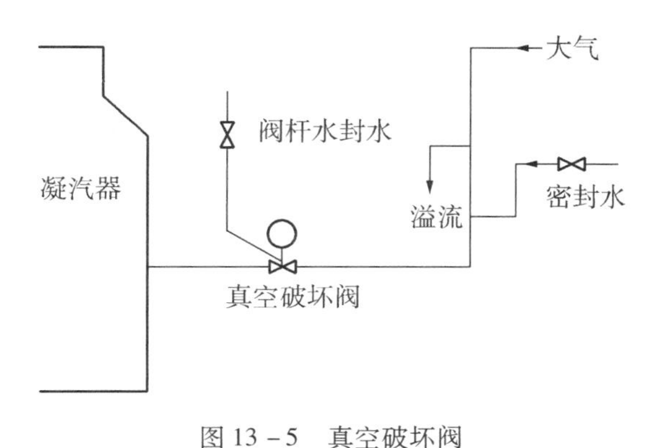

图 13－5 真空破坏阀

（七）真空仪表

凝汽器真空关系到机组的安全性与经济性，凝汽器上一般设置有 5 个真空压力开关、3 个真空压力变送器、3 个就地真空压力表以监测凝汽器真空。其中 3 个真空压力开关用于低真空跳闸保护，动作设定值为 74 kPa(3 选 2)；另外 2 个真空压力开关则用于保护凝汽器，其中一个真空压力开关设定值为 87 kPa，用于低真空报警，另一个真空压力开关设定值为 56 kPa。3 个压力变送器用于实时监测凝汽器真空，均值参与控制和联锁。

四、系统运行维护

（一）最佳真空

凝汽式汽轮发电机组运行时存在额定真空、极限真空和最佳真空。

一般来说，蒸汽轮机铭牌标示的排汽绝对压力对应的真空是凝汽器的额定真空。额定真空是指机组在设计工况、额定功率、设计冷却水量下工作时的真空。凝汽设备在运行中通常追求尽量高的真空度来获得较好的凝汽效果，但从经济效益的角度来说，真空的提高也不是越高越好，存在一个极限真空。极限真空是由蒸汽轮机最后一级叶片出口截面的膨胀极限所决定。如果通过最后一级叶片的蒸汽已经达到膨胀极限，仍然继续提高真空，蒸汽的膨胀就只能在末级叶片出口外进行，排汽口外自由膨胀会形成汽阻，反而导致经济效益降低。故而极限真空是指当蒸汽在末级叶片中的膨胀达到极限时对应的真空度。

在极限真空内，蒸汽参数和流量不变时，提高真空可以使蒸汽在蒸汽轮机中的可用焓降增大，从而使得发电机的输出功率增加，但同时，提高真空意味着需要向凝汽器多供冷却水，导致循环水泵的耗功增加。最佳真空是基于最佳的经济效益而言的，指的是使蒸汽轮机功率增加与循环水泵多耗功率的差数为最大时的真空值，此时经济效益最大化。极限真空不一定是最佳真空。

（二）系统投运

机组启机前利用 A 真空泵或 B 真空泵抽真空，在汽轮机高中压缸进汽后切换至 C 真空泵，A、B 真空泵转为备用。

由于凝汽器灌水查漏后，真空泵入口气动蝶阀前有大量积水。如果此时直接启动真空泵，真空泵入口气动蝶阀连锁开启，大量的积水将涌入真空泵，对真空泵叶轮产生很大的冲击，易出现真空泵振动大、发异响、电流过大、轴端甩水甚至叶轮弯曲等现象。因此在凝汽器灌水查漏后，应手动开启 A、B、C 真空泵入口气动蝶阀，将阀前的积水排掉，以确保真空泵启动安全。真空泵系统长期停运后，入口气动蝶阀前常常会有有较多积水，因此再真空系统启动前，也有必要进行同样的操作。

A、B 真空泵投运操作如下：

（1）确认凝汽器真空系统相关工作已终结。

（2）测量真空泵电机绝缘合格后，送上电源。

（3）确认循环水系统已投运正常。

(4)确认凝结水系统已投运正常。

(5)确认轴封系统已投运正常。

(6)确认压缩空气系统已投运正常。

(7)确认工业水系统已投运正常。

(8)检查凝汽器真空系统各阀门开关位置正确，各表计指示正常。

(9)确认大气喷射器入口三通阀导向大气位置。

(10)确认真空泵汽水分离器水位控制正常。

(11)确认真空泵工作水冷却器投运正常。

(12)确认真空泵#1 蝶阀关闭，#2 蝶阀开启，#3 蝶阀关闭。

(13)选择一台真空泵，启动真空泵。

(14)检查真空泵电流及运行情况正常，#1 蝶阀自动打开。

(15)关闭真空破坏阀，检查凝汽器真空缓慢上升。

(16)当运行泵入口绝对压力小于 16. 3kPa(凝汽器真空值约为 85kPa)时，#2 蝶阀关闭，#3 蝶阀开启，此时大气喷射器投入运行。

(17)视情况投入另一台真空泵运行。

(18)当凝汽器真空值达到 92kPa 以上时，投入备用真空泵联锁。

(19)检查凝汽器真空稳定，系统无明显漏点。

C 真空泵组投运操作如下：

(1)确认 C 真空组相关工作票已终结。

(2)在 C 真空泵组电机、电缆绝缘合格，并已送电，控制柜无报警。

(3)检查 C 真空组各阀门开关位置正确，各表计已投入且指示正常。

(4)检查 C 真空泵组罗茨泵齿轮箱、轴承油质合格，油位正常。

(5)检查 C 真空泵组汽水分离器水位控制在正常水位。

(6)检查 C 真空泵组冷却水投入正常。

(7)确认凝汽器真空严密性试验合格。

(8)确认机凝汽器真空值达到 92kPa 以上。

(9)确认汽轮机高中压缸已进汽。

(10)启动 C 真空泵组。

(11)检查 C 真空泵组水环泵启动正常，并检查入口气动阀联锁开启。

(12)当罗茨泵入口真空升至 88kPa 时，检查罗茨泵自动启动正常。

(13)确认凝汽器真空正常。

(14)停运 A、B 真空泵并投联锁备用。

(15)再次确认凝汽器真空正常。

(三)系统运行监视

凝汽器真空系统在正常运行期间，应保持凝汽器真空在 94kPa 以上，需要加强对系统的运行监视和就地的检查：

(1)检查确认真空泵无异音、异味、振动良好、盘根密封、轴承温度、电动机温度、电动机电流(A、B 真空泵运行电流约为 185A，C 真空泵组水环泵运行电流约为 12A，罗茨泵运行电流约为9A)等均正常。

(2)检查确认汽水分离器水位正常(A、B真空泵汽水分离器液位正常约为10～20cm，C真空泵组汽水分离器液位正常约为36cm)，自动补水正常，无高、低液位报警。

(3)检查确认真空泵冷却器冷却水压力为0.2～0.3MPa、温度<40℃。

(4)检查阀杆密封水总门及各分门已打开，阀杆密封水联箱压力正常，在1MPa左右。

(5)检查真空破坏阀水封正常，其他水封门水封正常。

(6)检查气动蝶阀的压缩空气压力为0.5～0.8MPa。

(7)检查凝汽器真空稳定，系统无明显漏点，真空值为94～98kPa。

(四)系统停运

1. 停运的条件

凝汽器真空系统停运条件如下：

(1)正常情况下，在机组转速降至300r/min以下时才可以破坏真空。

(2)在机组轴承振动大、有异声等紧急情况下，打闸后可提前破坏真空。

2. 停运操作

凝汽器真空系统停运操作如下：

(1)退出备用真空泵联锁。

(2)停运运行真空泵。如停运A真空泵或B真空泵时，检查A真空泵或B真空泵停运，#1、#3蝶阀自动关闭，#2蝶阀自动开启。如停C真空泵组时，检查C真空泵组水环泵、罗茨泵停运，入口气动阀自动关闭。

(3)打开真空破坏阀，检查凝汽器真空开始缓慢下降。

(4)真空及机组转速到0后，停运轴封蒸汽。

(5)凝汽器真空系统预计有一周以上停运时间时，应关闭真空泵分离器补水阀，开启真空泵泵体放水阀和分离器放水阀，防止真空泵腐蚀、生锈。

(五)真空严密性试验

凝汽器真空是汽轮机发电机经济运行的一个主要指标，而真空严密性是影响凝汽器真空的一个主要因素。按《凝汽器与真空系统运行维护导则》规定：停机时间超过15天时，机组投运后3天内应进行严密性试验；机组正常运行时，每一个月应进行一次严密性试验。

真空严密性试验的目的是为了检测凝汽器真空系统的严密性，检查汽轮机低压缸、凝汽器、真空系统、蒸汽系统疏水管道、凝结水泵进口管等负压区域的严密性，以便发现真空区域的漏点。试验时应先确定机组负荷在80%额定负荷以上，真空不低于92kPa，蒸汽参数和负荷保持稳定，再全停真空泵，30s后开始记录真空，记录8min，取后5min计算凝汽器真空下降速率。对于M701F3联合循环机组，真空下降速率小于0.27kPa为合格，如不合格，应查找原因，设法消除。

(六)系统联锁定值

凝汽器真空低报警值为87kPa，跳闸值为74kPa。A、B真空泵运行时联锁逻辑：

(1)正常运行时，运行泵#1 蝶阀前绝对压力 >13.3kPa，备用真空泵自启动；

(2)正常运行时，运行泵跳泵，备用真空泵自启动；

(3)机组并网运行期间，凝汽器真空降至 87kPa 时联锁启动备用泵；

(4)运行泵#1 蝶阀后绝对压力 <16.3kPa，大气喷射器投入运行，即#3 蝶阀自动开启、#2 蝶阀关闭。

(5)运行泵#1 蝶阀后绝对压力 >16.3kPa 延时 3s，大气喷射器退出运行，即#2 蝶阀自动开启、#3 蝶阀关闭。

(6)运行泵#1 蝶阀前后差压 >1.5kPa 或#1 蝶阀后绝对压力 <16.3kPa 延时 5s，#1 蝶阀开启。

C 真空泵组运行时联锁逻辑：

(1)C 真空泵运行，C 泵跳联锁启动备用泵 1；如果 3s 内未能检测到备用泵 1 的运行状态反馈，联锁启备用泵 2。

(2)机组并网运行期间，真空 <89kPa 时联锁启动备用泵 1，真空 <87kPa 时联锁启动备用泵 2。

五、系统典型异常及处理

凝汽器真空低的现象：

真空表指示数值下降，低压缸排汽温度升高，凝结水温度升高，循环水温升增加，严重时发出报警，备用真空泵联动甚至机组跳闸。

可能原因：

真空表计故障、循环水系统工作异常、真空泵工作异常、凝汽器水位过高、轴封系统异常、真空系统漏真空、钛管脏污等。

处理方法：

(1)核对真空压力变送器，如测点异常，应及时处理。

(2)检查循环水是否正常、循环水泵有无跳闸，循环水母管压力是否正常，凝汽器循环水进、出口阀门状态是否正常，二次滤网是否差压高等，如有问题立即处理恢复正常。

(3)检查真空泵系统是否正常，真空泵是否跳泵、真空泵运行是否正常、真空泵各蝶阀状态是否正常、真空泵汽水分离器水位是否正常、是否凝汽器真空严密性差导致 C 真空泵不能维持真空等，如有问题立即处理恢复正常。

(4)检查汽机轴封系统是否正常，轴封压力、温度是否正常，现场是否有轴封漏气，如有问题立即处理恢复正常。

(5)检查凝汽器内水位是否正常，若水位不在正常范围，应尽快查明原因，保持凝汽器水位在 600mm 以下。

(6)检查真空系统是否有漏真空，真空系统相关阀门是否误开、真空系统是否有检修工作、低压缸大气薄膜是否破裂、低压缸冷却蒸汽管道安全门是否内漏等，如有应尽快将漏点消除。如凝汽器真空仅在启停机过程中真空低，应重点检查汽轮机高中压系统这些在进汽前是负压区而在进汽后是正压区的区域是否漏真空。

(7)检查凝汽器水室是否有堵，钛管是否脏污，如有堵应及时进行清理。

（8）处理过程中，为维持真空，可提前投入备用真空泵，必要时可降低机组负荷。汽轮机低压缸排汽温度升高时，应确认低压缸喷水自动投入。真空无法维持，到跳机值时，确认保护正常动作，确保安全停机。

六、系统优化及改造

凝汽器一般配置有2台带大气喷射器的水环式真空泵（即A、B真空泵），一运一备。由于在真空泵设计选型时，要求真空泵能快速将凝汽器建立真空，满足启机条件，选型功率较大，而在机组正常运行时，凝汽器真空主要是由排入凝汽器的蒸汽迅速凝结而形成，此时真空泵的主要功能是维持真空，负载较小，原真空泵就有较大富余量。因此在原有的真空泵系统的基础上，可并联一套高效真空泵系统（即C真空泵组），在机组维持真空期间使用。在凝汽器真空严密性合格的情况下，C真空泵组运行能维持与A或B真空泵运行一样的真空，而C真空泵组的运行功率大大低于A、B真空泵的功率，因此改造后，经济性有较大的改善。

C真空泵组与原有的A、B两台真空泵并联布置。改造前为A、B真空泵一运一备，改造后机组正常运行时主要以C真空泵组维持真空，实现一运两备，设备之间有可靠的联锁控制系统。改造后机组真空系统的安全可靠性也有较大的提高。

第十四章

控制油系统

一、系统概述

控制油系统也叫电气－液压(electro-hydraulic，EH)油系统，是一种电液调节系统。其作用是接收系统指令，通过提供恒定压力、油质优良的高压控制油，实现阀门驱动、机组遮断、调节保安、防止超速等任务，实现电液控制功能。

控制油亦称抗燃油，由磷酸酯组成，外观透明、均匀，新油略呈淡黄色，无沉淀物，挥发性低，抗磨性好，安定性好，物理性稳定。发电厂电液控制系统所用控制油是一种抗燃的纯磷酸酯液体，难燃性是磷酸酯最突出特性之一，在极高温度下也能燃烧，自燃点为560℃以上，但它不传播火焰，或着火后能很快自灭，磷酸酯具有高的热氧化稳定性。

区别于传统单循环燃煤电厂，燃气－蒸汽联合循环机组的控制油系统，除了控制汽轮机主蒸汽截止阀及调节阀，还承担了燃气供应系统的控制和切断、IGV和燃烧器旁路阀的控制任务。

二、系统流程

M701F3型联合循环机组控制油系统流程如图14－1所示。控制油通过控制油泵升压，经过滤后供至跳闸控制模块内的各跳闸电磁阀和各阀门执行机构，跳闸控制模块内的回油直接回至控制油箱，执行器模块内各执行器的回油经过冷油器后回至控制油箱。

在供油模块上设有2台容量为100%的控制油泵，一运一备配置；设有油循环过滤系统，通过循环泵实现控制油的加油、排油、清洁油和油循环加热；设有在线再生装置，可实现对运行中控制油进生再生、净化，除去油品老化、劣化所产生的有害酸性产物、胶质及油中的机械杂质等，保持油品性能的长期稳定。

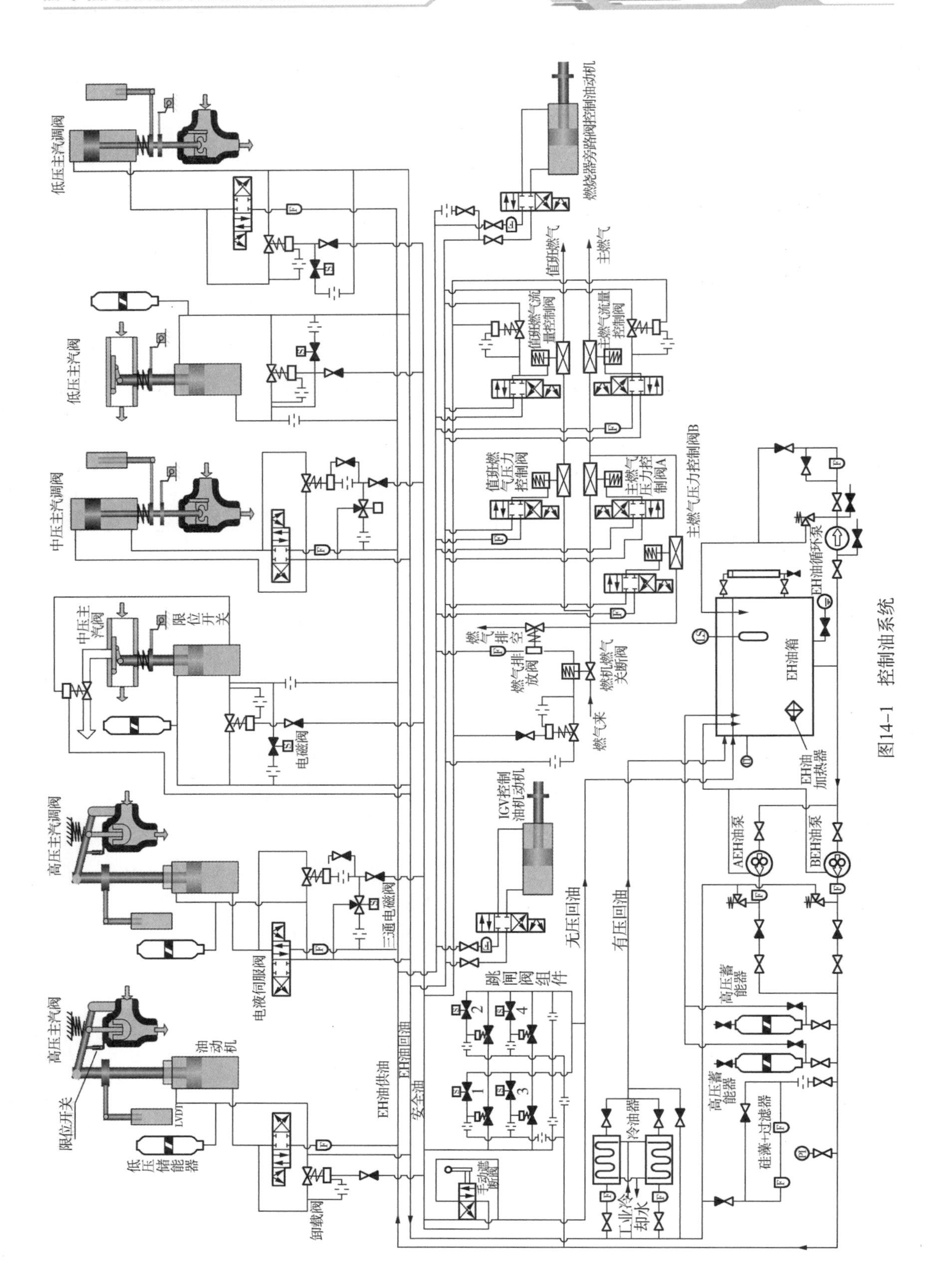

低压主汽调阀
低压主汽阀
中压主汽调阀
中压主汽阀
限位开关
高压主汽调阀
高压主汽阀
油动机
LVDT
限位开关
低压储能器
卸载阀
电液伺服阀
三通电磁阀
电磁阀
EH油供油
EH油回油
安全油
跳闸阀组件
1
2
3
4
手动遮断阀
IGV控制油动机
无压回油
有压回油
冷油器
工业冷却水
燃烧器旁路阀控制油动机
值班燃气
主燃气
值班燃气流量控制阀
主燃气流量控制阀
值班燃气压力控制阀
主燃气压力控制阀A
主燃气压力控制阀B
燃气排空
燃气排放阀
燃机燃气关断阀
燃气来
EH油循环泵
EH油箱
EH油加热器
AEH油泵
BEH油泵
高压蓄能器
硅藻+过滤器

图14-1 控制油系统

三、系统主要设备

控制油系统主要由三个模块组成：供油模块、跳闸控制模块和阀门执行器模块。

(一) 供油模块

供油模块的作用是为燃气轮机和汽轮机控制系统各执行机构提供符合要求的高压工作油。主要由集装式不锈钢油箱、主油泵、滤油器、溢流阀、蓄能器、油再生装置、油循环系统、空气滤清器、油加热器、液位计、温度传感器、回油冷却系统及必备的监视仪表组成。

供油模块工作时，交流电动机驱动的变量柱塞泵油箱中的控制油通过油泵入口的滤网、进口阀被吸入油泵。油泵输出的高压控制油经过供油模块中滤油器、溢流阀、泵出口逆止阀、出口手动截止阀送到供油母管和蓄能器，建立起系统需要的符合要求的控制油压（11－12MPa），送到联合循环机组各执行机构和高压遮断系统。为保证油质和方便主油泵做联锁试验，在供油母管上分别接有控制油再生系统和试验组件。系统回油经过一组滤油器和冷油器流回油箱。同时，本系统还设有放油、补油及油循环用的再循环系统。

1. 控制油箱

控制油箱是控制油系统中的重要储油设备，能保证系统全部设备运行所需要的总油量。由于控制油有一定的腐蚀性，故油箱用不锈钢制成。整个油箱做成长方体密封结构，设有入孔供维修清洁油箱时用。

油箱上部装有空气滤清器和干燥器，使供油装置呼吸时对空气有足够的过滤精度，防止水蒸气和灰尘进入油箱，以保证系统的清洁，其上的缓冲器是防止油箱气压急剧变化用的。油箱上还插有装有磁棒的空心不锈钢杆，全部浸泡在油中作为磁性过滤器，以吸附油中可能带有的导磁性杂质，这些磁棒必须定期清洗，以保证其效用。

油箱除侧边有就地的指示式油位计外，还在顶部装有两个浮子式油位继电器，其中一个用于低油位报警和低油位保护跳泵，另一个则用于高油位报警。

油箱内装有两个管式加热器，指针式温度计和温度控制继电器装在油箱侧边，通过油温控制组件控制油温在设定的温度范围。

在油箱底部装有一个供油质监督取样的取样阀。

2. 主油泵

主油泵一般有2台，一运行一备用，均为高压变量柱塞泵。如图14－2、图14－3所示，柱塞在泵轴的偏心转动驱动斜盘的作用下，往复运动，其吸入和排出阀都是单向阀。当柱塞外拉时，工作室内压力降低，出口阀关闭，低于进口压力时，进口阀打开，油体进入；柱塞内推时，工作室压力升高，进口阀关闭，高于出口压力时，出口阀打开，油体排出。当传动轴带动缸体旋转时，斜盘将柱塞从缸体中拉出或推回，完成吸排油过程。油泵启动后，以全流量向系统供油，同时也给蓄能器充油，当油压达系统的整定压力时，通过改变斜盘的倾斜角可以改变流量和压力，斜盘的最大倾斜角通过最大限位调节螺钉设置。倾斜角越大，流量越高；反之，流量越低。斜盘的倾斜角还可以通过变量控制器调节。当泵的输出流量和系统用油流量相等时，泵的变量机构维持在某一位置，当系统需要增加或减少用油量时，泵会自动改变输出流量，维护系统油压在11.8MPa左右。当系统瞬间用油量很大时，蓄能器将参与供油。

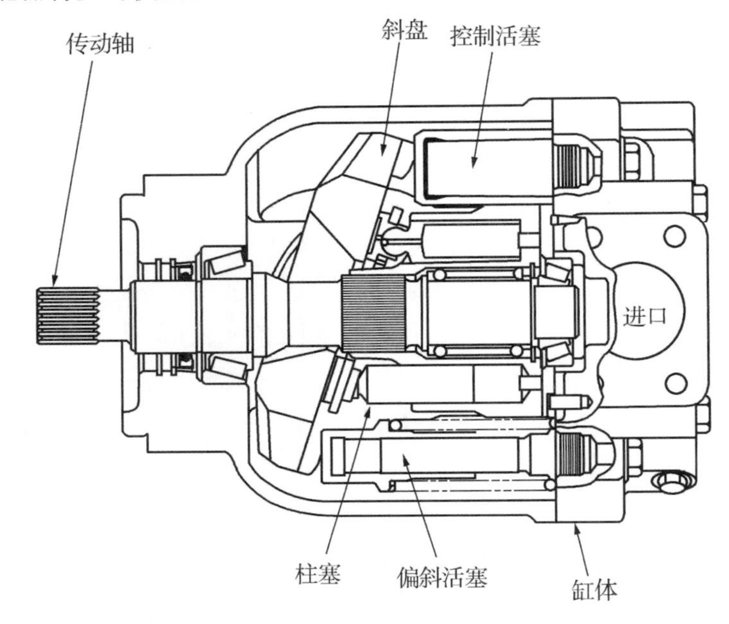

图14-2　控制油泵结构图

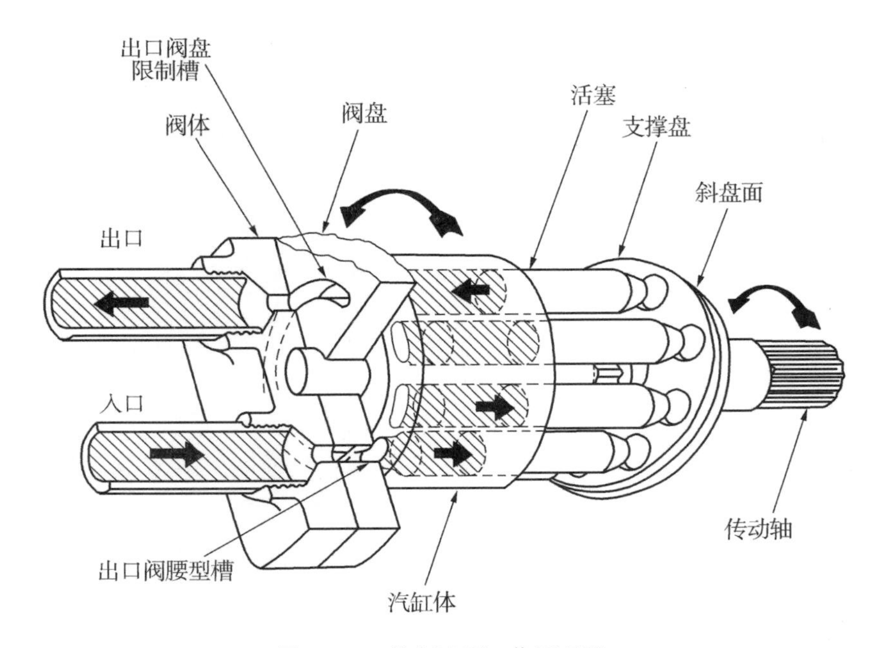

图14-3　控制油泵工作原理图

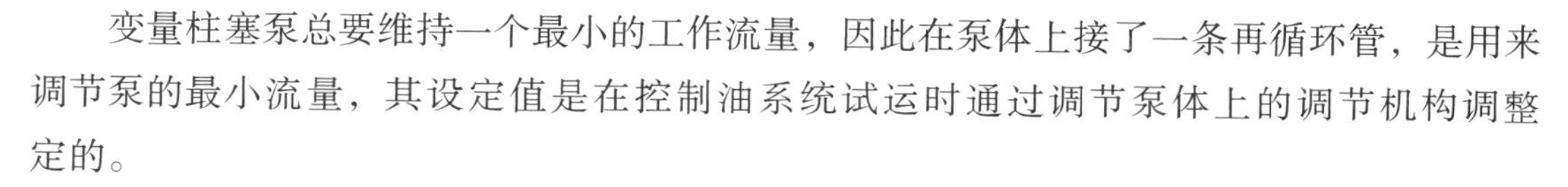

变量柱塞泵总要维持一个最小的工作流量，因此在泵体上接了一条再循环管，是用来调节泵的最小流量，其设定值是在控制油系统试运时通过调节泵体上的调节机构调整定的。

3. 控制油过滤器

两个主泵出口处各装有过滤精度为3μm的过滤器，其上装有压差发讯器和压差开关，适时监测过滤器压差。

4. 溢流阀

从控制油泵出口滤网之后装有溢流阀，目的是防止压力油母管超压损坏设备，当压力达溢流定值时溢流阀动作打开，将油泄到回油母管。

5. 高压蓄能器

在供油母管接有2个高压蓄能器，它实际上是一个有自由浮动活塞的油缸。活塞的上部是气室，下部是油室，油室与高压油集管相通，蓄能器的气室充以干燥的氮气，充气时，用隔离阀将蓄能器与系统隔绝，然后打开其回油阀排油，使油室油压为0，此时从蓄能器顶部气阀充气，活塞到下限位置。

蓄能器装在油箱旁边，每个蓄能器均装有与供油母管连接的截止阀和与排油管(回油箱)连接的排油截止阀，通过这两个阀，可将蓄能器与系统隔离，并通过排油阀将蓄能器中的高压油放掉，以便进行在线维修。

蓄能器的作用是维持系统油压的相对稳定，吸收和缓冲油压的冲击。

6. 控制油再生装置

控制油再生装置，是一种用来储存吸附剂使控制油再生的装置，使油保持中性，并去除油中的水分等。

控制油再生装置主要由硅藻土滤油器与波纹纤维(精密过滤器)滤油器串联而成，通过带节流圈的管道与高压油集管相通，由于有节流圈的作用，再生油压一般不超过0.5MPa，油流也较小。操作硅藻土过滤器前的截止阀可以使再生装置投入运行。控制油流进硅藻土过滤器，再流入3μm精度的波纹纤维过滤器，最后送回油箱。硅藻土过滤器主要用来除去油中含有的酸，而波纹纤维过滤器是用来防止泥沙等杂质进入油中。硅藻土滤油器与波纹纤维滤油器的滤芯均为可更换的，硅藻土过滤器前后装有压力表，用来监视再生油压和硅藻土滤器的压差，当压差达0.21MPa时，滤芯需要更换。波纹纤维过滤器装有压差表，也是用来监视其滤芯工作情况的。在串联的硅藻土过滤器和波纹纤维过滤器的进出口间接有一个带弹簧式的逆止阀，目的是保护过滤器的滤芯，当过滤器压差达到一定值后，逆止阀打开，将油旁路掉，防止滤芯损坏。

7. 主油泵联锁试验组件

该组件装在压力油母管上，由节流圈、截止阀及压力变送器和就地压力指示表组成。

压力变送器能对油压偏离正常值时提供报警信号并提供自动启动备用泵的开关信号，用于现场监视用。

8. 油循环系统

油循环系统的作用是用来加油、排油、清洁油和油循环加热。油循环系统设有自成体系的控制油循环泵、过滤器和溢流阀。当油温低时，可切至加热模式进行油液加热；当油清洁度不高时，可切至过滤模式对油液进行过滤，过滤器精度为3μm。

控制油循环泵为叶片式，其从油箱底部吸入控制油，经过一个过滤器回到油箱。为防止系统超压，在油出口装有溢流阀，循环泵出口压力达到6.9MPa时，溢流阀打开，将油打回油箱。在油过滤器进出口间设有带弹簧式逆止阀的旁路，防止过滤器差压过大，保护滤芯用。在泵的进口接有补油管，可通过油循环泵抽吸需要补充的油经油滤后进油箱。在泵的出口接有排油管，方便检修时将油箱的油排到其他的储油设备。

9. 回油系统

控制油系统的回油管路有二路，一路是与低压蓄能器(4个)相连的，称为有压回油；另一路是安全油的回油，称为无压回油。

有压回油经回油过滤器、冷油器后返回油箱。回油过滤器与冷油器一般为二套，一套运行，一套备用。回油过滤器的过滤精度为3μm，其装有压差表，监视过滤器运行情况。在二套设备的进出口之间设有一个旁路，其上装有一个带弹簧的逆止阀，当滤网前后压差大于0.5MPa时，逆止阀打开，回油不经回油过滤器及冷油器，直接走旁路回控制油箱。在正常工况下，系统回油的冷却由其中的一台冷油器完成，另一台备用，通过调节气动温控阀的开度以改变冷却水(工业水)量，从而使油箱油温能控制在正常的45℃。在非正常工况下(如夏季高温工况)，如有必要可投入两台冷油器。

在有压回油管路上装有压力指示表和压力开关，当回油压力大于设定值时发出报警。在回油管路上还接有油取样管，对油质进行监控。

(二)跳闸阀模块

控制油系统跳闸模块如图14-4所示。图中右上角虚线框所示为跳闸阀模块，由4个AST电磁阀、4个隔膜阀及相关的节流圈、仪表组成。4个电磁阀是受危急跳闸装置(EST)电气信号控制。AST电磁阀是励磁关闭，失励打开。在正常运行时电磁阀励磁被关闭，从而封闭了压力油与回油管的通路，在压力油的作用下使隔膜阀(卸载阀)关闭，从而封闭了安全油的泄油通道，建立了安全油压，使所有与安全油相关的执行机构动作，从而完成了挂闸。当电磁阀失磁打开，泄掉隔膜阀上的压力油，在弹簧力的作用下隔膜阀打开，从而泄掉安全油，使所有与安全油相关的执行机构跳闸，导致机组停机。

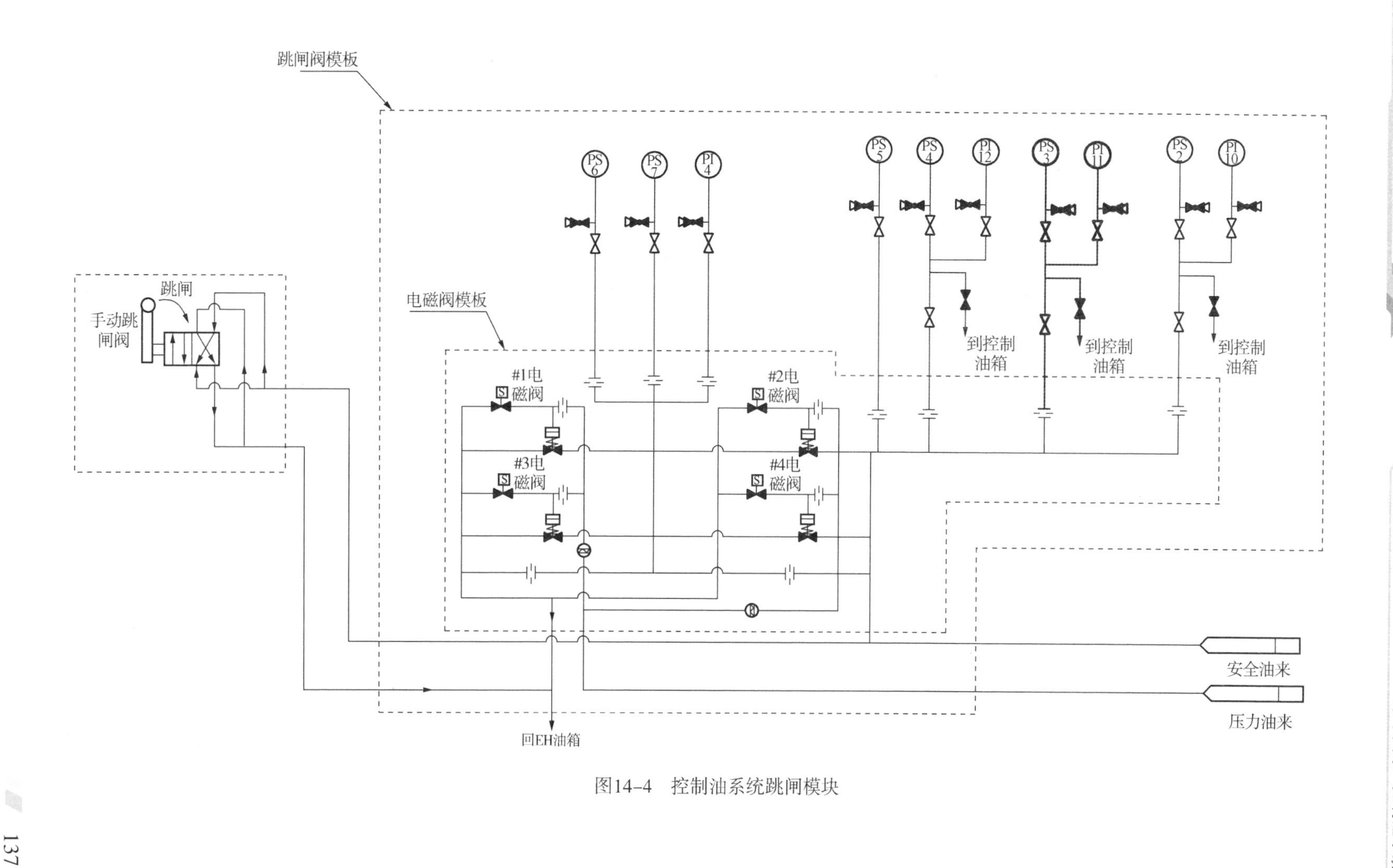

图14-4　控制油系统跳闸模块

电磁阀组采用串并联模式布置，即#1、#3 并联的电磁阀再与#2、#4 并联的电磁阀串联，并且采用冗余设置，由二通道构成，一通道由#1、#3 电磁阀组成，二通道由#2、#4 电磁阀组成，这样就具有多重的保护性，每个通道中至少必须有一只电磁阀打开才可导致机组跳闸，也只有同一通道的电磁阀全失效才可导致机组拒动，这样能有效地防止跳闸阀模块误动或拒动。

每个电磁阀的压力油侧都串接有节流圈，挂闸时电磁阀关闭，压力油通过节流圈向隔膜阀上部充油，使隔膜阀关闭；电磁阀跳闸打开时，由于有节流圈对母管侧压力油的阻隔作用，使隔膜阀上的压力油迅速泄掉，保证隔膜阀快速打开。

在电磁阀的每个通道上还并接了节流圈，共 2 个，其作用有三点：①建立一、二通道之间的中间油压；②保持安全油在运行时有一定的流动性；③试验时能有效检测到油压的变化，但对系统油压又不造成影响。

跳闸模块在设计上，还可在线进行电磁阀试验。在通道一与通道二的串接点上安装电磁阀试验压力开关 PS6、PS7 及就地监视表 PI4，PS6 用于中间压力高报警，PS7 用于中间压力低报警。做试验时，每个通道每个电磁阀单独进行，不能同一通道的两个电磁阀同时做，防止机组有跳闸信号而造成拒动。做第二通道电磁阀试验时，首先将该通道要做试验的电磁阀置于试验位置，打开该电磁阀，则中间油压上升，当中间压力升到 9. 8MPa 时，压力开关 PS6 动作发讯报警，说明该电磁阀动作正常，将该电磁阀投回运行，同理做另一个。做第一通道电磁阀试验时，方法一样，此时中间压力下降，当压力下降到 3. 9MPa 时，PS7 发讯报警，说明电磁阀动作正常。平时运行时，通过监视中间压力的变化来判断隔膜阀是否关闭或有泄漏。

在第二通道的安全油进口接点上还接有 4 个压力开关 PS5、PS4、PS3、PS2 和 3 个就地压力表 PI12、PI11、PI10，其中 PS5 用于安全油低油压报警，动作值为 8. 8MPa；PS4、PS3 和 PS2 用于安全油压低保护，当安全油压降到 6. 9MPa 时，通过三取二动作向汽轮机数字电液控制系统（digital electro-hydraulic control system，DEH）发出信号使机组跳闸。

3 个跳机发信的压力开关上还设有试验和调试用的阀门，缓慢打开这个阀门，将压力开关的油慢慢泄掉，由于有节流圈对母管安全油的阻隔作用，压力开关的压力慢慢压降，从而可进行压力开关的压力设定和单个压力开关的发信试验。

另外，在就地还设有手动跳闸装置，通过拨动就地跳闸手柄来移动错油门，将安全油泄掉也可达到使机组跳闸的目的。

（三）阀门执行器模块

1. 阀门执行机构的作用及组成

阀门执行机构的主要作用是调节汽机的进汽量和燃机的燃气量，从而调节机组的负荷量，在危急情况下实现紧急停机。

阀门执行机构包括汽轮机高压主汽阀、调阀（HPSV、HPCV），中压主汽阀、调阀（IPSV、IPCV），低压主汽阀、调阀（LPSV、LPCV）；燃机燃气截止阀，燃气排放阀，主燃气压力控制阀（A、B）、流量控制阀，值班燃气压力控制阀、流量控制阀；IGV 和燃烧器旁路阀；以及执行机构上的油动机、伺服阀、OPC（超速保护控制）电磁阀，试验电磁阀、卸载阀，低压蓄能器等。

2. 汽机阀门执行机构的特点

汽轮机有 3 个主汽阀和 3 个调阀，由于其调节对象和任务的不同，其结构形式和调节规律也不同，但从整体来看，它们基本上大同小异，具有以下特点：

(1)所有的控制系统都有一套独立的汽阀、油动机、电液伺服阀(开关型截止阀例外)、带弹簧式逆止阀、快速卸载阀、节流圈和滤油器等。

(2)所有油动机都是单侧油动机，其开启依靠高压动力油，关闭靠油动机上的弹簧压缩力，这是一种安全型机构，当系统漏油时，油动机向关闭方向动作。

(3)执行机构是一种组合阀门机构，在油动机的油缸上有个控制块的接口，在该块上装有卸载阀、带弹簧式逆止阀，伺服阀和节流圈，并加上相应的附加组件构成一个整体，成为具有控制和快关功能的组合阀门机构。

3. 执行机构工作原理

以高压主蒸汽调节阀为例，执行机构原理图如图 14－5 所示。

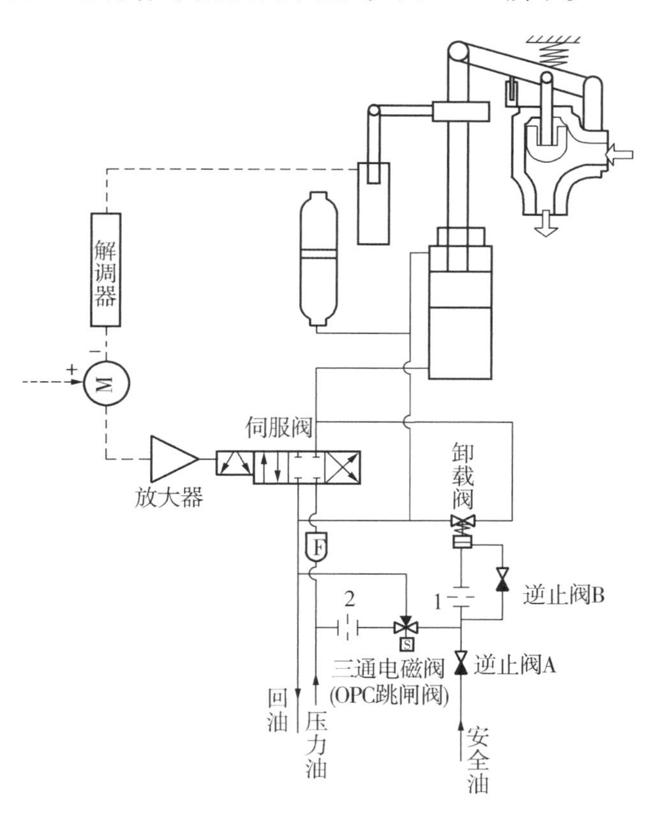

图 14－5 高压主汽调阀执行机构工作原理图

机组发挂闸指令后，跳闸阀模块的所有电磁阀励磁关闭，建立起安全油压，逆止阀 A 在安全油压作用下关闭，压力油通过节流圈 2、OPC 电磁阀(未励磁，直通开，旁通关)、节流圈 1 向卸载阀流油，当压力大于弹簧力时，卸载阀关闭，隔断油缸下部的回油通道。当计算机有阀位指令信号送到综合比较器与线性差动变送器(LVDT)来的并经解调器处理后的负反馈信号相比较，即相减，其差值信号经放大器放大后控制电液伺服阀，使伺服阀的主滑阀移动，从而使压力油与油缸下部油管接通，在压力油克服油缸上部弹簧力的作用下，使油缸活塞上移，通过连杆带动调阀开启，同时 LVDT 同步输出阀位的反馈信号，经解调后在综合比较器中与指令信号进行比较，当两个信号值相等时，输出为 0，电液伺服阀复位，压力油与油缸下部油管隔断，调阀保持在这个开度运行。当有关小调阀的指令信号时，则综合比较器输出的为负值，经放大器放大后使伺服阀主滑往反方向移动，使回油管与油缸下部接通，油缸活塞在弹簧力的作用下下移，同理，当 LVDT 同步的反馈信号与指令信号相等时，伺服阀复位，调阀保持在该位置。

当机组有跳闸指令出现时，作用于跳闸电磁阀 AST，使其失磁打开，安全油失压，执行机构的卸载阀下的安全油经逆止阀 B 和逆止阀 A 从安全油管到无压回油管排到油箱。卸载阀在弹簧力的作用下打开，使油缸下部油管与回油管接通，油缸下部的工作油在油缸上部弹簧力的作用下迅速排出，除从回油排走外，瞬间有部分油充到低压蓄能器和油缸的上部，既避免了排油管的过压，同时油充到油缸上部，又有加速阀门关闭的作用，这是一种巧妙设计。此时阀位指令信号自动复零。

机组在运行时如出现超速，当转速达到 OPC 设定值时，OPC 电磁阀励磁，使直通阀关闭，旁通阀打开，使卸载阀下部的压力油经逆止阀 B 从 OPC 电磁阀的旁通阀排到回油管，卸载阀在弹簧力作用下打开，将油缸下部的油排走，活塞在弹簧力作用下下移，从而关调阀，使转速下降，而又不会造成停机。当转速降到合适值后，OPC 电磁阀信号消失，OPC 电磁阀因失磁而关闭，调阀重新打开，恢复机组正常运行。

4. 电液伺服阀介绍

电液伺服阀的作用是把电气量转换为液压量去控制油动机，如图 14－6。它由一个力矩电动机、两级液压放大和机械反馈系统等组成。力矩电动机由一个两侧绕有线圈的永久磁铁组成。

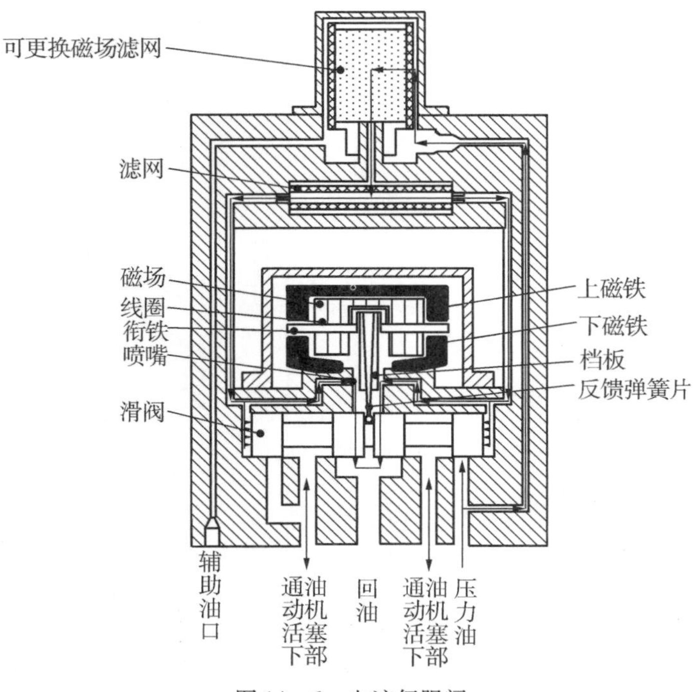

图 14－6　电液伺服阀

当伺服放大器输出的电流改变时，电液伺服阀内力矩电动机的衔铁线圈中有电流通过，产生一磁场，在其两侧磁铁的作用下，产生一旋转力矩，使衔铁旋转并带动与之相连的挡板转动。如当衔铁往左上翘时，挡板移近左边喷嘴，使左喷嘴的泄油面积减小，流量减小，喷嘴前的油压升高；与此同时，右边喷嘴与挡板的距离增大，流量增加，喷嘴前的油压降低。由于挡板两侧喷嘴前的油压与下部滑阀的端部油室是相通的，当两只喷嘴前的油压不相等时，则滑阀两端的油压也不相等，左边油压大于右边，差压导致滑阀往右移动，使滑阀凸肩所控制的压力油口与油动机活塞下部的油口接通，使油动机活塞上升，开大汽阀。反之，回油口与油动机活塞下部的油口接通，活塞在弹簧力作用下下降，关小汽阀。在 DEH 控制器发出的阀位指令电信号使油动机移动的同时，装在油动机活塞杆上的线性位移传感器(LDVT)将阀位反馈信号送回到比较器中，抵消 DEH 控制器输入的指令信号，使可动衔铁回到原来位置，伺服阀的主滑阀回到中间位置，切断了油动机的进油或泄油，使油动机稳定在新的位置。

滑阀上装设的弹簧片是作为反馈杆用的，即滑阀移动时给出一个反作用力，防止滑阀移到极限，对系统起到稳定作用。

四、系统运行维护

(一)控制油系统启动前的检查与准备工作

(1)确认压缩空气、工业水系统等辅助系统已投入正常。

(2)确认控制油系统相关电源已投入，无异常报警。

(3)确认控制油系统所有仪表投入且正常。

(4)确认控制油系统阀门状态正常。

(5)确认高、低压蓄能器充 N_2 压力正常。

(6)确认控制油箱油位稍高于正常油位、油质合格。

(7)检查控制油箱油温大于30℃，如有必要投入电加热器及控制油循环泵。

(8)控制油系统长时间停运后重新启动，应对机组进行挂闸试验，检查中间油压建立时间是否正常。

(二)控制油系统的投入

(1)投运控制油系统再生装置，确认运行正常。

(2)确认控制油再循环泵投自动控制，根据油箱油温自动启停。

(3)启动一台控制油泵，检查运行正常，油压、油箱油位正常，系统无泄漏。

(4)投入控制油冷油器，检查油温控制正常。

(5)将备用控制油泵投入联锁备用。

(三)控制油系统运行中的检查与维护

(1)运行控制油泵电流正常无摆动，无异音，振动正常。

(2)控制油泵出口压力、供油、回油压力、过滤器压差正常。

(3)检查控制油系统无泄漏、油箱油位正常。

(4)控制油温度正常。

(5)控制油冷油器冷却水压力、温度正常。

(6)定期进行控制油泵低油压联动试验和切换。

(7)定期对蓄能器充氮压力检查。

(8)如需补油，进行补油操作前，需对新旧油进行混油试验，合格才允许补油。补油后加强油循环过滤净化，确保油质合格。

(四)控制油系统联锁保护

控制油系统联锁保护如下：

(1)控制油压力低于8.8MPa或高于13.7MPa，报警。

(2)运行泵启动失败或运行期间供油压力低于8.3MPa，联启备用油泵。

(3)安全油压力低于6.9MPa，机组跳机。

(4)控制油箱油位高于475mm，油位高报警；低于295mm，油位低报警，闭锁启动控制油泵；低于195mm，油位低低报警，油位低与油位低低均触发会联锁跳泵。

(5)控制油油箱油温高于70℃或低于30℃，报警。

(6)控制油油箱油温小于20℃时，自动投加热器，油温大于25℃时自动切断加热器。

(7)控制油油箱油温小于35℃时，控制油循环泵自动启动，当油温大于45℃，控制油循环泵自动停运。

(8)中间油压力低于3.9MPa或高于9.8MPa，报警。

(9)控制油泵出口过滤器压差大于0.69MPa，报警。

(10)控制油回油压力高于0.29MPa，报警。

(11)控制油回油过滤器压差大于0.24MPa，报警。

(12)再生回路过滤器压差大于0.24MPa，报警。

(13)控制油循环过滤器压差大于0.24MPa，报警。

(五)控制油系统的停止

为防止停运时，蒸汽轮机的高温造成部分残存在油动机组件里的EH油高温氧化和裂解，控制油系统最好在机组停运3d以后才停运。停运步骤如下：

(1)退出备用控制油泵联锁备用。

(2)停运控制油泵。

(3)停运控制油冷油器。

(4)如无检修需求，保持控制油再生装置运行，以保证控制油油质。

(5)如无检修需求，保持控制油循环泵自动运行，以达到循环净化及保持油温的效果。

五、系统典型异常及处理

(一)控制油系统压力下降

可能原因：

(1)压力测点故障。
(2)油中杂质将油泵出口滤网的滤芯堵塞。
(3)控制油泵出口溢流阀整定值偏低。
(4)油泵故障导致出力不足。
(5)备用油泵出口逆止阀不严。
(6)系统中存在非正常的泄漏。
处理措施:
(1)当控制油压力低于8.3MPa时，备用油泵自动启动，否则手动启动。
(2)检查压力测点有无问题，如测点故障，及时安排消缺。
(3)若运行油泵出口滤网差压高、出力不足、切换至备用泵运行，并进行处理。
(4)若运行泵溢流阀动作不正常，应及时进行调整。
(5)若备用泵出口逆止阀不严，切换至备用泵运行，择机消缺。
(6)油压低且油箱油位下降，可判断存在非正常泄漏。若泄漏严重不能隔离，立即紧急停机；若泄漏点可隔离，隔离泄漏点，通知检修补油。

(二)油压波动

可能原因:
(1)压力测点故障。
(2)控制油泵出口溢流阀工作异常。
(3)备用泵出口逆止阀故障。
(4)油箱油位过低。
(5)阀门执行器正在动作。
处理措施:
(1)检查压力测点。
(2)检查溢流阀动作情况。
(3)切换至备用泵运行。
(4)通知检修补油。
(5)检查引起阀门动作原因，若非由于负荷变化引起的正常动作，通知检修消缺。

(三)控制油箱油位下降

可能原因:
控制油管路、冷油器或执行机构漏油。
处理措施:
(1)立即检查漏点进行隔离，同时立即补油，联系检修处理。
(2)若漏点无法隔离，油位难以维持，直至油位低于195mm，控制油泵跳闸，确认机组跳机。

(四)中间油压不正常

可能原因:

(1)压力测点故障。
(2)隔膜阀关闭不严。
(3)卸载阀异常。
(4)节流孔异常。
处理措施:
(1)检查压力测点。
(2)检查隔膜阀。
(3)检查卸载阀。
(4)清理节流孔。

(五)控制油泵电流增大

可能原因
(1)控制油泵故障。
(2)溢流阀异常开启。
(3)最小循环流量阀异常开启。
(4)任一伺服阀内漏。
处理方法:
(1)切换备用油泵。
(2)检查溢流阀运行状况。
(3)检查调节最小循环流量阀开度。
(4)更换发生内漏的伺服阀。

六、系统优化及改造

控制油再生装置改造。运行中的控制油由于受温度、空气、杂质、水分及运行工况的影响,容易老化劣化,油质变差的后果会使机组不能稳定运行,而要达到油质的要求则必须重新滤油。

控制油系统再生装置主要由硅藻土滤油器与波纹纤维滤油器串联而成。由于硅藻土滤芯再生效果较差,经常发生油质恶化事件,如酸值高、电阻率低、油质变色、油泥堵塞等现象,改造后的再生装置内的净油泵直接抽取控制油箱内的控制油进行再生、净化,可除去油品老化劣化所产生的有害酸性产物、胶质及油中的机械杂质等,保持油品性能的长期稳定,使油品性能指标充分满足调速系统设备安全运行的要求。

第十五章

润滑油系统

一、系统概述

M701F3 型联合循环机组采用单轴布置，即燃气轮机、汽轮机和发电机组布置在同一根轴上，共用一套润滑油系统。这样既简化了整个机组设计，又降低了机组的功耗，方便了对润滑油系统的维护，其系统简图如图 15 - 1 所示。

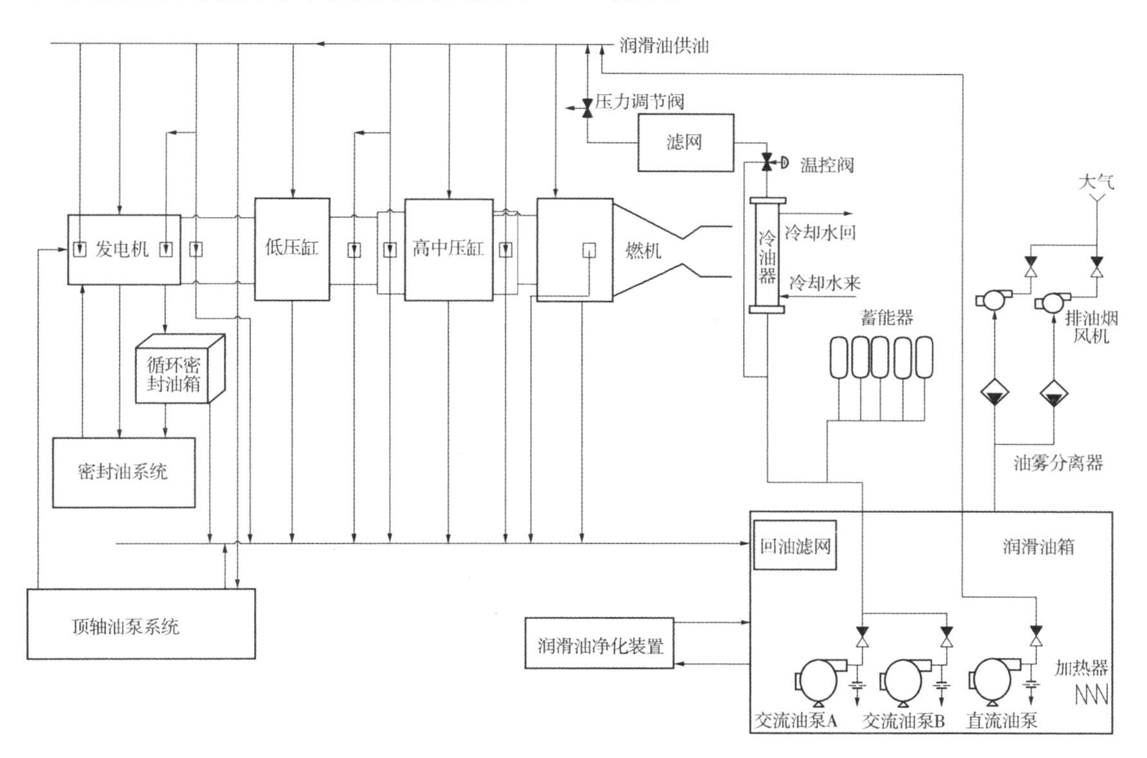

图 15 - 1　润滑油系统简图

润滑油系统的主要作用是向燃气轮机、蒸汽轮机和发电机的轴承提供一定温度、压力且油质合格的润滑油，用于润滑、冷却轴承以及吸收轴承振动，以确保机组在启动过程、正常运行、停机过程及盘车状态轴系的安全，防止发生轴承烧毁、转子轴颈过热弯曲等事故。此外，润滑油系统还向顶轴油系统、密封油系统供油，向盘车装置提供冷却润滑用油，向燃气轮机排气端支撑提供冷却用油。

二、系统流程

图 15－2 为润滑油系统流程示意图。润滑油箱中的润滑油经由交流油泵(一备一用)升压后经过泵出口逆止阀分两路，一路经过冷油器至温控阀(冷油)，一路旁路冷油器至温控阀(热油)，温控阀通过调节冷热油混合比例，调节油温满足不同工况温度要求，正常运行温控阀目标设定值为 46℃，停运时温控阀目标设定值为 33℃。冷却后的润滑油流经过滤器，滤除杂质，然后经压力调节阀调整供油压力，最后进入润滑油供油母管，供给轴承、盘车、密封油、顶轴油等用油系统。每台油泵出口均设最小流量孔板，以保护油泵。

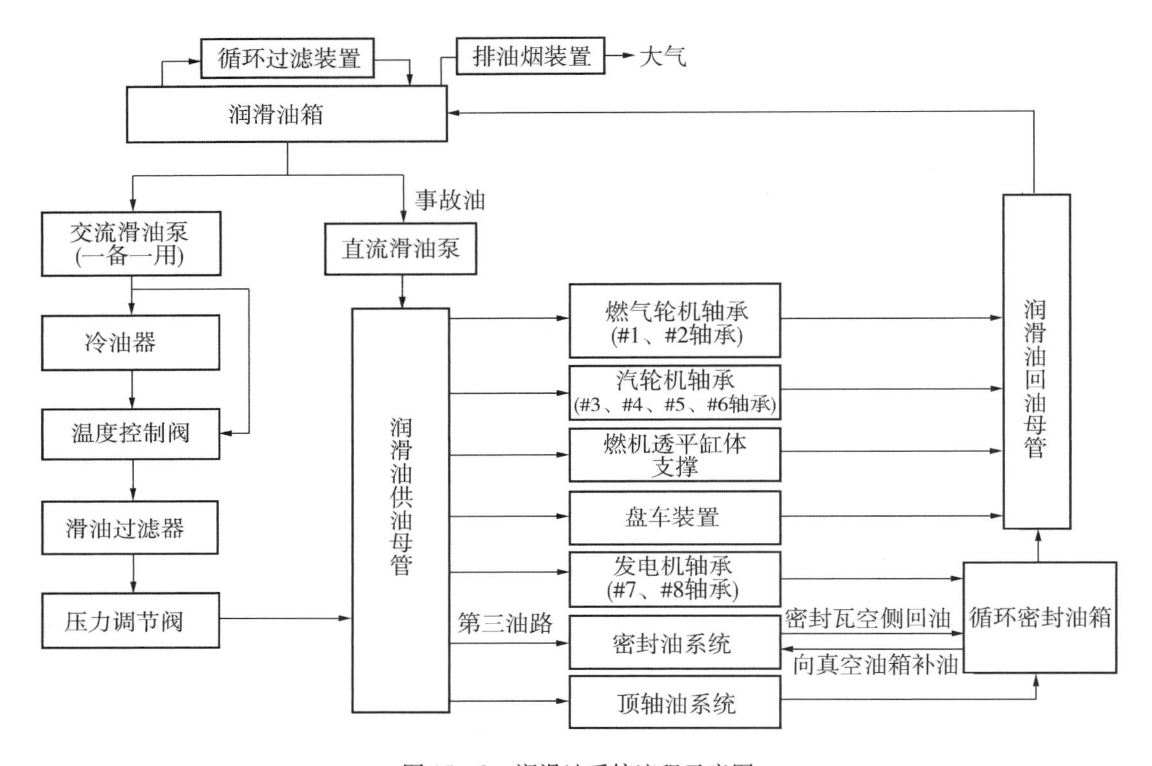

图 15－2　润滑油系统流程示意图

发生紧急事故，导致供油压力低时，直流油泵启动，润滑油不经过滤、冷却及调压，直接供油至润滑油母管。因为直流油泵本身就是在交流电源和保安电源中断的情况下为了保证轴瓦的安全设置的，经过滤网和冷油器不但增加了电机的耗电量，还可能因为滤网和冷油器原因造成断油的风险。

润滑油母管中的润滑油根据不同需要，向以下设备或系统供油：

(1)供油至机组轴承润滑、冷却用油。

(2)供油至发电机轴承的顶轴油系统用油。

(3)两种方式供油至密封油系统：正常运行时通过循环密封油箱向密封油系统供油，作为第三油路向发电机密封瓦供油。

(4)供油至盘车传动装置的润滑冷却用油。

（5）供油至燃气轮机透平缸体支撑润滑冷却用油。

润滑油流经用油设备后，经过润滑油回油母管及回油滤网回到润滑油箱。其中，发电机轴承润滑油、顶轴油和密封瓦空气侧排油流至循环密封油箱，一部分油继续为发电机提供密封油，其余排至润滑油回油母管回到油箱。

润滑油各用户产生的油烟依靠润滑油箱的负压伴随回油进入润滑油箱中，然后经油雾分离器分离后，由润滑油排油烟风机排到大气中。

润滑油净化装置直接从主润滑油箱底部抽取油进行循环过滤或者脱水，然后再回到润滑油箱的上部。

三、系统主要设备

润滑油系统主要设备有润滑油箱、交流主润滑油泵、直流事故润滑油泵、蓄能器、润滑油冷油器、润滑油温度控制阀、润滑油过滤器、润滑油压力调节阀、排油烟装置、润滑油净化系统等。

（一）润滑油箱

润滑油箱的主要作用是储存润滑油，还有着分离油中水分、沉淀物及气泡的作用。油箱有效容积为31000L，长、宽、高分别为6776mm、3876mm、2080mm。润滑油箱装有两台交流油泵、1台直流油泵和排油烟风机等设备，以及温度、油位、压力等测量仪表。为了防止润滑油温度过低，油箱内部还设置有电加热器。

在主油箱的下方设有用于维修和紧急情况的排放管线，以便排放积水和杂质，以及油系统发生火灾事故时快速放油。

（二）交流主润滑油泵

润滑油系统配置有2台100%容量交流润滑油泵，润滑油泵为交流电机驱动的立式离心潜油泵，如图15-3所示。油泵浸泡在最低油位线以下，额定流量6400 L/min，出口压力0.58 MPa，转速为1475 r/min，额定功率160kW，额定电流280A。为系统提供大流量的高压润滑油，采用一运一备的运行方式。

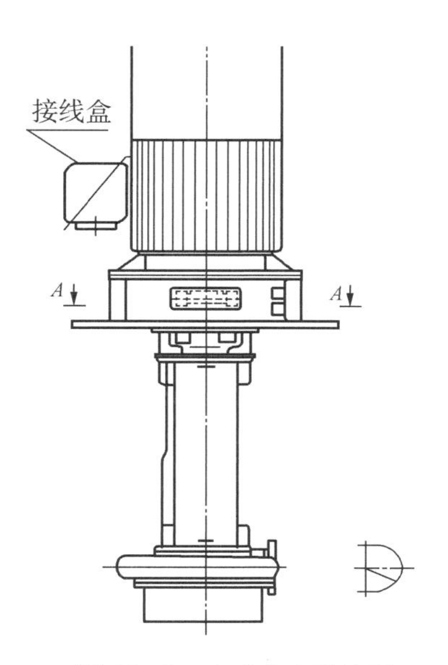

图15-3　立式离心潜油泵

（三）直流事故润滑油泵

润滑油系统配置有一台直流油泵，其作用是在两台交流主润滑油泵均故障或失去交流电源时自动投入。由于直流油泵只有在紧急状况下才投入工作，所以其设计供油压力和容量较小。直流油泵出口润滑油不经冷油器冷却和过滤器过滤，直接进入润滑油母管供油，油质和油温得不到保障，所以直流油泵不能长时间运行。直流油泵浸泡在油箱底部，电机外置在主油箱的顶部，额定流量4800 L/min，出口压力0.265MPa，额定功率 55kW，额定电流 282A，转速 1500r/min。

(四)蓄能器

蓄能器是油系统中的重要辅件，其主要作用是缓冲运行时润滑油泵跳闸，备用油泵启动或者润滑油泵切换时供油压力的波动。

蓄能器类型多样，功能复杂，不同的液压系统对蓄能器功能要求不同。按加载方式，可分为弹簧式、重锤式和气囊式。M701F3 型单轴联合循环机组润滑油系统采用囊状蓄能器，充入的气体为氮气，其设定压力 0.29 MPa。气囊式蓄能器由耐压壳体、弹性气囊、充气阀、提升阀、油口等组成，其结构图如图 15-4 所示。这种蓄能器胶囊惯性小，反应灵敏，适合用作消除脉动；不易漏气，没有油气混杂的可能；维护容易、附属设备少、安装容易、充气方便，是目前使用最多的。胶囊内的腔室充氮气，胶囊外腔室充液体，当高压的液压油充入时，发生变形，则气体体积随压力增加而减小。这样将液压油体储存起来。当油系统需要液压油补充，而其压力低于蓄能器所储存液压油的压力时，则液压油在气体膨胀压力推动下，经进油阀排到液压系统中，直至压力降到与系统内压力相等为止。

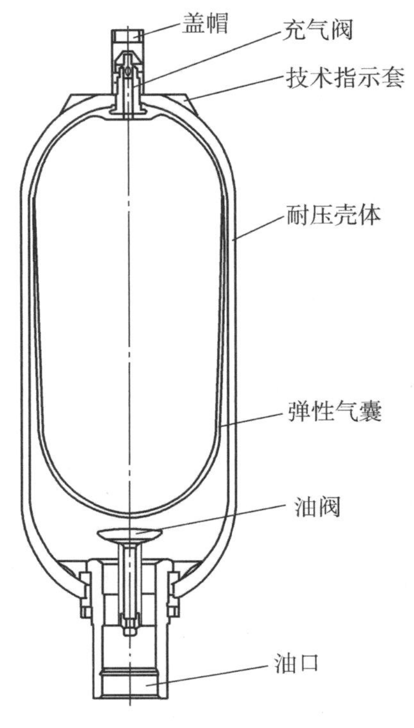

图 15-4　气囊式蓄能器结构图

(五)润滑油冷却器

润滑油流经用油设备后油温上升，因此需要设置冷油器控制润滑油供油温度。

目前，发电厂中应用较为广泛的冷油器有管式冷油器和板式冷油器两种，通常采用水冷的冷却方式。M701F3 型单轴联合循环机组润滑油系统采用板式换热器，如图 15-5 所示。板式冷油器采用换热波纹板叠装于上下导杆之间构成主换热元件。导杆一端和固定压紧板采用螺钉连接，另一端穿过活动压紧板开口槽。压紧板四周采用压紧螺杆和螺母把压紧板和换热波纹板压紧固定，两两换热的波纹板之间构成流体介质通道层。作为换热元件的波纹板，一侧是工业水，一侧是润滑油。板式换热器具有换热效率高、热损失小、结构紧凑轻巧、占地面积小、安装清洗方便、应用广泛、使用寿命长等特点。在相同压力损失情况下，其传热系数比管式换热器高 3～5 倍，占地面积为管式换热器的三分之一，热回收率可高达 90% 以上。由于板式换热器流道较小易堵塞，对润滑油油质有一定要求，需要经常清洗和维护。

冷油器采用双联布置，通过三通阀互相连接，一台运行，一台备用，可以手动切换冷油器。冷却水取自工业水系统。

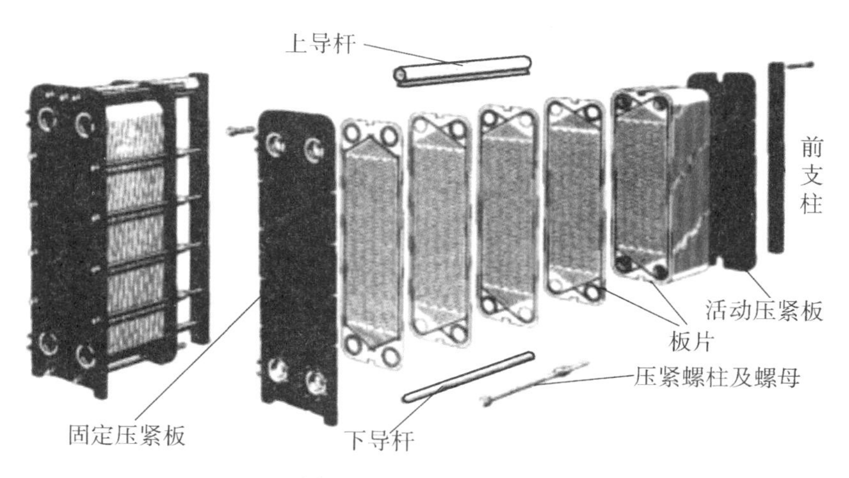

图 15－5　板式换热器

（六）润滑油温度控制阀

润滑油的温度主要由冷油器和温度控制阀来控制，温控阀为气动三通阀。如图 15－6 所示，三通阀进口一侧流入经过冷却器的润滑油，另一侧流入未经冷却的润滑油，出口侧装有温度检测装置，由温度信号控制三通阀开度。当润滑油温度偏高时，三通阀增大经冷却的润滑油流量，减小未经冷却润滑油流量，使油温降低；当润滑油温度偏低时，三通阀减少经冷却的润滑油流量，增大未经冷却润滑油流量，使油温升高。温控阀通过调节冷热油混合比例使油温满足不同工况温度要求，正常运行温控阀目标设定值为 46℃，停运时温控阀目标设定值为 33℃。

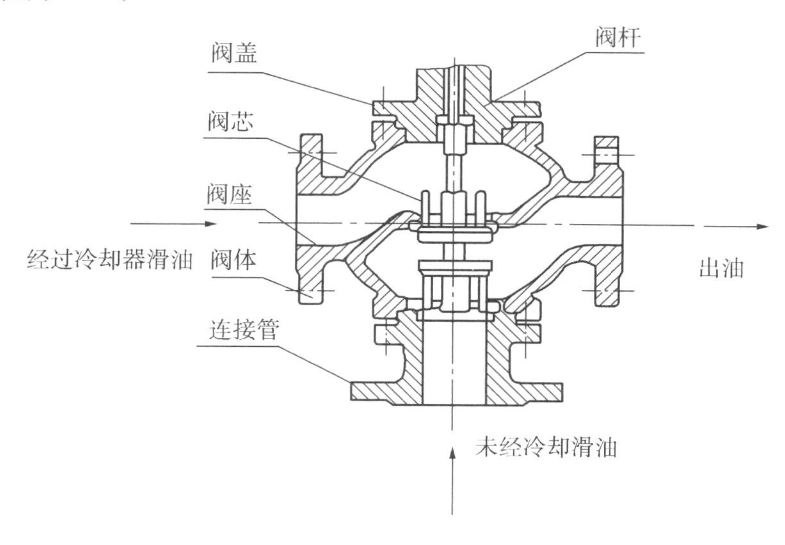

图 15－6　三通调节阀结构图

（七）润滑油过滤器

润滑油系统经过一段时间运行过后，油质会变差，需要对杂质进行过滤，防止损坏轴承和润滑部件。M701F3 型单轴联合循环机组润滑油系统过滤器为双联式过滤器，如图 15－7 所示。滤芯过滤精度为 10μm。运行方式为一台运行，一台备用，可手动切换。在润滑油过滤器上下游之间装有一个压差开关，当过滤器压差升高到 0.11 MPa 时，发出压差高警报，说明滤网脏污，这时应该进行过滤器的切换操作，对脏滤网进行隔离清洗。

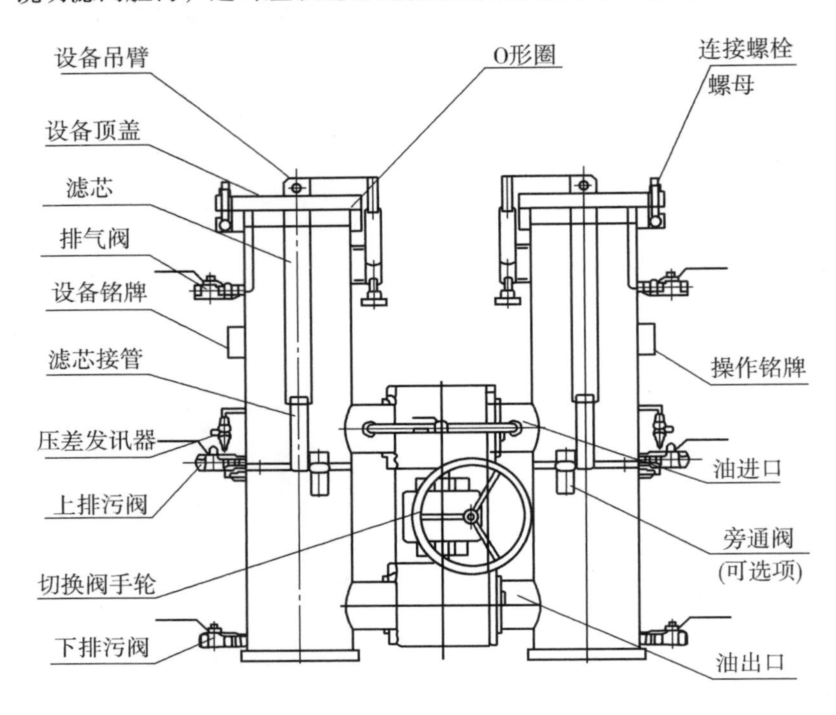

图 15－7　润滑油过滤器

(八) 润滑油压力调节阀

在润滑油过滤器的下游设有润滑油压力调节阀，对供油压力进行调节，保证润滑油压力在设定值 0.24MPa。如图 15－8 所示，当润滑油压力调节阀后压力增大时，控制用油推动压力控制阀使其开度变小；当阀后润滑油压力减小时，弹簧反作用力推动压力控制阀使其开度增大，完成供油压力调节。调节阀顶部设有压力设定值调节装置，通过调节弹簧反作用力大小，达到调节出口压力目的。旁路节流孔板作用一是提高调节阀控制精度，二是当压力调节阀故障关闭时，保证最小安全流量。

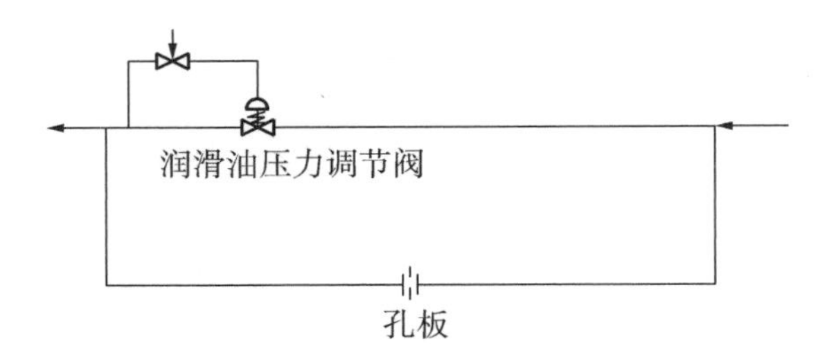

图 15－8　润滑油压力调节阀示意图

（九）排油烟装置

润滑油经润滑冷却用油设备后温度升高，润滑油不仅受热分解产生油烟，一些空气和轴封系统的蒸汽也会进入润滑系统。排油烟装置作用是排出油烟、空气、水汽，维持油箱内微负压，确保回油顺畅，同时防止油烟泄漏在高温环境下着火爆炸。M701F3 型单轴联合循环机组在润滑油箱上方装设一套排油烟装置，如图 15－9 所示，排油烟装置由排烟风机和油雾分离器组成。排油烟装置配置有两台排油烟风机，一台运行，一台备用。排油烟风机是离心式风机，额定流量 48m3/min，额定功率 15kW。风机进口装有手动蝶阀，通过调节蝶阀开度，可达到调节油箱负压的目的。油箱负压通常维持在－2～－2.5kPa，高于－0.98 kPa 发出油箱压力高报警，并联锁启动备用风机。

油雾分离器设置在油烟风机前，共 2 台，一用一备。分离器是聚集式的，它能吸附油蒸汽中的大部分油雾，回流至油箱，减少环境污染和润滑油损失。分离器压差达到 5kPa，需隔离进行清洗或维修。

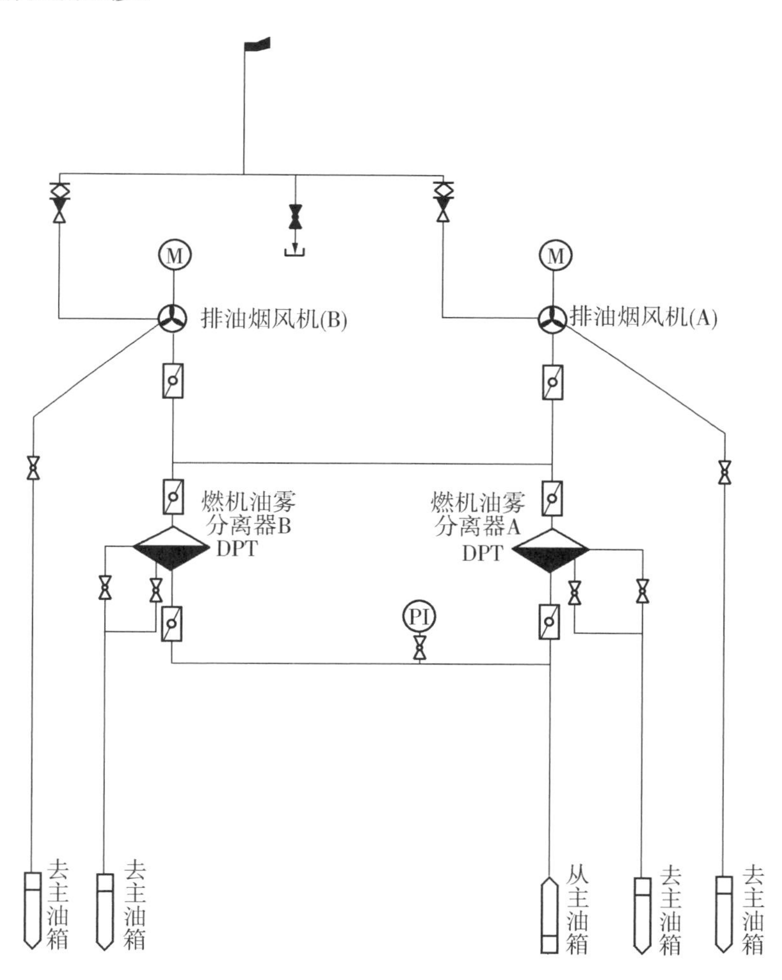

图 15－9 润滑油排油烟装置系统简图

(十)润滑油净化系统

机组运行的过程中，由于轴瓦摩擦、润滑油温度升高、轴封漏气等原因导致油中固态颗粒、油水乳化结构、水分日益增多，使润滑油的性能发生变化，导致机组设备损坏。因此需要净化设备保证润滑油系统正常工作。按照国家标准，润滑油的含水指标应控制在100 mg/L以下，润滑油颗粒度指标不劣于NAS(national aerospace standard) 8级(测量液压油污染程度普遍采用标准)。

M701F3型单轴联合循环机组装置的润滑油净化系统属于聚集分离式，如图15-10所示。净化装置主要设备有进口过滤器、保护过滤器、聚结过滤器、循环过滤器及净化泵。润滑油从润滑油净化泵出来后流经保护过滤器，在聚结罐分离出水分，返回油箱，构成脱水回路。润滑油从润滑油净化泵出来后流经循环过滤器去除杂质，然后返回油箱，构成净化回路。脱水功能的使用，必须在颗粒过滤到一定程度的基础上，方可投入。这是因为聚结滤芯耐颗粒污染能力较差，且污染后对其聚结功能有很大影响，甚至功能丧失。为了延长聚结滤芯的寿命，使其长期保持高效的聚结能力，在其前面装有保护过滤器。保护过滤器只起保护功能，不作过滤颗粒用。通常禁止用脱水回路边过滤，边脱水。

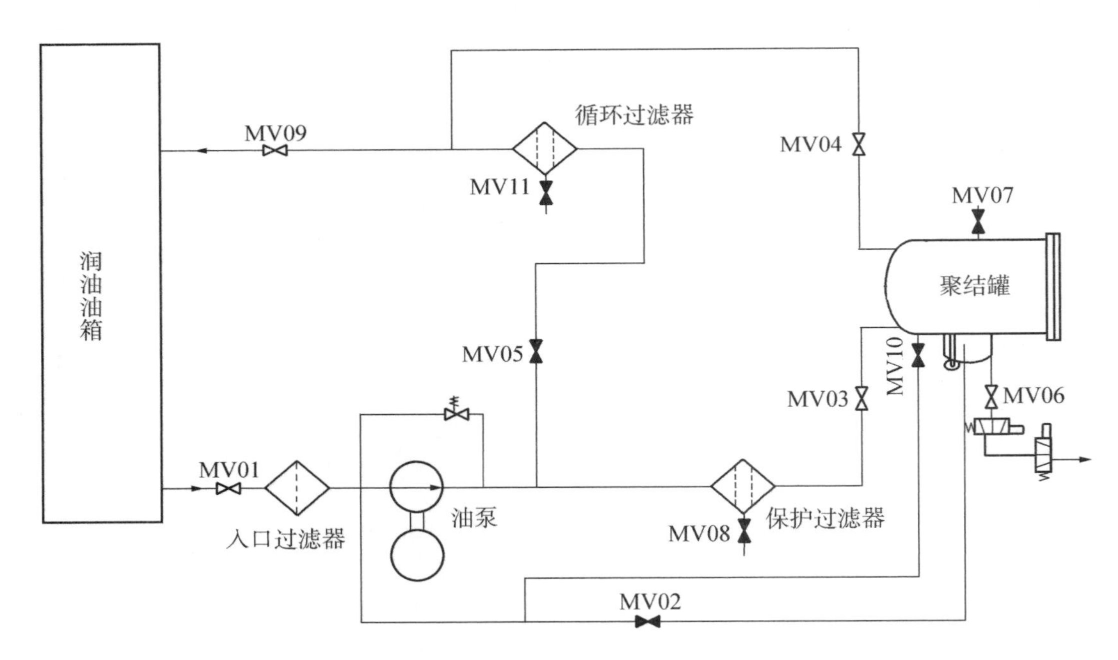

图15-10 润滑油净化系统图

润滑油净化系统运行方式包含脱水模式、循环过滤模式及排空容器模式。

1. 脱水模式

润滑油从润滑油净化泵出来后流经保护过滤器，在聚结罐分离出水分，返回油箱，构成脱水回路。润滑油进入聚结分离容器内的聚结滤芯，由于聚结滤芯材料独特的极性分子的作用，油液中的游离水以及乳化水在通过滤芯后聚结成为较大的水滴。通过聚结滤芯后的油液进入位于上方的分离滤芯，在此之前，由于重力的作用，油液中较大的水珠已在重力的作用下沉降到容器的下面。但是仍有尺寸较小的水珠在惯性的作用下随同油液向上直至分离滤芯处。分离滤芯由特殊的憎水材料制成，在油液通过分离滤芯时，水珠被挡在滤芯的外面，而油液则进入滤芯并从出液口排出。挡在滤芯外面的水珠经过相互聚集，尺寸逐渐增大，最后由于重力原因沉降到容器下部的储水罐中。

2. 循环过滤模式

润滑油从润滑油净化泵出来后流经循环过滤器去除杂质，然后返回油箱，构成净化回路。通过过滤介质时可滤除润滑油中的固体颗粒，可将油液清洁度控制在 NAS4 级或更高。

3. 排空容器模式

设备需要进行维护或搬运时，可利用排油系统将聚结分离容器中的油液排空。聚结分离容器中油液通过排油管至净化泵进口，净化泵出来经过循环过滤器回到油箱。此模式运行应关闭净化泵进口手动门、聚结分离容器进出口手动门，打开聚结分离容器储水罐排水阀、聚结分离容器排油阀、聚结分离容器排空阀。

四、系统运行及维护

（一）系统的投运

1. 系统投运前的检查及准备

（1）大修后的启动，应先进行油系统冲洗至油质合格。

（2）检查仪用压缩空气系统、工业水系统已投运。

（3）检查各润滑油用户具备投运条件。

（4）投入系统中各类仪表，指示正常。

（5）系统有关联锁、保护试验合格。

（6）主油箱油位在高报警油位，油质合格。

（7）润滑油净化系统已投入运行，初次启动应先切至过滤模式运行，油质合格后切至脱水模式。

（8）检查系统各阀门状态正确。

（9）确认油箱油温 >15℃，若 <15℃ 则通过加热器升至 15℃ 以上。

（10）两台冷油器进水门、出水门全关。

（11）系统动力电源、控制电源已送上，各电机开关均设置远方控制位置。

2. 润滑油系统投运

（1）投运一台排油烟风机，观察运行正常，将油箱负压调整在 -2kPa 左右。

（2）将另一台排油烟风机投联锁备用。

（3）投运一台交流润滑油泵，观察其运行正常，润滑油供油压力为 0. 24MPa，系统无泄漏。

（4）将另一台交流润滑油泵和直流润滑油泵投联锁备用。

（5）投入冷油器运行，温控阀投自动，确保润滑油温稳定在设定值。

(二)系统的运行监控

润滑油系统在正常运行过程中，应注意监控以下内容：

(1)润滑油系统运行时，主油箱抽油烟机应运行正常，维持油箱在-2kPa左右。运行排油烟机跳闸或油箱真空低于-0.98kPa，备用抽油烟机联锁启动。

(2)润滑油系统运行时，主油箱油位为0mm左右，达+150mm时高报警，达-150mm时低报警，应查明原因，采取措施。主油箱油位低时应及时补油，补油前应完成混油试验。

(3)投盘车时，润滑油温必须>15℃；机组启动时，润滑油温应>33℃；机组正常运行时，润滑油温控制在46℃，>60℃时高报警，>65℃时跳机。机组滑动轴承或推力轴承回油温度>77℃时润滑油温高报警。

(4)润滑油正常供油压力为0.24MPa。润滑油压≤0.189MPa或润滑油泵出口压力≤0.467MPa，备用交流泵自启动。润滑油压≤0.169MPa，直流油泵自启动并保持运行直到手动停下，同时机组跳闸。

(5)润滑油双联滤网压差>0.11MPa报警，应手动切至备用滤网运行。

(6)润滑油温低于15℃油箱电加热器投入，高于20℃退出。

(7)检查各轴承回油窥油镜，观察油流、油质情况。

(8)检查润滑油系统无漏油情况。

(9)润滑油系统应定期进行轮换及联锁试验，主油箱应定期放油水。

(10)润滑油净化装置正常运行时为脱水模式，如定期油化验颗粒度不合格需切换至过滤模式运行直至合格。

(三)系统的停运

润滑油系统停运前，必须确定机组盘车、顶轴油系统已经停运，机组转速为零，燃气轮机叶轮间隙温度<95℃，汽轮机高压缸金属温度<180℃。停运润滑油系统的操作如下：

(1)关闭冷油器工业水进出口门。

(2)退出备用交、直流润滑油泵备用。

(3)停运运行润滑油泵。

(4)退出备用排油烟风机。

(5)停运运行排油烟风机。

(6)根据需要停运润滑油净化装置。

五、系统典型异常及处理

(一)润滑油滤网压差高

可能原因：

(1)复式滤网堵塞。

(2)差压变送器故障。

处理措施：

(1)就地检查润滑油泵出口压力，用以辅助判断润滑油供油滤网是否堵塞，如堵塞应缓慢切换润滑油滤网，密切监视润滑油供油压力。

(2)通知热工人员检查差压变送器。

(二)主油箱油位低

可能原因：

(1)润滑油系统外漏。

(2)发电机进油。

(3)油位计故障。

处理措施：

(1)密切关注运行润滑油泵电流、供油油压是否正常，如有异常紧急停机。

(2)就地检查润滑泵运行情况，核对油位计，如油位计故障通知检修处理。

(3)若润滑油箱油位真低，对润滑油系统进行全面查漏，如有漏油，应设法堵漏，必要时进行补油；如泄漏大，无法堵漏，油压无法维持，应紧急破真空停机，并注意消防。

(4)检查发电机底部、氢侧回油漏液探测器是否有大量积油，如有应按发电机进油处理。

(5)如油箱油位降低，无发现其他漏油点，有可能冷油器漏油，切换冷油器。

(6)处理过程中，如油位快速降低，无法及时控制，应紧急停机。

(三)润滑供油压力低

可能原因：

(1)润滑油泵工作异常。

(2)润滑有双联滤网堵塞。

(3)压力调节阀故障。

(4)润滑油系统泄漏。

(5)压力变送器故障。

处理措施：

(1)检查润滑油箱油位是否正常，系统有无泄漏。如有漏油，按油箱油位低处理。

(2)检查运行润滑油泵电流、出口压力，如润滑油泵运行异常，切换润滑油泵。

(3)检查润滑油滤网差压，若差压高，切换滤网。

(4)检查润滑油压力调节工作是否正常，必要时进行调节。

(5)检查润滑油供油压力变送器。

(6)处理过程中，如润滑油供油压力低，确认联锁保护动作正常。

(四)润滑油供油温度高

可能原因：

(1)温控阀故障。

(2)冷却水流量小。

(3)冷油器故障。

(4)轴承损坏。

处理方法:

(1)检查温控阀的运行情况。检查是否投自动，如自动无法开启，切至手动开，如再无法开启，就地通过手轮开启。

(2)若温控阀门已全开，可能是冷却水温度高或冷却水量不够，检查工业水系统运行是否正常，冷油器冷却水是否投入正常。

(3)检查冷油器进出口油温、水温，如有异常切换冷油器。

(4)若轴承回油温度和进油温度之差异常增大，可能轴承损坏，立即打闸停机，检查轴承。若是进油温度高引起，可能是油冷却系统或温控系统原因。

六、系统优化及改造

M701F3 型机组润滑油系统热控联锁逻辑及油泵开关硬接线初始设计有缺陷，供油可靠性不高，机组存在两台交流润滑油泵全停的、不能及时启动备用泵的可能性，存在较大的安全隐患。为此进行以下优化改造:

(1)根据电气电源切换时应保证重要负荷不跳闸原则，在 DCS 系统保安段低电压联跳交流润滑油泵逻辑增设延时，延时时间按躲过保安段电源开关联锁切换时间整定。这样保证保安段电源开关故障切换时，交流润滑油泵开关不会跳闸，待保安段电压恢复后，交流润滑油泵会马上自起动，保证了汽轮机油系统安全。

(2)直流润滑油泵原联锁启动条件为交流润滑油泵开关跳闸信号或油压低信号。DCS 系统保安段低电压联跳交流润滑油泵逻辑增设延时后，保安段电源开关切换时保安段有短暂的失压时间，此时交流润滑油泵不能提供油压，也不跳闸，直流润滑油泵单靠油压低信号联锁启动，可靠性降低。为提高直流润滑油泵联锁起动可靠性，在直流润滑油泵原联锁逻辑中增加保安段低电压瞬时联锁启动条件，确保在保安电源切换母线短时失压时能瞬时联锁启动直流润滑油泵。

(3)进一步优化润滑油泵联锁逻辑，确保在任何情况下都至少有一台交流润滑油泵运行指令。

经过一系列的技改及优化，全面提升了润滑油系统的可靠性、控制逻辑的简明性、操作的安全灵活性。

第十六章

密封油系统

一、系统概述

M701F3 燃气－蒸汽联合循环发电机采用全氢冷的冷却系统，即定子绕组，转子绕组和转子铁心都用氢气冷却，发电机内充额定压力为 0.4MPa、纯度≥96% 的氢气，为了密封发电机内的氢气，采用了单流环式真空净油型密封油系统，其主要作用是向密封瓦供油，且使油压高于发电机内氢压一定数量值，以防止发电机内氢气沿转轴与密封瓦之间的间隙向外泄漏，同时也防止油压过高而导致发电机内大量进油。此外，密封油还有对发电机密封瓦的润滑、防止密封瓦卡涩的作用。系统中的真空净油装置（密封油真空油箱和真空泵）可有效驱除密封油中所含的水汽，从而减缓发电机内氢气的污染速度，使发电机内的氢气纯度长期保持在较高水平。

二、系统流程

密封油系统图如图 16－1 所示。密封油系统主要包括正常运行回路、事故运行回路、紧急备用回路（即第三路密封油源）、平衡油回路、真空装置、压力调节装置以及仪表、开关和变送器等。这些回路和装置可以完成密封油系统的自动调节、就地监测、信号输出和报警功能。

（一）正常运行回路

循环密封油箱→真空油箱→交流密封油泵→主油氢差压阀→密封油过滤器→发电机密封瓦→氢侧排油（机内侧）和空侧排油（与发电机轴承润滑油排油混合，下同）→排氢调节油箱→循环密封油箱。

（二）事故运行回路

循环密封油箱→直流密封油泵→备用油氢差压阀→密封油过滤器→发电机密封瓦→氢侧排油和空侧排油→排氢调节油箱→循环密封油箱。

（三）紧急备用回路

轴承润滑油供油支路→密封油过滤器→发电机密封瓦→略。

此运行回路的作用是在主密封油泵和直流油泵都失去作用的情况下，轴承润滑油直接作为密封油源（第三路密封油源）密封发电机内氢气。由于润滑油压约为 0.24MPa，所以当采用此回路密封油时，为了保证一定的油氢差压，发电机内的氢气压力必须降到 0.05～0.02MPa。

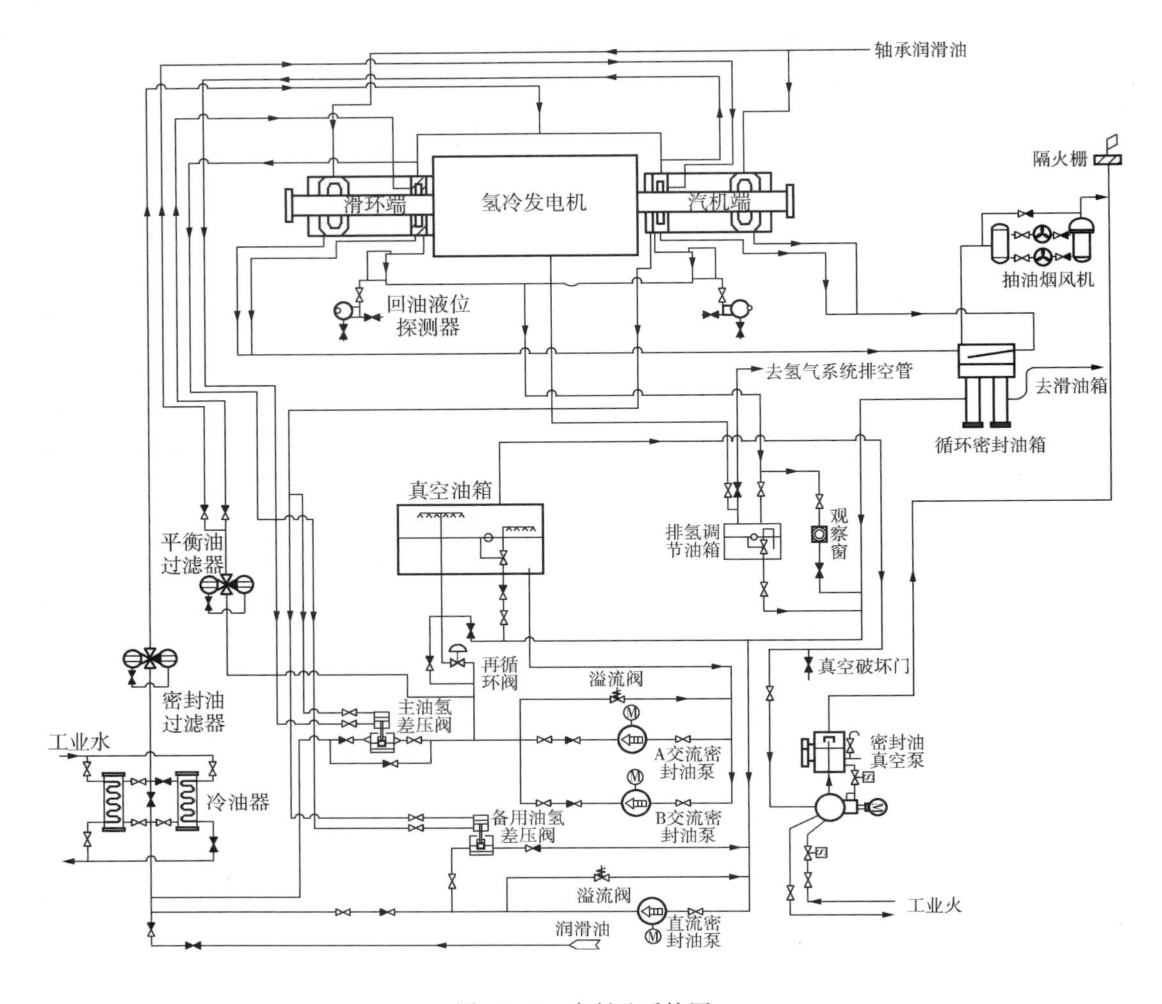

图 16－1　密封油系统图

（四）平衡油回路

循环密封油箱→真空油箱 →交流密封油泵 →平衡油过滤器 →发电机密封瓦→略。此运行回路为辅助油路，作用是抵消发电机由于轴振所可能造成的密封瓦的卡涩。

三、系统主要设备

（一）交流密封油泵

M701F3 机组有 2 台交流密封油泵，正常情况下一运一备。交流密封油泵从真空油箱抽油，油泵出口大部分流量通过再循环管回至真空油箱形成再循环，剩余的较少流量经压力调节及温度控制后，提供密封瓦用作密封油，保证泵出口压力稳定，也加强了密封油的净化。密封油再循环阀的作用是通过微调循环油路分流量（300 ～ 400L/min）来保持交流密封油泵出口压力维持在 0. 95MPa。此外，在密封油泵出口又设置了溢流阀，以防泵出口压力超限。当油泵出口压力升至 1.15MPa 时，溢流阀应开启；当油泵出口压力降至 1.05MPa，溢流阀应关闭。

交流密封油泵为三螺杆泵，出口压力约为 0.95MPa，流量约为 $24m^3/h$，电机为 380V 交流电机，额定功率为 15kW，转速为 1450r/min，正常运行时，电流为 22－24A。

三螺杆泵体结构如图 16－2 所示。每台泵有 3 个螺杆轴，位于泵缸体内；3 个精密成形、双头螺栓，1 个马达驱动的转子和 2 个空转轮，位于轴套内。进入套内的油通过转子端头、空转轮转子和轴套密封，无旋转移动时送到泵的出口。这样动作可产生无脉动的出口流量和压力，符合密封油供油特点。

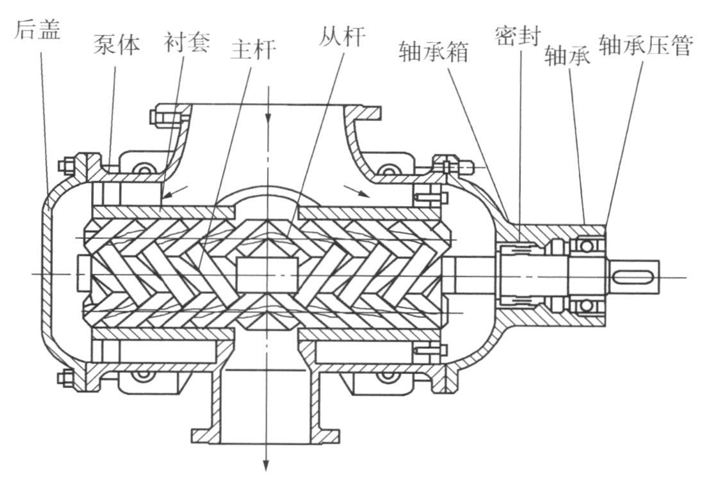

图 16－2　三螺杆泵体结构图

（二）直流密封油泵

直流密封油泵的功能是在失去交流电源的情况下继续提供密封油至发电机密封瓦处，确保密封油不中断。直流密封油泵直接从循环密封油箱抽油，油泵出油经压力和流量调节，并经温度控制后提供密封瓦用作密封油。

直流密封油泵出口压力 0.7MPa，流量 $12m^3/h$，电机为 220V 直流电机，额定功率为 7.5kW，转速 2980r/min。

直流密封油泵和交流密封油泵一样，都是螺杆泵，同样具备出口流量压力稳定等特点。同样，直流密封油泵出口也设置了溢流阀，确保泵出口压力超限可开启泄压。

（三）真空油箱

真空油箱容量大约为 1800L，真空油箱的压力由真空泵维持在大约－90kPa。正常工作情况下，来自循环密封油箱的补油不断地进入到真空油箱中，补油中含有的空气和水分在真空油箱中被分离出来，通过真空泵抽出，并经过真空管路被排至厂房外，从而使进入密封瓦的油得以净化，防止空气和水分对发电机内的氢气造成污染。

真空油箱的油位由箱内装配的浮球阀进行自动控制，浮球阀的浮球随油位高低而升降，从而调节浮球阀的开度，这样使得补油速度得以控制，真空油箱中的油位也随之受到控制。真空油箱的浮球阀的控制形式是高关低开，及真空油箱油位降低时打开，油位升高时关闭。真空油箱还设置了旁路补油阀，以避免浮球阀卡涩无法补油。

为了加速空气和水分从油中释放，真空油箱内部设置有多个喷头，补充进入真空油箱的油通过补油管端的喷头，再循环油通过再循环管端的喷头而被扩散，加速气、水从油中分离。

真空油箱的主要附件还有液位信号器(带有高低液位开关和液位变送器)，当油位高或低时，液位开关将发出报警信号。当油位变化时，液位变送器将输出模拟信号用于远方监控。

(四)排氢调节油箱

密封油系统排氢调节油箱与真空油箱进口管道相连，作用是接受氢侧回油，实现油和氢气的初步分离，容量约200L。其内装有自动控制油位的浮球阀，以使该油箱中的油位保持在一定的范围之内。其控制方式为高开低关，及排氢调节油箱油位升高时打开，油位降低时关闭。排氢调节油箱外部装有手动旁路阀及液位观察窗，以便浮球阀故障无法控制液位时，人工操作控制油位。

排氢调节油箱的主要附件还有液位信号器(带高低液位开关和液位变送器)，当油位高或低时，液位开关将发出报警信号。当油位变化时，液位变送器将输出模拟信号用于远方监控。

(五)密封油真空泵

真空油箱通过真空泵把密封油里的气体分离出去，压力可以维持在大约-90kPa。真空泵如图16-3所示，真空泵在其出口有一个油雾分离器，油滴在油雾分离器里内会落下来。油雾分离器内的油通过电磁阀供到真空泵，电磁阀在真空泵运行时同步打开，以密封和润滑真空泵。真空泵出口通过管道通到厂房外把气体排掉。油雾分离器有一个水位计以观察油位以及油位变质的状况(如果油含水分过多，则在液位计里可以看出油色变黑)，并且在油雾分离器还设置了排放阀，当密封油里含水分过多，可以排去水分，以提高油质。

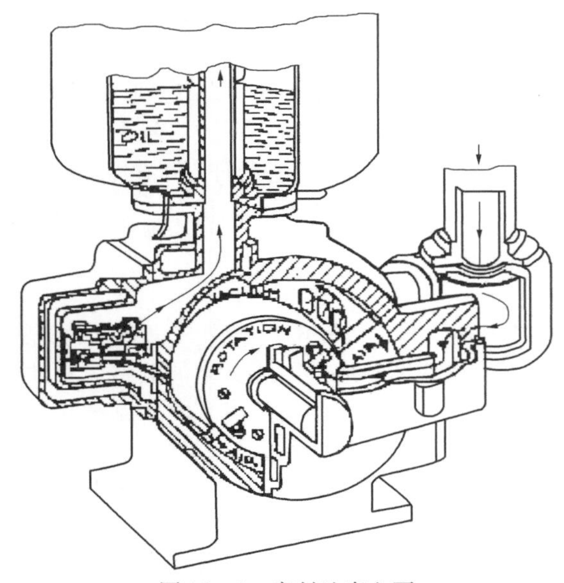

图16-3　密封油真空泵

密封油真空泵是含偏心转子的变容机械真空泵，由 380V 交流电机带动，正常运行时电流为 2.6 ～ 2.7A，从真空油箱过来的气体的吸入和排出是通过这个偏心转子的旋转来实现的。真空泵的筒身由偏心转子分成两个腔室，通过偏心转子的旋转，一个腔室变的大些并从真空油箱吸气，另一个腔室变的小些并通过排放阀把气体排到油雾分离器。

(六)油氢差压阀

密封油系统设置两个油氢差压阀，分别用于交流密封油泵和直流密封油泵投入时所对应的压力调节控制。

主油氢差压阀，装设在交流密封油泵出口主供油管路上，压力取样来自密封瓦供油压力和发电机内气体压力，自动调节密封油供油压力，使压力自动跟踪发电机内压力，且使油氢差压维持在一个定值上。主油氢差压阀设为 0.06MPa。

备用油氢差压阀，装设在直流密封油泵出口旁路上，自动调节密封油供油压力，使压力自动跟踪发电机内压力，且使油氢差压维持在一个定值上。备用油氢差压设为 0.085MPa。备用油氢差压阀还兼有再循环调节阀的作用，确保一部分流量用于再循环，保证泵出口压力的稳定。

主油氢差压阀结构如图 16 -4 所示，密封油氢差压阀内设有隔板，压力调整弹簧、波纹管、阀杆、三角形油孔等元件。对阀杆受力分析可知，当弹簧系数固定并且油氢差压维持在一个定值的时候，可以使得阀杆受力平衡。若油压增加，则阀杆向上移动，油孔开度变小，减小出油，从而导致油压变低；若氢压增加，则阀杆向下移动，油孔开大，增加出油，导致油压增加。而通过调节压力调整弹簧，可以设定油氢差压在一个稳定值上。备用油氢差压阀工作原理类似，只是其阀杆向上移动使油孔开大，阀杆向下移动使油孔变小，这与主油氢差压阀相反。

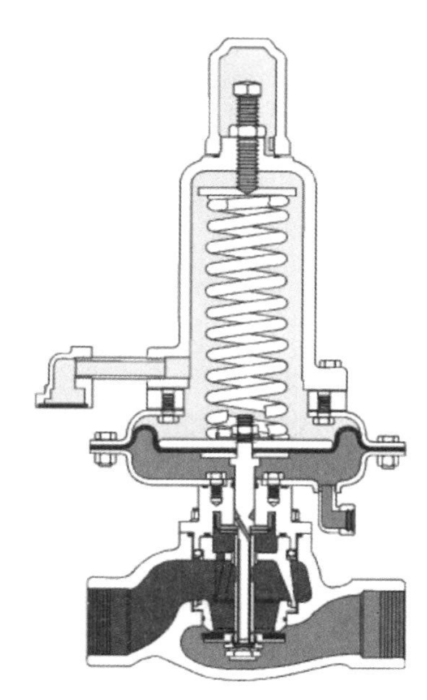

16 -4　主油氢差压阀结构图

(七)循环密封油箱和排烟装置

发电机轴承润滑油回油(混合着空侧密封油回油)，首先排至系统专设的循环密封油箱，回油中的气体先在此油箱中经扩容后分离，再由系统专设的排烟装置抽出后经过排放管路排往厂外大气，润滑油经过管路回至汽机润滑油主回油管，再流回汽机主油箱。由于排烟装置不断从循环密封油箱内抽出气体，使得该油箱内的无油空间，以及与其连通的发电机轴承回油管道内的无油空间形成微负压状态(-2.5 ～ 5kPa)，有利于发电机轴承腔室内的气体通过轴承回油管进入循环密封油箱，再被抽出排至大气。

循环密封油箱的形状如同π形，如图 16 -5 所示。其π形设计的目的是用于密封油的闭式自循环模式，即当润滑油停运后，循环密封油箱的形状，使得密封油能够独立循环，保证密封油不中断。如果密封油系统发生故障导致氢气外泄，该油箱还能阻止氢气泄至润滑油箱。

图 16－5　密封油循环密封油箱

（八）密封油冷却器

M701F3 有 2 台板式密封油冷却器并联设置在密封油过滤器的进口管路上，一运一备，用于将密封油冷却到所需温度上。冷却水来自于工业水，控制密封油油温在 40～55℃。

（九）密封油过滤器

系统设置 2 套过滤器，一套为密封油过滤器，另一套为平衡油过滤器。密封油过滤器为双联式过滤器，设置在密封油冷却器的出口管路上，用以滤除密封油中的固态杂质。该套过滤器有双过滤桶，可相互切换，且为滤芯式过滤器。平衡油过滤器也为双联式过滤器，设置在平衡油支路上，用以滤除该油路中的杂质，其结构形式等与密封油过滤器完全相同。

（十）氢侧回油液位检测器

密封油氢侧回油管道上设置了 2 个氢侧回油液位检测器（分别在励端和汽机端），目的是监测回油管道状况。若回油管道满油，油会流至液位探测器，触发报警，也可以通过液位探测器的窥视窗观察是否有油，从而判断回油管道是否满油。液位检测器如图 16－6 所示。

图 16－6 氢侧回油液位检测器

四、系统运行维护

(一)密封油系统的投运

密封油系统最终来源于润滑油系统，所以当密封油系统第一次投运或者检修后投运，应确保润滑油系统投运正常，由于密封油的润滑作用，所以必须在盘车投运前投入密封油系统，以防密封瓦磨损。并且工业水系统也应投运，以确保密封油温度正常、密封油真空泵运行正常。

1. 启动前检查

(1)确认厂用电运行正常。

(2)确认润滑油系统运行正常。

(3)确认工业水系统运行正常。

(4)确认系统相关所有的阀门状态正常。

(5)确认真空油箱油位正常。

(6)确认系统无泄漏。

(7)确认系统所有表计投入正常。

(8)确认交、直流密封油泵，循环密封油箱排油烟风机，密封油真空泵具备启动条件。

2. 系统的启动

(1)启动密封油排油烟风机，确认运行正常，循环密封油箱压力 -2.5kPa～ -5kPa，备用风机投联锁备用。

(2)关闭密封油真空泵入口门、真空破坏阀，启动密封油真空泵，待启动正常后微开启真空泵入口阀，观察真空油箱泡沫减小，真空上升至正常值，且管道无异常振动声音时，再全开密封油真空泵入口阀。

(3)启动一台交流密封油泵，检查密封油泵的声音、振动、电流是否正常，泵出口压力是否稳定在0.95MPa左右，并且观察主油氢差压阀调压是否正常，差压是否保持在0.06MPa，此外可以到密封油供发电机滑环端或者汽机端处观察就地压力指示正常(即压力表示数比发电机机内压力约大0.06MPa)。备用交流密封油泵和直流密封油泵联锁备用。

(4)投运一侧密封油冷油器，另一侧投备用。

(5)发电机投氢运行后，检查油氢差压继续维持在0.06MPa左右。

(6)观察密封瓦平衡油供油压力为0.6MPa。

(二)密封油系统的运行监视

密封油系统运行期间，值班人员需监视以下内容:

(1)密封油油氢差压始终在正常水平(0.06MPa，若是直流密封油泵运行，则是0.085MPa)。

(2)密封油泵出口压力正常(0.95MPa)，发电机滑环端和汽机端处密封瓦压力正常。

(3)真空油箱真空正常(-90kPa或以上)。

(4)真空油箱油位正常，补油正常。DCS上显示油位在480mm左右。

(5)排氢调节油箱油位正常可见，DCS上显示排氢调节油箱油位在300mm左右。

(6)密封油泵运行正常，无振动异响，备用泵已投自动。

(7)密封油冷油器投入，温度正常(约46℃)，55℃高报警。

(8)密封油真空泵运行正常，电流正常，油雾分离器液位指示正常，油质合格。

(9)氢侧回油液位检测器以及发电机漏液检测器指示正常，无漏油漏水。

(10)密封油过滤器差压正常(高于0.05MPa报警)。

(11)密封油平衡油过滤器差压正常(高于0.05MPa报警)。

(12)密封油循环密封油箱风机正常，负压正常(-2.5～-5kPa)。

(13)密封油控制盘无异常报警，系统无泄漏。

(14)定期进行密封油泵轮换及密封油联锁试验。

(三)密封油系统的停运

1. 系统停运条件

当同时满足以下两个条件，才可停运密封油系统。

(1)机组转速为0r/min。

(2)发电机内充满常压下的大气。

2. 系统停运操作

(1)退出备用交流密封油泵和直流密封油泵联锁备用。

(2)确认第三路供油隔离阀关闭。

(3)停运主密封油泵。

(4)停运密封油真空泵。

(5)关闭密封油真空泵入口阀，打开真空破坏门破坏真空。

(6)停运循环密封油箱排油烟风机。

(四)密封油系统相关联锁保护

(1)交流密封油泵出口压力低于0.85 MPa时，直流密封油泵联动。如果3s内未启动，备用交流密封油泵联锁启动。

(2)当密封油油氢差压低于0.035MPa时，直流泵联动，油氢差压维持在0.085MPa。

(3)当主选交流密封油泵跳泵，会联动备用交流密封油泵。

(4)密封油系统滤网差压达到0.05MPa时，报警发出。

(5)密封油真空油箱真空低至-70kPa时，低真空报警发出。

(6)真空油箱油位以观察窗水平中心线为基准，往上75mm，往下75mm，发出高、低液位报警信号。真空油箱油位高触发密封油真空泵停泵。

(7)排氢调节油箱以油位人孔盖水平中心线为基准，往上75mm，往下75mm，发出高、低液位报警信号。

(8)循环密封油箱排油烟机主选泵即为启动，若有启动命令5s内未启动，联动备用风机。

(五)密封油系统运行注意事项

(1)事故运行回路运行时，密封油不经过真空油箱，直接由直流密封油泵供至密封瓦。直流密封油泵投入运行时，由于密封油不经过真空油箱而不能净化处理，油中所含的空气和水分可能随氢侧回油扩散到发电机内导致氢气纯度下降，此时应加强对氢气纯度的监视，根据氢气纯度进行排补。

(2)紧急备用回路运行时，应将密封油冷油器退出运行，打开密封油冷油器旁路阀。

(3)密封油真空泵退出运行时，应及时打开真空破坏阀门破坏真空，以免真空油箱憋压影响真空油箱油位。密封油真空泵退出运行期间，应加强对氢气纯度的监视，根据氢气纯度进行排补。

(4)排氢调节油箱中的浮球阀故障需要检修时，则应立即将油箱退出运行，改用旁路排油，此时应根据旁路上的液位指示器人工操作旁路上阀门的开度，以油位保持在液位信号器的中间位置为准，且须密切监视。如果人工控制不利，油位升高就有可能导致氢侧排油满溢流进发电机内，或油位过低则有可能使管路“油封段”遭到破坏，而导致氢气大量外泄，漏进排氢调节油箱，此时发电机内氢压可能急剧下降。因此也必须尽快对排氢调节油箱中的浮球阀进行紧急处理，以使尽快恢复排氢调节油箱至运行状态。

(5)当发电机内气体压力下降后，排氢调节油箱会出现满油，这是属于正常现象。只要回油液位检测器不积油，则说明氢侧回油克服了排氢调节油箱与循环密封油箱之间的高程差流至循环密封油箱，达到动态平衡，且氢侧回油管中的油位不高于循环密封油箱回油管的回油液位。尽管如此，气压偏低时仍然必须对氢侧回油液位检测器加强监视，一旦出现报警信号或发现有油，应立即进行人为排放处理，以免油满溢至发电机内。

(6)在润滑油系统停运的情况下，密封油系统中的循环密封油箱因其π形结构的特点可以保持有一定的存油，维持密封油系统的补油需要，从而维持密封瓦的供油要求。不过在此情况下，应密切注意真空油箱的油位，只要真空油箱的油位无明显下降，则仍可维持密封油系统的运行。应尽量避免长期在此方式下运行，以免密封油中断导致氢气泄漏。如果真空油箱油位明显下降(接近报警值)，则应立即对发电机进行排氢置换，然后停运密封油系统。

(7)密封油联锁试验时，由于油氢差压低会触发停盘车，因此，试验前应采取措施闭锁油氢差压低停盘车，试验结束后及时恢复。

(8)当发电机内气压较低时，交流密封油泵运行，应关闭润滑油供油隔离阀，避免交流密封油泵过热。

(9)如需要对主油氢差压阀进行隔离检修，先部分地开启其旁路阀，直至油氢差压较原值增加10kPa，然后缓慢关闭主油氢差压阀前后手动阀并调节其旁路阀，使油氢差压正常，然后关闭差压阀的信号隔离阀。

(10)密封油真空泵启泵前可先关闭油雾分离器溢流阀、关小真空泵入口门，真空建立后，再恢复正常状态，防止油雾分离器内油位过低、真空泵电流过大、真空油箱泡沫过多产生虚假液位。

五、系统典型异常及处理

如密封油系统出现异常，应确认密封油联锁动作正常。如威胁到油氢差压时，应依次考虑利用备用交、直流密封油泵、润滑油等备用油源维持油氢差压，如维持不了油氢差压时，应及时排氢处理。

(一)交流密封油泵出口压力低

可能原因：

(1)真空油箱油位低。

(2)交流密封油泵运行异常。

(3)溢流阀内漏。

(4)管路泄漏。

处理措施：

(1)检查真空油箱油位是否正常，如有异常及时恢复油位。

(2)检查运行泵是否异常，如有异常切换至备用交流密封油泵运行，如出口压力恢复正常，则通知检修处理原运行泵。

(3)检查交流泵出口溢流阀是否有内漏、再循环阀是否控制不当(通过关小前手动阀来观察压力是否恢复正常)，如有异常通知检修处理。

(4)检查管路是否有泄漏现象，如有及时堵漏。

(5)处理过程中，如密封油出口压力低至0.85MPa，联启直流密封油泵。若直流泵未启动，延时3s启动备用交流密封油泵。

(二)油氢差压低

可能原因：

(1)交流密封油泵出口压力低。

(2)密封油过滤器堵塞。

(3)油氢差压阀故障。

(4)管路外漏。

处理措施：

(1)如交流密封油泵出口压力低，按交流密封油泵出口压力低处理。

(2)如密封油过滤器堵塞，切换至备用过滤器，联系检修清理滤网。

(3)如油氢差压阀故障，可重新调整或隔离检修。

(4)检查管路是否有泄漏现象，如有及时堵漏。

(5)处理过程中，如油氢差压低于0.035MPa，确认直流密封油泵自启动正常，油氢差压维持在0.085MPa左右。

(三)真空油箱油位高

可能原因：

(1)油位计异常。

(2)阀门误操作。

(3)浮球阀异常。

处理措施：

(1)就地确定真空油箱油位是否真高，判断是否油位计异常。

(2)如真的油位高，则检查真空油箱旁路补油阀是否误开，如不是，则为真空油箱浮球阀异常。

(3)关闭真空油箱主路补油阀，调节旁路补油阀开度，利用旁路补油，就地监视油箱油位，随时调节。

(4)油位正常后，如真空泵已跳泵，则恢复其正常运行。

(5)根据需要切至事故回路运行，对真空油箱隔离检修。

(四)真空油箱油位低

可能原因：

(1)油位计异常。

(2)阀门误操作。

(3)浮球阀异常。

(4)真空泵运行异常。

处理措施：

(1)就地确认油箱油位是否真低，判断油位计是否异常。

(2)如油位低，则检查真空油箱补油门是否误关，放油门是否误开。

(3)检查真空油箱真空是否正常，如无真空，则停真空泵，开真空破坏门，恢复油位后，检查真空泵。

(4)如浮球阀异常，不能正常开启，则就地留人利用旁路补油，控制油位。

(5)机组停机后，根据检修需要进行真空油箱隔离。

因密封瓦间隙非正常增加也可能引起真空油箱油位始终处于低下的状况，此时可对密封瓦的总油量进行测量，测量结果与原始记录相对照即可判断密封瓦间隙是否非正常增大。

(五)排氢调节油箱油位高

可能原因：

(1)油位计异常。

(2)阀门误操作。

(3)浮球阀异常。

(4)氢压低于0.07MPa。

处理措施：

(1)如发电机内氢压低于0.07MPa，此时只要氢侧回油探测器没报警，不出现油，则说明油并未回流至发电机，属于正常现象。

(2)就地确定油箱油位是否真高，判断是否油位计异常。

(3)如油位高，则检查油箱出口阀是否误关、油箱排空门误开且油箱平衡阀误关，如不是，则为排氢调节油箱浮子阀异常。

(4)如浮子阀异常，则利用其旁路调节油位在油窥镜中间位置，根据检修需要隔离排氢调节油箱。

(5)检查发电机漏液、氢侧回油液位检测装置是否有漏油，有则放之，并注意润滑油箱油位。

(6)检查发电机各参数正常，振动正常。

(六)排氢调节油箱油位低

可能原因：

(1)油位计异常。

(2)阀门误操作。

(3)浮球阀异常。

处理措施：

(1)就地确定油箱油位是否真低，判断是否油位计异常。

(2)如真的油位低，则检查油箱入口阀是否误关、油箱疏油门是否误开、油箱平衡阀是否误关，如不是，则为排氢调节油箱浮子阀异常。

(3)如浮子阀异常，则就地隔离排氢调节油箱，利用其旁路调节油位在油窥镜中间位置。

(4)如排氢调节油箱油位过低，油封一旦破坏，氢气进入密封油管道，氢压快速下降，应立即关闭排氢调节油箱出口门、旁路出口门，降低机组负荷，直至旁路窥镜中有油，才可缓慢微开旁路出口门，调节油位，同时注意密封油及滑油系统的运行。如氢气有可能从

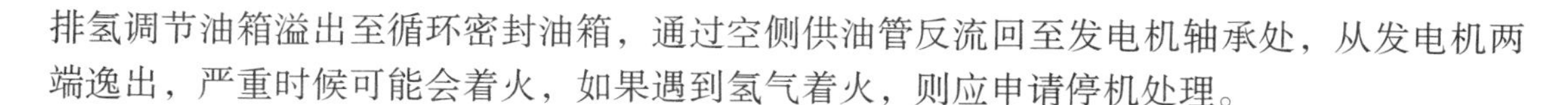

排氢调节油箱溢出至循环密封油箱，通过空侧供油管反流回至发电机轴承处，从发电机两端逸出，严重时候可能会着火，如果遇到氢气着火，则应申请停机处理。

(七)发电机进油

可能原因：

(1)排氢调节油箱油位高。

(2)油氢差压高。

(3)密封瓦破损。

处理措施：

(1)打开发电机底部漏液探测器，确认发电机是进油还是进水，并通知检修。

(2)确认发电机进油后，分析进油原因，控制继续进油，打开底部漏液探测器持续排油直至油尽，分析进油原因，严密监视发电机运行状况如轴振，各部温度，氢气纯度，根据发电机运行参数的变化趋势，决定是否立即停机处理。

(3)就地确认排氢调节油箱油位正常，保障回油畅顺。打开氢侧回油探测器，确认是否回油不畅顺而导致的进油。

(4)观察油氢差压，油泵出口压力。如果油氢差压过大，则可能是差压阀故障，则应切换至旁路阀控制。

(5)发电机进油过程中，严密监视真空油箱以及润滑油箱油位。做好主润滑油箱油位低预想。

(6)根据密封瓦温度及回油温度，轴振，判断是否由于密封瓦破损等问题导致密封油进入发电机，若是则应立即停机处理。

(八)密封油着火

密封油系统着火有可能导致密封油中断，严重时会威胁机组以及人身安全，应立即紧急停机并排氢，通入二氧化碳灭火。通知消防立即采取灭火措施。

六、系统优化及改造

(一)排氢调节油箱改造

由于排氢调节油箱入口在排氢调节油箱侧面，属于侧位入油。正常运行中，氢侧回油管道充满油气混合物，那么长期运行，油箱内部及管段中气体不能排除，容易在油箱入口处造成气阻，使氢侧回油不畅顺，回油攀升，进入发电机。所以在排氢调节油箱顶部加装了一根平衡管，将排氢调节油箱与发电机相连，使得压力与发电机机内平衡，防止回油不畅顺。

(二)密封油联锁试验逻辑优化

在盘车状态下运行人员进行密封油泵联锁试验时，人为打开油氢差压变送器平衡阀，使得油氢差压 <35kPa 时直流密封油泵启动，但同时油氢差压低信号会保护停运盘车。密

封油泵联锁试验需要热控人员强制逻辑防止盘车停运，在逻辑强制的时间段内存在一个很大的安全隐患，即若有盘车保护停运的指令，盘车将拒动。

优化后的逻辑中，在油氢差压低联锁启动直流密封油泵与停运盘车条件的分叉点位置加入逻辑切换点，使得联锁试验时油氢差压低联启直流密封油泵信号源与停运盘车条件信号源分离。同时在操作画面中设置密封油泵联锁试验专用靶标，联锁试验进行时选择试验模式，通过新加入的逻辑切换点将停运盘车条件中的油氢差压信号源设置为1（即油氢差压正常），不影响联启直流密封油泵的油氢差压信号源。试验结束后退出试验模式，停运盘车条件中的油氢差压恢复接入现场上传的信号源。为了提高安全性，逻辑会增加密封油泵联锁试验事件记录和1h延时报警（即试验开始1h后还没有复位就报警）提醒运行人员注意。

第十七章

顶轴油系统

一、系统概述

在盘车装置盘动转子之前，转子与轴承之间要建立起良好的油膜，这样才能避免盘车装置投入使用时转子与轴承的轴瓦直接接触形成磨损。提前投入润滑油系统可以从一定程度上避免磨损现象的发生，但对于大型发电机组而言，由于转子重量很大，静止时转子与轴瓦的接触非常严密，即使润滑油系统已经投入，其压力也不足以渗入个别轴瓦与转子之间的缝隙来形成油膜。因此大型发电机组都设有顶轴油系统，通过引入比润滑油油压高得多的顶轴油来预先建立起油膜，为转子从静止至转动这一过程提供足够的润滑。同时也使得盘车装置能顺利盘动转子，减少盘车电机功率。

二、系统流程

由于所需的油量很少，顶轴油系统没有设计独立的油箱，系统进油来自润滑油供油母管，经过过滤器过滤、顶轴油泵升压后供应至发电机轴承；经顶轴油油囊流出的顶轴油与轴承内的润滑油一起汇流至轴承箱，最后由润滑油回油管路回流至润滑油箱。顶轴油系统的工作流程如图 17－1 所示。

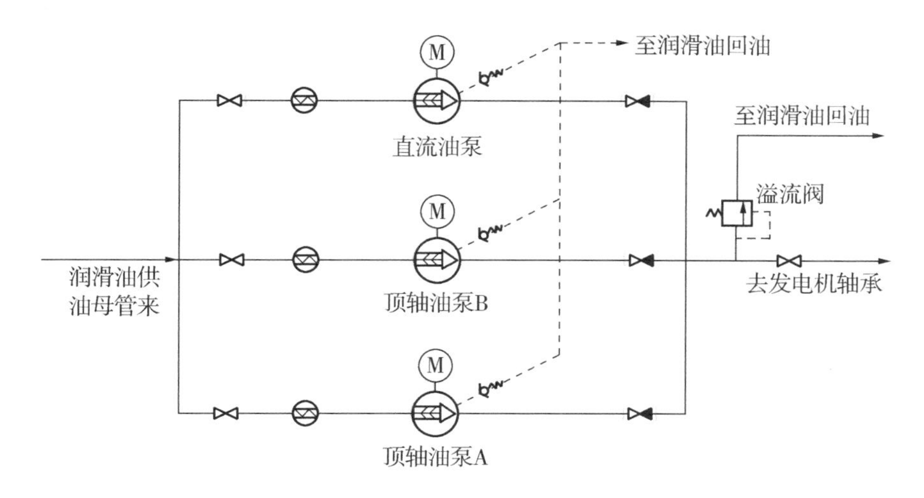

图 17－1　顶轴油系统示意图

三、系统主要设备

顶轴油系统设有“两交一直”共 3 台顶轴油泵，其结构为柱塞式，采用并列布置的方式，其中 2 台交流顶轴油泵一运一备。在顶轴油系统的运行过程中，当顶轴油出口压力低至设定值时备用交流泵自动联启，直流泵则作为交流油泵的备用，当交流油泵出现异常或故障导致供油压力低至设定值时直流油泵启动，从而满足机组对顶轴油压力的要求。顶轴油的供油管路上设有一个连接至润滑油回油管路的溢流阀，当顶轴油压力高于设定值时溢流阀打开进行泄压，防止过高的顶轴油压对机组的运行造成影响。3 台顶轴油泵的泵体处也设有溢流管路，防止顶轴油管路堵塞时泵体内的压力过高对油泵造成损害。3 台顶轴油泵入口滤网后均设有压力开关，当入口压力低时发出报警，以保护顶轴油泵。顶轴油的供油母管还设有压力表及压力开关，当压力低于设定值时发出报警，提示运行人员检查处理。

为了实现“顶轴”的功能，顶轴油系统的压力具有严格的要求：如果顶轴油压力过低，将不能在轴瓦与转子之间预先建立起良好的油膜；如果压力过高，过量的顶轴油将会在机组已经启动而顶轴油系统尚未退出期间对轴承处的正常润滑油膜造成破坏，从而造成机组的异常震动。同时，当顶轴油进入设定轴承时，整个转子的偏心度都会发生细微的变化，而这足以使得润滑油渗入其他轴瓦形成油膜，因此顶轴油一般只在转子最重的部位所对应的轴瓦上加设。对于 M701F3 联合循环机组，顶轴油的引入位置位于发电机的轴承上(即#7、#8 轴承)。设有顶轴油的可倾瓦轴承如图 17－2 所示，瓦块中部的长条形凹槽叫顶轴油油囊，其中间用白圈标出部位为顶轴油注油孔，顶轴油从轴瓦背部管路经注油孔注入油囊，克服转子重力的作用后沿油囊周边渗入转子与轴瓦之间的间隙，从而建立起良好的油膜。根据顶轴油所需的油量以及轴瓦强度要求的不同，顶轴油油囊可以设计成不同的形状来满足系统要求。

图 17－2　布置有顶轴油的可倾瓦块

四、系统运行维护

(一)顶轴油系统的投退

顶轴系统投运前应确认相关系统检修工作已终结，润滑油系统已投入正常运行。

1. 顶轴油系统的手动投退

一般在机组检修后盘车投入前需要手动投入顶轴油系统。投运步骤：确认顶轴油系统进出口阀门开启→启动一台交流顶轴油泵→观察运行正常后，将备用顶轴油泵投入联锁备用。

在机组盘车停运后，确定机组转速到 0r/min 时，即可停运顶轴油系统。停运步骤：退出备用顶轴油泵联锁备用，即可停运顶轴油泵。

另外，在机组大修后再次启动前，顶轴油系统首次投入后转子被“顶”起的高度是否合格(即是否在轴承处建立起油膜)具有严格的判断条件，需要用专门的仪器进行测量，只有当测量结果合格后机组才可以再次启动。

2. 顶轴油系统的自动投退

除了机组检修完成后需要提前手动投入外，正常运行时顶轴油系统的启停是根据机组的转速及运行状态来自动完成的。顶轴油系统在启停机过程中发挥着非常重要的作用，其顺利的投入和退出是机组安全启停的重要保障。M701F3 型机组在停机过程中，当转速降至 500r/min 时，顶轴油系统自启，防止机组转速继续降至过低时轴瓦与转子之间形成直接接触和摩擦；在机组的启动过程中，当转速达到 600r/min 时，顶轴油系统自停，避免顶轴油对相应轴承处已经建立起的润滑油油膜造成破坏，影响机组的运行安全。

3. 顶轴油系统的运行监视及维护

顶轴油系统运行期间，应注意检查 3 台顶轴油泵入口压力无报警，顶轴油供油压力正常；检查运行泵运行正常，备用顶轴油泵处于良好备用状态。

机组启停期间，观察顶轴油系统自动投退正常。

每月进行一次交流顶轴油泵定期轮换及直流顶轴油泵试运行。

(二)顶轴油系统的联锁保护

顶轴油系统主要联锁保护如下：

(1)在机组的停机过程中，当转速降至 500r/min 时，顶轴油系统自动投运。

(2)在机组的启动过程中，当转速达到 600r/min 时，顶轴油系统自动停运。

(3)顶轴油泵入口压力低于 0.03MPa，闭锁顶轴油泵启动。

(4)顶轴油系统正常运行时，供油压力正常约为 8MPa，当低于 5.9MPa 时，联锁启动备用交、直流顶轴油泵。

第十八章

盘车系统

一、系统概述

当机组停运后，如果转子处于完全静止的状态，那么在自身重力的作用下，位于两个支撑轴承之间的转子将会产生向下的变形，一旦再次转动将会产生较大的振动，严重时叶片顶端甚至与缸体之间发生摩擦，影响机组的运行安全。另外，停机后机组从运行时的高温状态逐渐冷却下来，而密度较小的热气更容易聚集在缸体的上部，这就导致缸体下部的温度降速较上部要快，上下壁温差会逐渐变大，进而导致缸体产生变形，影响动静部件之间的间隙，严重时甚至会发生动静摩擦。因此，一般机组都会在停机后采用辅助装置来带动机组转子低速旋转，避免转子发生弯曲，同时也驱动气缸内部的气流旋转，避免其内部温度场不均导致上下壁温差过大，这个装置在发电厂中称之为盘车。M701F3 联合循环机组单轴布置，在机组转子 6W 与 7W 间配置有盘车系统，盘车转速为 3r/min。

二、系统主要设备

盘车系统包括盘车装置及附属供油、供气系统。从结构上来讲，盘车装置包括减速机构和投退机构两大部分。

(一)盘车装置的减速机构

盘车装置的动力正常来自盘车电机。盘车电机额定转速为 980r/min，相对于 3r/min 的盘车转速，盘车电机的转速很高，这就需要一个复杂的减速机构来有效地进行力矩传递。盘车装置减速机构的整体结构如图 18－1 所示。

图 18－1 中，盘车马达 1 与上齿轮 11 同轴布置，通过链条 2 带动下齿轮 12。蜗杆 3 与下齿轮 12 同轴，带动与蜗轮 4 同轴的齿轮 5，齿轮 5 通过齿轮 6 带动齿轮 7，齿轮 7 通过同轴的齿轮 8 带动齿轮 9，最终由齿轮 9 带动转子 10 以 3r/min 的速度转动。盘车减速机构的实际结构如图 18－2 所示(图中的盘车装置处于拆除后倒置在地面上状态，与图 18－1中装置的实际布置方向相反)。

在盘车装置的一级链轮传动中，通过链条相连的上、下齿轮式的结构设计突破了空间的限制，盘车电机和减速装置可以分别放置，为现场设备的布置提供了方便；二级传动所采用的蜗轮蜗杆副相对于其他传动方式具有传动比大、传动力矩大、运转稳定等特点；三级齿轮副传动在实现降低转速、传动力矩的同时减少了每个齿轮承载的力矩，有效避免了轮齿在运行中遭到破坏。

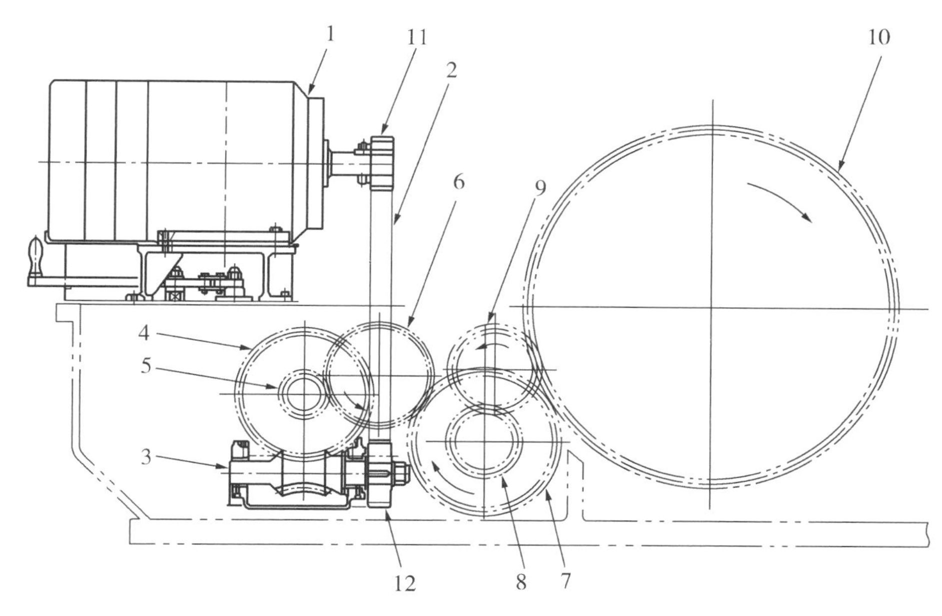

图 18－1　盘车减速机构示意图

1—马达；2—链条；3—蜗杆；4—蜗轮；5～9，11，12—齿轮；10—转子

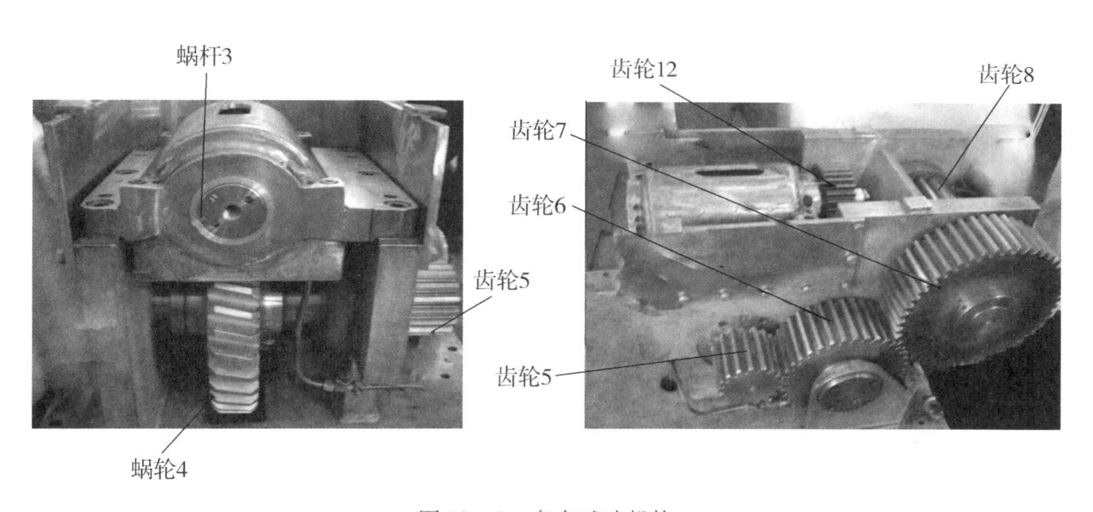

图 18－2　盘车减速机构

为了确保减速机构的正常运行，盘车装置还从润滑油供油母管引入专门的油路对整个装置进行润滑冷却。在机组的停运过程中，当转速降至 300r/min 时，油路上的供油电磁阀打开，润滑油经出油口喷射至减速机构的每一个齿轮，为整个机构的运转提供良好的润滑后与相近轴承的回油管路一起并入润滑油回油系统；在机组的启动过程中，当转速升至 300r/min 时，盘车装置已经完全静止，这时油路上的供油电磁阀关闭，喷油润滑退出。当供油压力低时会自动停止盘车，以保护盘车齿轮。盘车装置的润滑油路上设置有专门的压力监视仪表，当压力出现异常时及时报警，确保运行人员能够及时发现和处理。

(二)盘车装置的投退机构

盘车装置的投退机构由曲柄连杆机构、摆动齿轮侧向啮入离合器以及活塞驱动装置组成，其具体结构如图 18－3 所示。

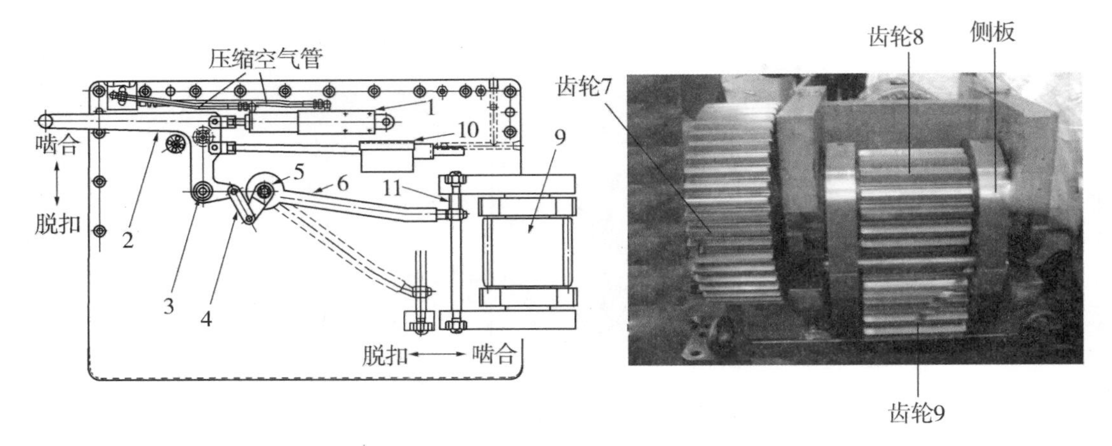

图 18－3　盘车啮合机构原理示意图

1—气缸；2—曲柄；3—转轴 1；4—连杆；5—转轴 2；6—驱动杆；
7～9—齿轮；10—侧板；11—横杆

盘车装置的啮合动力来自于仪用压缩空气，经压缩空气母管由专门的管路引入盘车投退机构中的气缸，通过推动其中的活塞来带动整个投退机构，最终控制盘车装置的啮合。压缩空气管路上设置有两个电磁阀，分别为啮合电磁阀和脱扣电磁阀。其开关可以控制压缩空气进出气缸 1。当盘车啮合指令发出时，啮合电磁阀带电，压缩空气开始进入气缸 1 左侧，推动其内的活塞向右横向移动，再通过连杆带动曲柄 3 绕着转轴 3 顺时针转动，同时通过连杆 4 带动驱动杆 6 绕着转轴 5 逆时针转动，最终通过横杆 11 带动齿轮 9 所在的侧板摆动，推动齿轮 9 移动到啮合位置，从而完成盘车装置与机组转子的啮合(当盘车需要脱扣时整个装置的动作方向则相反)。

曲柄 2 的位置状态由行程开关 10 反馈到控制系统，为盘车电机的启停提供信号。齿轮 8 和齿轮 7 同轴布置的，它与啮合齿轮 9 通过侧板固定在一起构成齿轮副，在与侧板相连的横杆 4 的作用下来回摆动，进而能够和机组转子上对应的齿状结构进行啮合和分离，最终实现盘车装置的投入和退出。

盘车装置的投退一般情况下是通过机组的逻辑控制系统来实现的。在机组的停机过程中，当转速检测装置检测到机组转速已经到零并且盘车装置没有啮合时，延迟启动盘车电机，运行 2s 后电机断电并开始惰走，啮合齿轮 9 在其带动下仍然处于旋转状态。在盘车电机的惰走过程中，盘车啮合指令发出，气动装置推动盘车手柄至啮合位，进而带动旋转的啮合齿轮 9 与静止的机组转子实现良好的啮合。当限位开关检测到盘车装置已经啮合时，延迟启动盘车电机，从而带动机组转子以盘车转速持续旋转。

盘车装置运行时啮合齿轮的受力情况如图 18－4 所示。

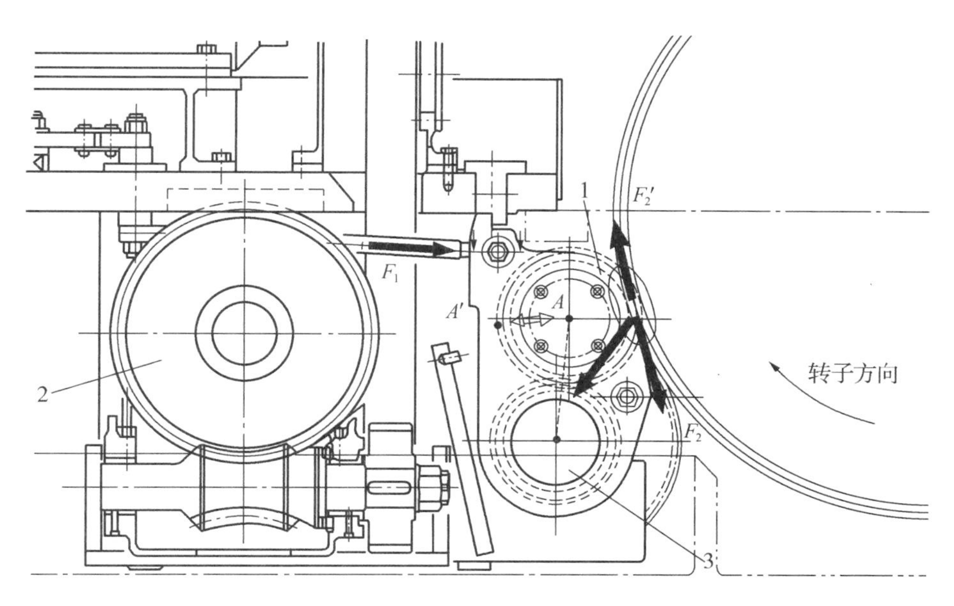

图 18－4 盘车啮合齿轮受力情况示意图

1—齿轮 9；2—蜗轮 4；3—齿轮 8

当机组处于盘车运行状态时，齿轮 9 处于主动位，转子则处于从动位，处于主动位的齿轮 9 受到 F_1（横杆 11 的作用力）和 F_2（转子的反作用力）两个力的作用。由于 F_1 和 F_2 均为沿齿轮 8 所在的转轴 O 点呈顺时针方向，他们所形成的合力矩将整个啮合齿轮机构向转子方向扣紧，盘车装置一直保持良好的啮合。

盘车装置的脱扣过程则是通过啮合齿轮之间作用力的变化以及压缩空气的作用力来共同实现的。当机组启动后转子转速超过盘车转速时，转子由从动变为主动，转子反作用在啮合齿轮上的力由 F_2 变成了图 18－4 中 F_2'（与 F_2 呈反向 180°）。当 F_2'对于齿轮 9 的力矩大于 F_1 所施加的力矩时，啮合齿轮机构就会绕着转轴 O 逆时针转动（从上图中 A 点向 A' 点方向移动），盘车装置脱离了啮合状态。当行程开关检测到啮合机构离开啮合位置时，脱扣电磁阀得电，压缩空气进入气缸右侧，推动曲柄向脱扣方向运动，最终将整个盘车装置带动到脱扣位置。

三、系统运行维护

M701F3 联合循环机组盘车电机控制模式有三种，分别为点动、远方及就地，可在其电源开关上切换。点动模式为通过盘车装置旁的点动按钮控制盘车电机的启停；远方模式为通过逻辑自动控制盘车电机的启停；就地模式为通过盘车电机电源开关上的启动旋钮控制盘车电机的启停。

前湾燃机电厂机组以两班制运行为主，盘车系统一般均为自动投退，停机阶段保持盘车连续运行，仅在机组有检修需求时才手动投退。所以，一般情况下盘车电机投远方模式，盘车系统由逻辑自动控制投退。由于盘车的自动投退已在上节介绍，本节不再重述。

(一)盘车系统投运

M701F3 联合循环机组投运盘车前确认以下条件满足:

(1)相关检修工作已终结,机组转子上无人工作。

(2)机组转子静止,胀差、轴向位移正常。

(3)机组循环水、工业水、润滑油、密封油、顶轴油、压缩空气系统投运正常,盘车供油装置压力正常。

盘车系统因检修或其他原因中断后,重新投入应先采用点动模式检查。系统投运步骤如下:

(1)就地点动盘车电机,确认转向正确。

(2)在盘车电机转速逐渐降低到接近零转速时,手动将盘车投入啮合位置,确认啮合到位。

(3)再次点动盘车电机,确认盘车带动机组转子旋转维持 3r/min 旋转,盘车电流正常,各轴承振动、瓦、油温正常,无动静摩擦。

(4)将盘车电机投入远方模式,确认盘车自动啮合并投入连续运行正常。

如因故不能投入电动盘车,也可利用气动或手动盘车工具通过盘车电机转轴盘动机组转子。

(二)盘车系统监视

(1)机组启停期间,注意检查盘车自动投退正常。

(2)机组运行期间,注意检查盘车处于非啮合位;啮合曲柄无异物阻拦,并被罩壳罩住以防误动;盘车电机处于远方备用模式。

(3)盘车运行期间,注意检查盘车转速稳定在 3r/min,盘车电流稳定在 22A 左右;就地检查盘车振动、温度正常,无异音、异味;盘车供油压力稳定在 0.1MPa 左右,供油管路无漏油;盘车啮合到位、无摆动;仪用气源压力正常,无漏气;啮合曲柄无异物阻拦,并被罩壳罩住以防误动。

(三)盘车系统投入时间要求

M701F3 联合循环机组启机前,需要有足够的连续盘车时间,具体要求如下:

(1)冷态启动时,连续盘车 $>12h$。

(2)盘车中断 $>3h$,连续盘车 $>12h$。

(3) $1h\leq$盘车中断$\leq3h$,连续盘车 $>8h$。

(4)盘车中断 $<1h$,连续盘车 $>4h$。

(四)盘车系统停运

M701F3 联合循环机组停运盘车前确认以下条件满足:

(1)汽轮机与所有蒸汽系统均已可靠隔离。

(2)机组转子偏心、轴向位移正常,汽轮机胀差稳定。

(3)燃气轮机最高轮间温度 $<95℃$。

(4)汽轮机高压缸入口金属温度<180℃。

确定盘车具备停运条件，停运盘车，检查盘车电机停运，啮合装置自动退至非啮合位。

(五)盘车系统联锁保护

盘车系统在以下任一条件满足时，自动停运并闭锁启动。

(1)盘车供用压力低于0.04MPa。

(2)发电机密封油油氢差压低于0.035MPa。

(3)顶轴油压力低于5.9MPa。

(六)盘车装置投运注意事项

(1)机组大小修或其他原因中断后的首次启动，应先就地点动盘车旋转一周，进行机组机械检查，确认无异常后方可投入电动连续盘车。

(2)盘车期间注意监视盘车电流的变化、转子偏心值的变化，如发现碰摩，应及时停止盘车运行，让碰摩点位于转子的正上方，减轻转轴弯曲。

(3)机组盘车因故停运，应立即将汽轮机与所有蒸汽系统均可靠隔离。

(4)在机组完全冷却下来之前，电动盘车故障或者其他原因电动盘车不能连续运行，应在机组转子上做标记后，每隔30min手动转动机组转子180°，直至机组具备停盘车条件。手动盘车期间，应断开电动盘车的动力电源，以防电动盘车的启动造成事故。

四、系统典型异常及处理

停机后盘车自投异常。可能原因：

(1)盘车啮合、非啮合限位开关异常。

(2)盘车啮合装置驱动压缩空气压力异常。

(3)汽轮机漏入蒸汽，盘车开始啮合时，机组转子未完全停定。

(4)盘车啮合装置卡涩。

(5)盘车电机未投远方模式。

(6)盘车供油压力、顶轴油压或油氢差压低闭锁盘车。

处理措施：

(1)检查盘车装置啮合装置处于非啮合位，盘车电机处于远方模式，无盘车闭锁条件。

(2)将汽轮机主再热蒸汽管道压力泄压至零。

(3)就地检查无异物阻拦盘车啮合曲柄正常动作。

(4)就地检查驱动用仪用压缩空气压力正常。

(5)如仅是盘车啮合问题，手动辅助盘车啮合，确保盘车及时投入运行。

(6)查找分析盘车不能自投原因并进行处理。

五、系统优化

盘车啮合时间优化。机组的转速测量发生偏差或者是转子惰走特性发生变化会造成盘车不能啮合故障。在这种情况下，啮合操作在机组转子还没有完全静止的情况下就开始进行。如图 18－5 所示，由于机组转子还在转动，在啮合的瞬间啮合齿轮受到转子反作用力为 F_2'，F_2'的作用使得啮合齿轮不能完全啮合到位，啮合齿轮受到的反作用力也从 F_2 变为 F_2''，这就使得啮合齿轮机构之间的锁紧力变小，啮合不够稳定，啮合齿轮机构在盘车马达的带动下会绕着转轴 O 摆动。当摆动到一定程度时会导致啮合信号消失，控制系统将会执行脱扣动作，从而导致盘车装置不能正常运行。为此，根据机组惰走以及盘车投入情况优化盘车的啮合时间常数(零转速后启动盘车电机的延迟时间、齿轮啮合后再次启动盘车电机的延迟时间)，为机组转子的完全静止预留足够的时间，从而排除盘车此类的啮合故障。

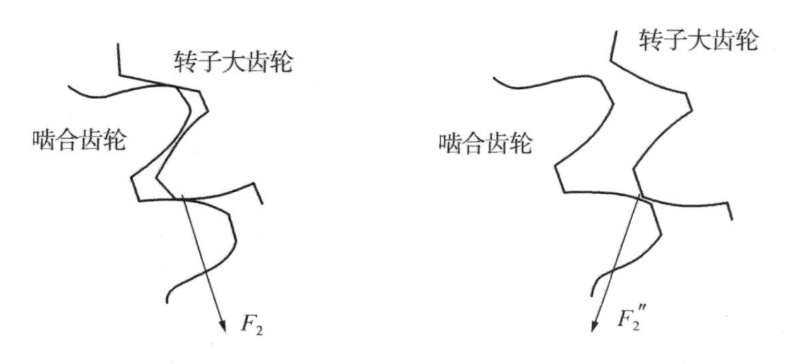

图 18－5　啮合不到位时啮合齿轮受力变化示意图

第十九章

发电机氢气系统

一、系统概述

在电力生产过程中，当发电机运转把机械能转变成电能时，不可避免地会发生能量损耗，这些损耗的能量最后都变成热能，将使发电机的定子、转子等各部件温度升高。如果不及时将这些热能释放掉，将会导致发电机绝缘老化，影响发电机使用寿命，甚至引发其恶性电气事故的发生。为了将这部分热量导出，往往对发电机进行强制冷却。常用的冷却方式有空气冷却、水冷却、全氢气冷却和水氢氢冷却。由于氢气热传导率是空气的 7 倍，氢气冷却效率较空冷高，所以大多发电机组采用了氢气作为冷却介质。

发电机定子和转子采用氢气冷却的，主要有全氢冷以及定子绕组为水内冷，转子绕组和定子铁心为氢气冷却(水氢氢)，以及定子绕组和转子绕组为水内冷，定子铁心为氢冷却(水水氢)。用氢气作为冷却介质有哪些优缺点呢?

氢气作为冷却介质的优点:

(1)氢气具有很低的密度，所以用氢气在发电机内作为冷却介质的时候，它的气阻对空气而言是相当小的。在一定的温度和压力下，氢气的密度只相当于空气的密度的 1/14，所以氢的使用减少了机组运行时旋转机械的摩擦损失。对于一个像汽轮发电机一样的高速旋转机械来说，它可以提高汽轮发电机的运行效率 0.5%～1%。

(2)与空气相比，氢气具有更好的热传导性和对流特性。当使用加压的氢气的时候，发电机的气体传热能力将会大大增加。氢气具有将近空气 7 倍的热导率，并且它在强迫对流下的传热能力是空气的 1.5 倍。

(3)在氢冷的运行方式下，延长发电机的寿命。这是由于这种结构可以防止杂质进入空气通道和线圈。同时这样也可以减少对电枢的腐蚀作用。

(4)与空气相比，氢气更能减少由于电晕而产生的对电枢绝缘的影响。

氢气作为冷却介质的缺点：空气中氢气的浓度在 4.1%～74.2% 之间的话，它们将形成一个易爆混合物。而氢和氧的混合可以形成一个氢的浓度在 96% (4% 的氧)以下的爆炸混合物。

本章将重点讲述全氢冷发电机系统，发电机运行时，氢气经发电机定子、转子线圈吸收热量变为热氢，热氢经发电机顶部的氢气冷却器冷却后变为冷氢，冷氢再被发电机转轴两段的轴流风扇鼓入发电机内部再次循环。氢气冷却器就是热氢被冷却的地点，一般在发电机顶部设置 2 台氢气冷却器。

二、系统流程

如图 19－1 所示，发电机氢气系统主要由以下几大部分组成：

(1)氢气供应装置。

(2)阀门站。

(3)CO_2 汇流排。

(4)氢气干燥装置(带油－气分离器)。

(5)漏液探测装置。

(6)氢气压力/纯度检测装置。

(7)漏氢检测装置。

(8)管道、阀门等辅助件。

发电机氢气系统专用于氢冷型汽轮发电机，具有以下功能：

(1)使用中间介质(一般为 CO_2)实现发电机内部气体置换。

(2)通过压力调节器自动保持发电机内氢气压力在需要值。

(3)通过氢气干燥器除去发电机内氢气中的水分。

(4)通过漏液探测器监测发电机内漏油水情况，超限时发出报警信号。

(5)通过氢气压力/纯度监测装置，在发电机正常运行工况下，对机内氢气压力、纯度、湿度，以及进氢流量进行监测，超限时发出报警信号。另外，在发电机气体置换过程中，对机内各气体成分含量进行监测。

(6)通过漏氢监测装置对各取样点漏氢情况进行监测，超限时发出报警信号。

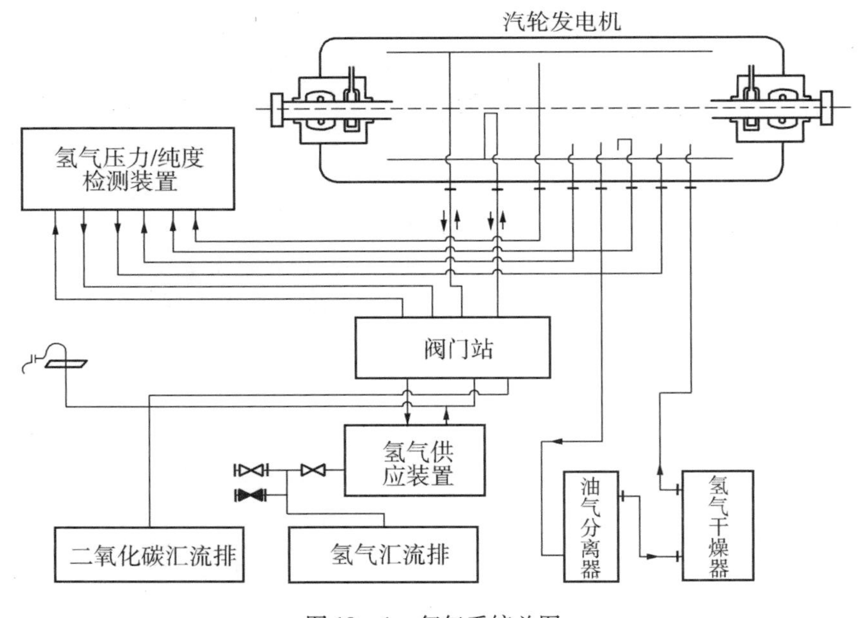

图 19－1　氢气系统总图

(一)氢气系统回路流程

发电机内氢气不可避免地会混合在密封油中，并随着密封油回油被带出发电机，有时还可能出现其他漏气点，因此机内氢压总是呈下降趋势。氢压下降可能引起机内温度上升，故机内氢压必须保持在规定的范围之内。如图19－2所示，在氢气供应装置中设置有两套氢气调压器，用以实现机内氢气压力的自动调节。也可通过操作氢气供应站中的旁路阀来手动补给发电机氢气。而作为两班制运行的燃气轮机组，出于安全性考虑，一般不采用自动调节氢压的运行方式，而是在每日启动前手动进行补氢操作。发电机氢气流程如下：

供氢母管1、供氢母管2 → 氢气供应装置→ 氢气阀门站 → 氢气供应总阀(总阀后装有氢气排空阀，用于发电机氢气置换以及排补氢) → 发电机顶部氢气母管。

(二)CO_2系统回路流程

发电机内空气和氢气不允许直接置换，以免形成具有爆炸浓度的混合气体。通常应采用CO_2气体作为中间介质实现机内空气和氢气的置换。如图19－3所示，CO_2流程如下：

CO_2气瓶 → 减压阀及电加热器 → CO_2供应总阀(总阀后装有氢气排空阀，用于发电机氢气置换以及排补氢) → 发电机底部CO_2母管。

(三)氢气干燥回路流程

氢气中含水量过高(湿度过大)时，对发电机将造成多方面的不良影响。

(1)氢气中含水量过高，不可避免地降低发电机内部的定子绕组线棒绝缘性能，从而破坏电气绝缘，导致单相或者相间短路事故，危及发电机的安全。

(2)氢气中含水量过高，使发电机转子护环产生应力腐蚀纹损并使裂纹快速发展。发电机转子护环是承受最高机械应力的旋转部件之一，应力腐蚀产生裂纹会导致护环断裂。

(3)当然，氢气气体过于干燥(湿度过低)也是不允许的。氢气内湿度过低，会导致发电机内部某些部件过于干燥，如定子端部垫块收缩和支撑环裂纹，由于垫块收缩、松动，易造成发电机线棒与线棒之间、线棒与定子铁芯之间的相对摩擦，导致绝缘损坏、定子相间短路、定子接地事故。气体相对湿度小于0.5%，可认为是干气。

因此，发电机需要配置专用的氢气干燥器，它的进氢管路接至转子风扇的高压侧，回氢管路接至风扇的低压侧，从而使发电机内部分氢气不断地流进干燥器内得到干燥。如图19－4所示，氢气干燥器流程如下：

发电机内部高压区 → 油气分离器 → 入口四通阀V8 → 氢气干燥器 → 出口四通阀V7 → 发电机内部低压侧。

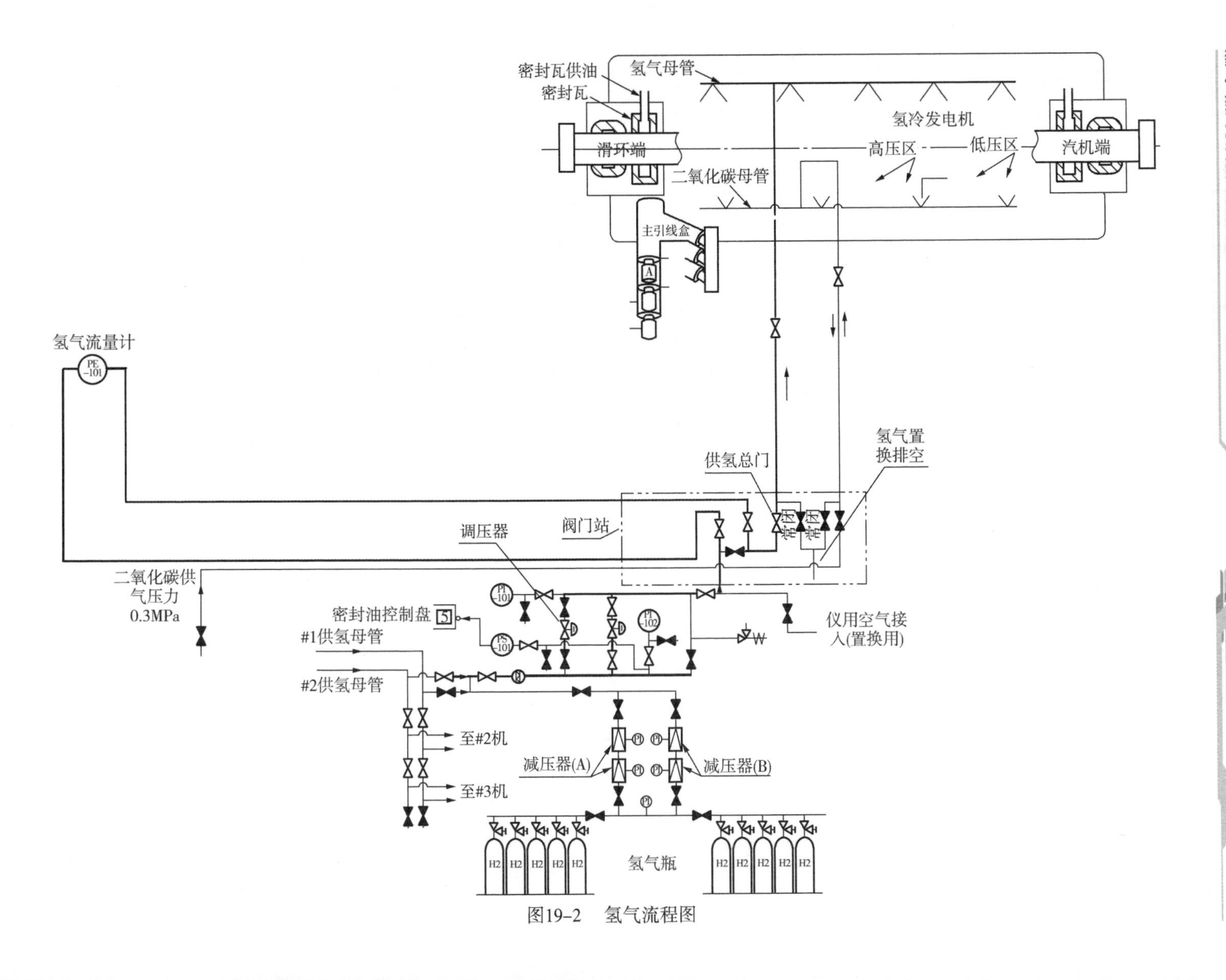
密封瓦供油
密封瓦
氢气母管
氢冷发电机
滑环端
高压区
低压区
汽机端
二氧化碳母管
主引线盒
氢气流量计
供氢总门
氢气置换排空
阀门站
调压器
二氧化碳供气压力0.3MPa
密封油控制盘
仪用空气接入(置换用)
#1供氢母管
#2供氢母管
至#2机
至#3机
减压器(A)
减压器(B)
氢气瓶
H2

图19–2 氢气流程图

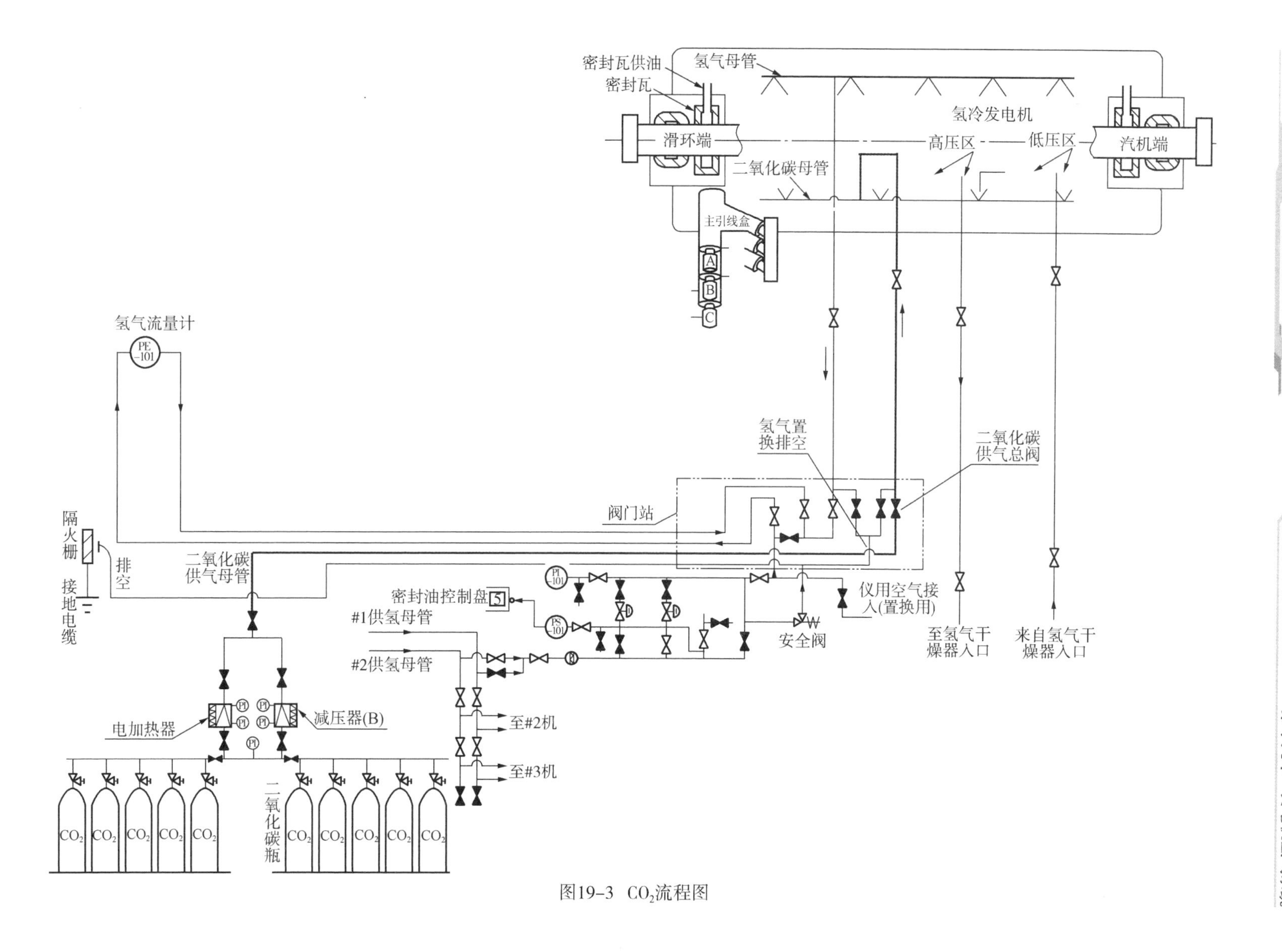
密封瓦供油
密封瓦
氢气母管
氢冷发电机
滑环端
高压区
低压区
汽机端
二氧化碳母管
主引线盒
A
B
C
氢气流量计
PE-101
氢气置换排空
二氧化碳供气总阀
阀门站
隔火栅
排空
接地电缆
二氧化碳供气母管
密封油控制盘
PI-101
PS-101
仪用空气接入(置换用)
安全阀
至氢气干燥器入口
来自氢气干燥器入口
#1供氢母管
#2供氢母管
电加热器
减压器(B)
至#2机
至#3机
二氧化碳瓶
CO2

图19-3 CO_2流程图

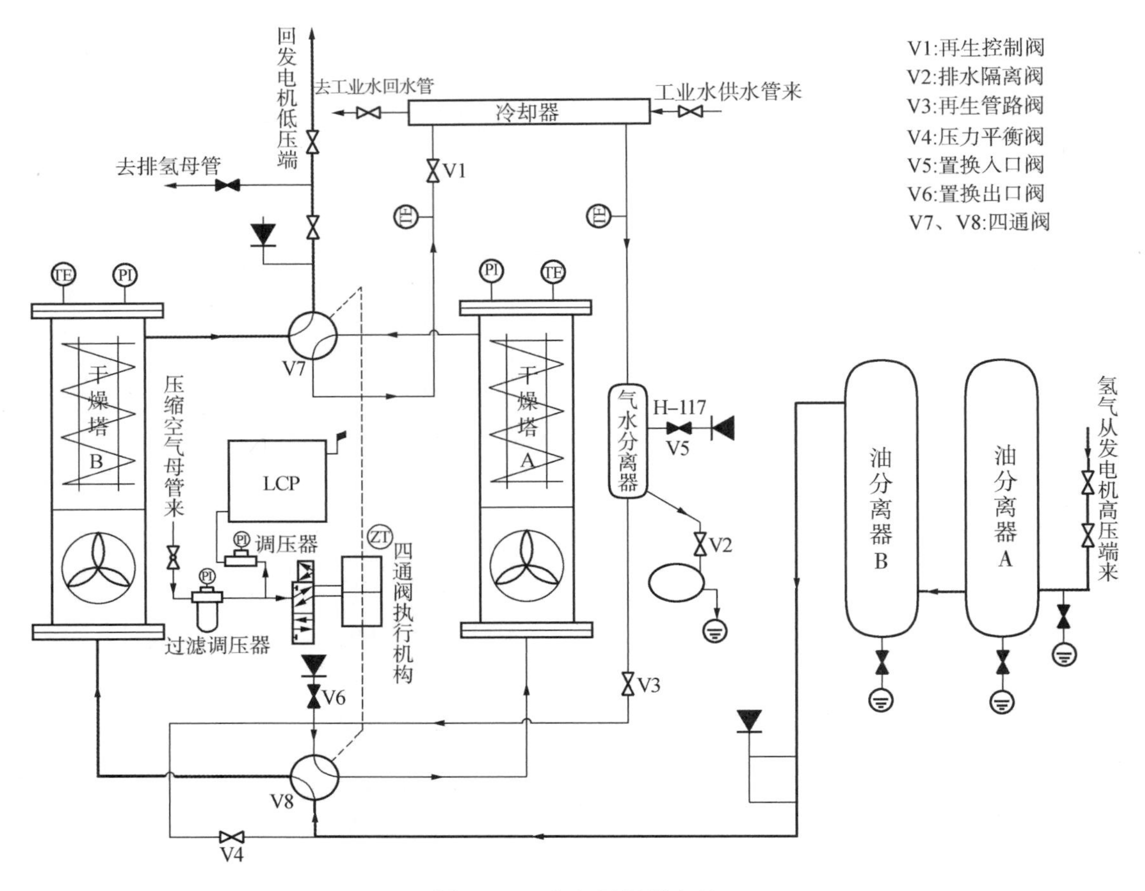

图 19－4　氢气干燥器流程

(四) 氢气检测监视回路流程

如图 19－5 所示，氢气检测监视回路流程如下：

发电机内部高压区 → 氢气纯度仪入口母管 → 氢气纯度仪、压力表、露点检测仪 → 发电机内部低压区。

发电机内氢气压力、纯度、温度和湿度是必须进行监视的运行参数，氢气系统中针对各运行参数设置有不同的专用表计，用以现场监测，超限时发出报警信号。

设置有漏氢检测装置，用于连续自动检测发电机氢、油系统中各取样点处的氢含量，一旦氢含量超限，则发出报警信号。通常系统设置六处漏氢测点，发电机封闭母线箱 A、B、C 三相及中性侧各设 1 点，汽、励端轴承回油各设 1 点。

另外，还设置发电机漏液探测装置，如果发电机内部漏进油或水，油水将流入漏液探测装置内，当探测器内油水积聚液位上升到设定位置，将发出报警信号。出现报警后，运行人员务必第一时间到现场打开漏液探测装置底部排污阀排污，以确定液体性质，以此判断泄漏情况。

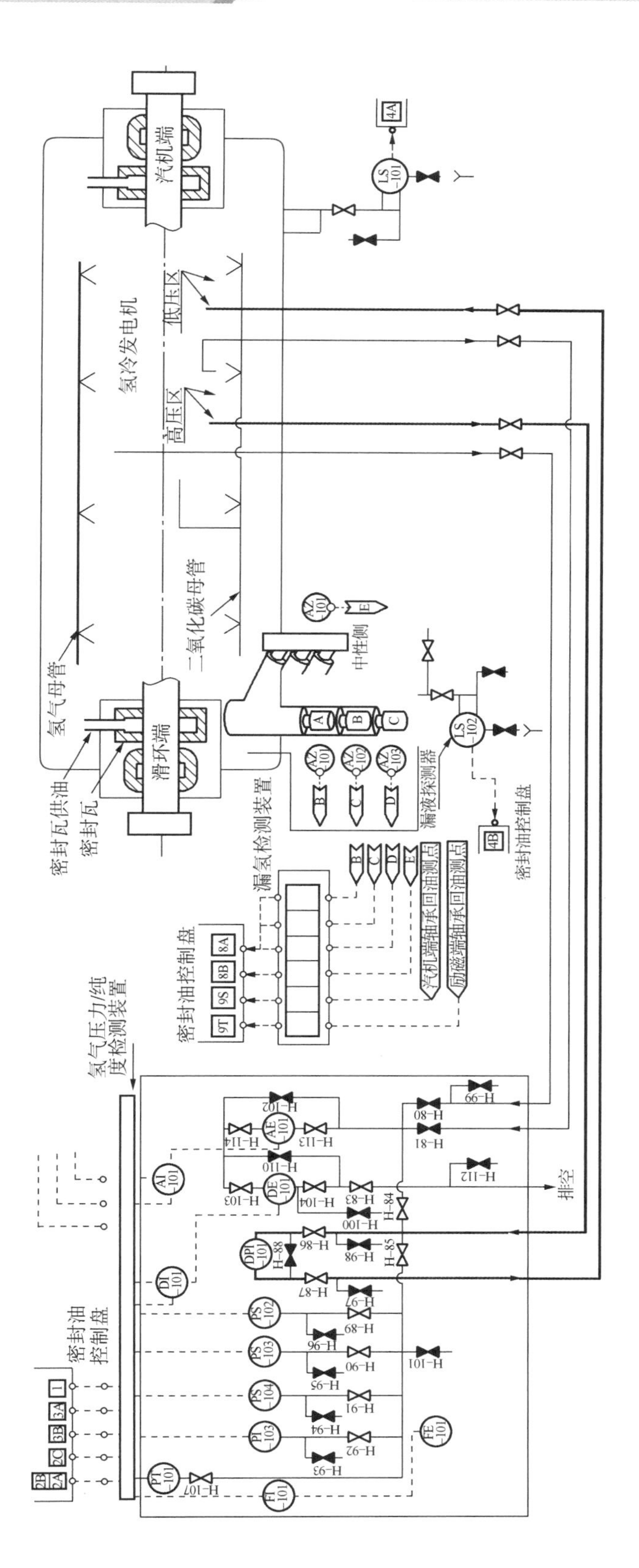

图19-5 氢气检测监视回路流程

三、系统主要设备

(一)氢气供应装置

氢气供应装置有控制地向发电机内供给氢气，并保持发电机内氢气在正常范围内。

如图 19-6 所示，氢气供应装置设置 1 个氢气进口总阀、1 个氢气过滤器、2 个氢气减压器、1 个安全阀、1 个氢气供气旁路阀和 1 个氢气出口总阀。通常，氢气来自制氢站，通过两个供氢母管输送到氢气供应装置入口。供氢压力应限制在 0.6 ~ 1.0MPa 范围内，再经减压器调至所需压力后送入发电机。

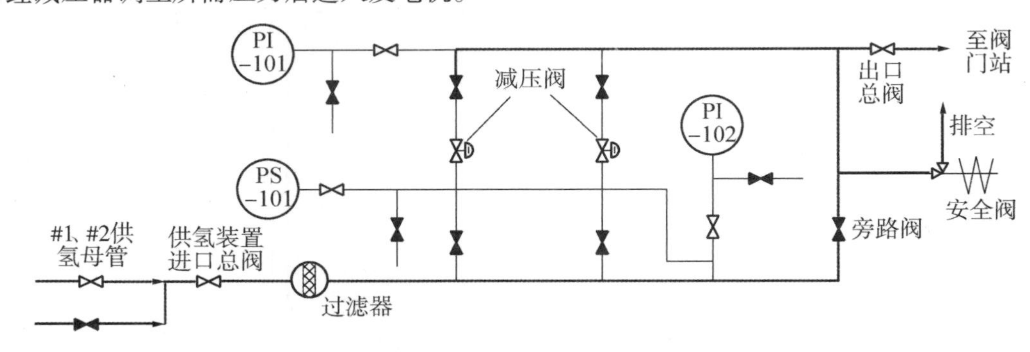

图 19-6　氢气供应装置

减压器进口压力(即供氢母管供应压力)一般不能低于 0.6MPa，且不高于 1.0 MPa；出口压力可人为设定(手动操作顶丝)，降至所需压力后，自动保持。对于两班制运行的燃气轮机组，每日起停，可以在每日启机前通过操作氢气供气旁路阀来进行手动补氢操作，正常运行时则关闭供氢总阀以及出口总阀，以降低发电机运行期间氢压波动的风险。经过运行验证，基本每日进行一次补氢操作即可满足氢压需求。

安全阀的开启和回座压力取决于内装弹簧的松紧程度。设备出厂前已将该安全阀调整至压力升到 0.65 ~ 0.7MPa 时开启，压力回落至 0.4MPa 之前回座并关严。

氢气供应装置以及氢气系统中所使用的氢气阀门，均是采用波纹管焊接式截止阀。这种阀门的阀芯与阀座之间采用的是软密封垫结构，其优点是密封性能好。

氢气供应装置上还设置有压力监测表计，其中压力开关用于供氢压力偏低时发报警信号，普通型压力表用来监测减压器进出口的氢气压力。

(二)阀门站

如图 19-7 所示，阀门站是由数个气体阀门和连接管道集中组合装配而成的，是发电机内进出氢气、CO_2 气体和空气的必经之路。其上的氢气进口接自氢气供应装置，氢气出口通向发电机；其上的 CO_2 气体进口接自 CO_2 气体汇流排，CO_2 气体出口通向发电机；其上的排空口应与电厂的主排空管相接。

阀门站上的气体阀门也均采用波纹管焊接式截止阀。发电机正常运行时，只允许供氢总阀开启，其余阀门必须全部关闭；发电机需要进行气体置换时，由操作员手动操作这几个常闭阀门，使其各自按照发电机内气体进、出的需要处于开、关状态。

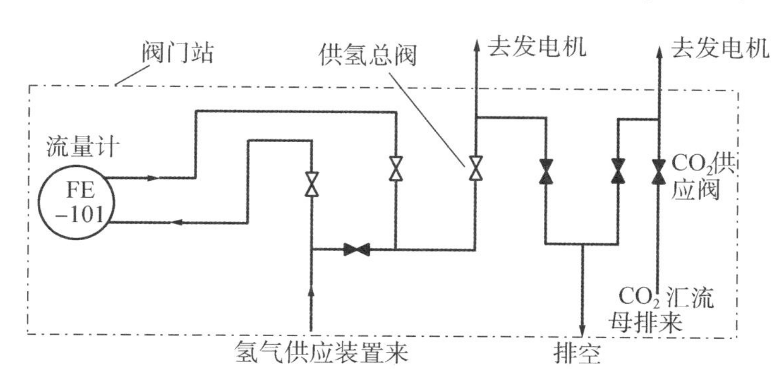

图 19-7 氢气阀门站

(三) CO_2 气体汇流排

CO_2 气体汇流排在发电机需要进行气体置换时投入使用，通过控制阀门站 CO_2 供应阀以及氢气排放阀的开度来调节发电机内部气压(通常情况下，在整个置换过程中发电机内气压保持在 0.02～0.03 MPa 之间)。

如图 19-8 所示，CO_2 气体汇流排上设置有回形导管(用于连接气瓶与汇流总管)、直角阀、高压截止阀、减压器(两级减压器)、低压截止阀。该汇流排进口设计压力为 15MPa，出口压力可降至不大于 1.0 MPa。

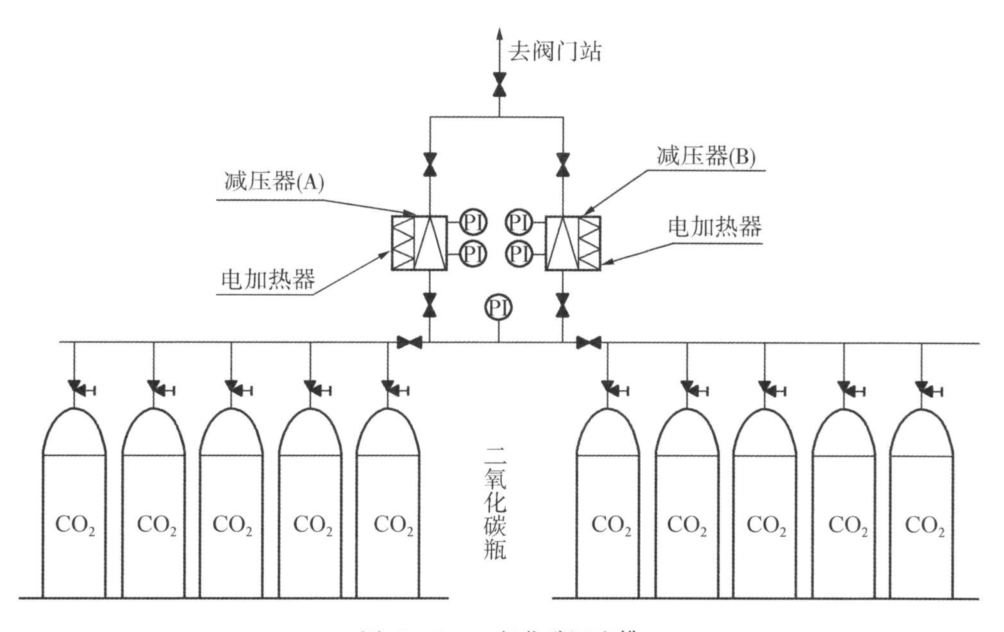

图 19-8 二氧化碳汇流排

瓶装 CO_2 一般呈高压液态，必须经 CO_2 气体汇流排释放气化。而液态 CO_2 从气瓶中释放气化，必然大量吸热，致使管道及其减压器等冻结，释放速度因而受到限制。此汇流排的减压器上带有电加热器，投入后可避免减压器结冻。注意：只允许向发电机内充 CO_2 气体期间投入该电加热器，一旦停止充 CO_2 气体，应立即断电，以避免没有气体流通导致高热烧损加热器。

(四)氢气干燥装置

如图 19-4 所示，氢气干燥装置采用吸附式。它对氢气进行干燥处理的基本原理是利用活性氧化铝的吸收性能。活性氧化铝是一种固态干燥剂，高疏松度的活性氧化铝具有非常大的表面积和强吸湿能力。湿度高的氢气通过填满活性氧化铝的吸收塔后，氢气中的湿气将被活性氧化铝吸收。当活性氧化铝吸收水分达到饱和后，可通过加热来清除自身的水蒸气，得到“再生”，从而恢复它的吸收能力，且活性氧化铝的性能和效率并不受重复再生的影响。

该型氢气干燥装置有两个吸收塔，其中一个吸收塔处于吸湿过程时，另一个则处于再生过程，所以干燥器能够连续工作。双塔之间由工作到再生，又由再生到工作的转换及循环往复是一个完全自动控制的过程，由该装置自带的控制器完成。

为防止氢气中的含油杂质或液体直接进入吸附式氢气干燥器设备中，影响设备的干燥效果，该型氢气干燥装置还专门配有一台油气分离器，让氢气在进入吸收塔前先通过油气分离器，滤除液体杂质及油烟，保证氢气的洁净。该型氢气干燥器是一个完全自动的、具有双塔而且可以连续操作的氢气干燥系统。吸湿气流是利用在内部吹向吸收容器的风机来帮助解决的，它的工作循环时间是 8h 的吸湿和 8h 的再生，再生过程又包括 4h 的加热和 4h 的冷却。加热：B 塔吸湿，A 塔加热，A 塔内被加热的干燥剂所蒸发的水蒸气经过冷却器及分离器，把冷凝出的水从排水隔离阀 V2 中排出。冷却：4h 以后，即 B 塔吸湿，A 塔冷却，此时 A 塔加热器断电，气流继续经过 A 塔去冷却干燥剂，冷却 4h 后，两个塔交换工作状态，A 塔吸湿，B 塔再生，这种循环将持续下去。

下面再对吸湿过程和再生过程进行说明(假设塔 B 处于吸湿过程，塔 A 处于再生过程)。

吸湿过程：湿氢气从发电机高压端出来，流经油分离器。通过干燥器底部的入口四通阀 V8，氢气气流到 B 吸收塔的底部，在内部风机帮助下给氢气施加压力，使其通过干燥剂脱掉水分，干燥的氢气通过上部的出口四通阀 V7 回到发电机低压端。

再生过程：通过 A 吸收塔内部风机，氢气被加压使其上升通过正在被加热器加热的干燥剂，带走干燥剂中因加热而汽化成水蒸气的束缚水分，使湿的气流通过再生控制阀 V1，暖湿的氢气流继续通过温度低于 38℃ 的冷却器，水分开始冷聚。一种离心型气水分离器把水从氢气中分离出来，水经排水隔离阀 V2 排走，冷却的氢气继续通过底部的入口四通阀 V8，再返回进入容器的底部，加热过程在那里又重新开始。

在正常操作状态下，排水隔离阀 V2、再生管路阀 V3、压力平衡阀 V4 是打开的，置换入口阀 V5 和置换出口阀 V6 是关闭的，而再生控制阀 V1 是部分关闭的。

压力平衡阀 V4 与四通阀连通保证两塔在切换前压力为管道压力。四通阀 V7 、V8 是四通的气动开关阀门，由氢气干燥装置控制，切换 A、B 干燥塔工作状态。

(五)漏液探测装置

发电机漏液探测装置配置有 2 只油水探测报警器，分别接至发电机汽、励两端机座底部及出线盒排液接口。如果发电机内部漏进油或水，油水将流入报警器内。报警器内设置有一只浮子，浮子上端载有永久磁钢，探测报警器上部设有磁性开关。当探测报警器内油水积聚液位上升时，浮子随之上升，永久磁钢随之吸合，磁性开关接通报警装置，运行人员接到报警信号后，即可手动操作报警器底部的排污阀进行排污。

(六)氢气压力/纯度检测装置

如图19－9所示，氢气压力/纯度检测装置能连续自动测量、指示发电机在运行工况下的机内氢气纯度、压力、露点、补氢流量，并可输出报警信号和监控信号，还能对发电机的气体置换进行全过程的在线监测。

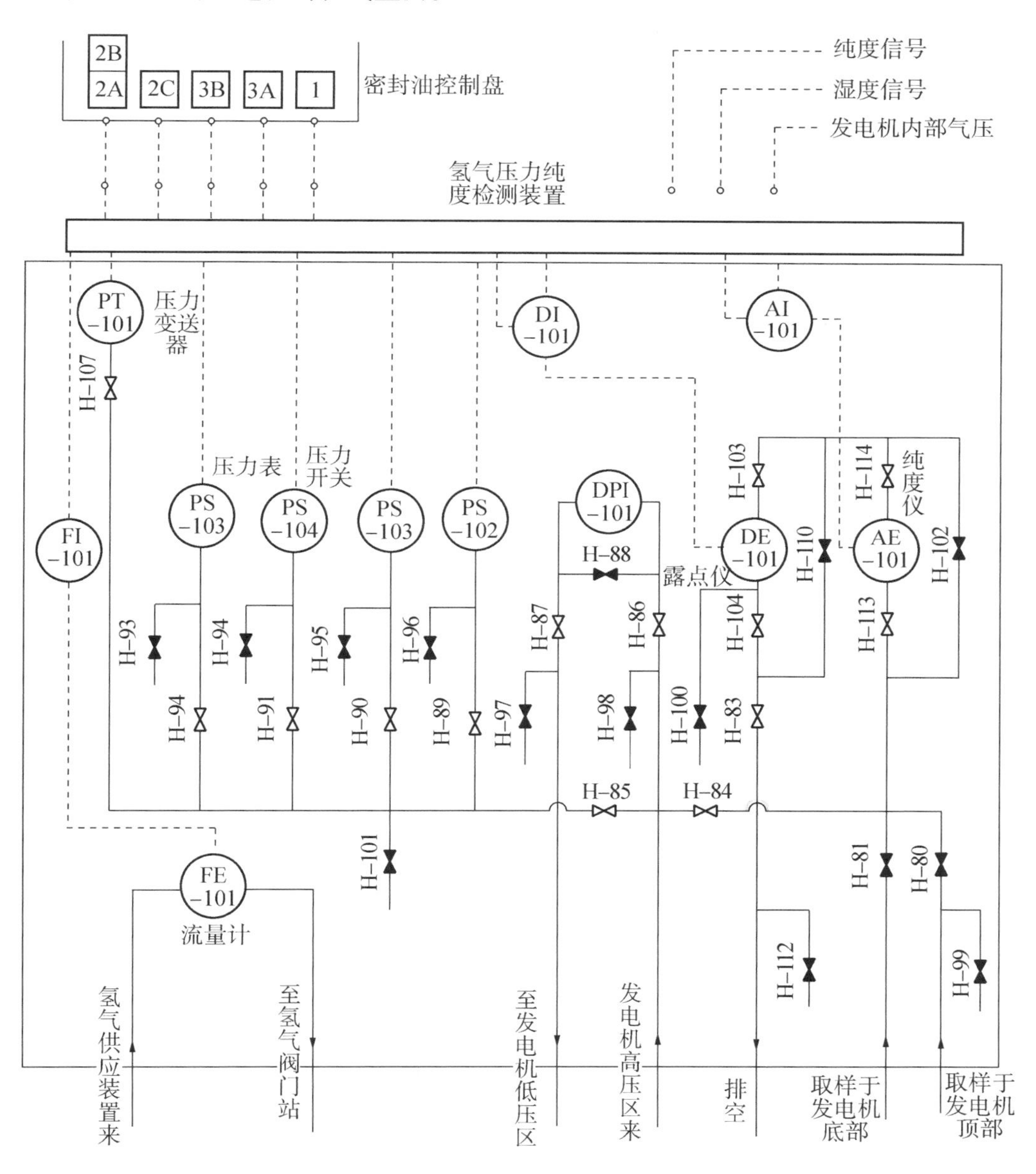

图19－9 氢气压力/纯度检测装置

该装置内装设三范围气体成分在线分析仪及就地指示仪表。在气体置换期间，用以分析并指示发电机壳内气体置换过程排出气体中 CO_2 或 H_2 的含量（测量 CO_2 在空气中的含量：0～100%；及测量 H_2 在 CO_2 中的含量：0～100%）；气体置换完成后，用以分析并指示发电机壳内氢气纯度（测量 H_2 在空气中的含量：85%～100%）。除了有就地氢气纯度指示外，还可送出信号用于远方监测。该装置上还装设有氢气压力表、氢气压力开关和变送器、氢气露点仪以及氢气流量计等监测仪表，对氢气压力、露点和进氢流量等提供就地指示。另外，对于氢气压力和氢气露点还可送出信号用于远方监测。

（七）漏氢检测装置

漏氢检测装置能连续自动检测发电机氢、油系统中各取样点处的氢含量，一旦氢含量超限（>1000ppm），则发出报警信号，运行人员接到报警信号后，应检查报警是否属实，必要时对发电机进行找漏。

发电机氢气系统设置六处漏氢测点，发电机封闭母线箱 A、B、C 三相及中性侧各设 1 点，汽、励端轴承回油各设 1 点。

四、系统运行维护

（一）关于发电机的气体置换

二氧化碳气体被用作发电机充氢和排氢过程中的中间介质，以避免空气和氢气直接接触而形成爆炸浓度的混合气体。采用氢气和二氧化碳汇流母管的方式，将不同气体之间的混合降低到最低，以确保气体置换过程的安全和高效。

当发电机轴密封压力已经建立，且发电机轴系处于静止或盘车状态时（盘车状态下气体置换耗气量将大幅增加），可进行气体置换。向发电机内引入二氧化碳之前，下列准备工作应提前完成。

（1）氢气和密封油系统报警单元的校验合格。

（2）发电机气密性试验合格。

（3）密封油系统投运正常，油气差压维持在 0.06MPa 左右。

（4）发电机氢气系统各仪表校验合格，投入正常。

（5）准备充足的氢气和二氧化碳用量。

发电机需充氢时，先用二氧化碳驱赶发电机内的空气。二氧化碳经过发电机内底部的二氧化碳汇流母管进入机内下部，空气则被赶到发电机内上部经顶部的氢气汇流母管排出。待机内二氧化碳含量超过 85% 以后，即可引入氢气驱赶二氧化碳，氢气经发电机内顶部的氢气汇流母管进入机内，二氧化碳则被赶到电机内下部经底部的二氧化碳汇流母管排出，直至氢气含量稳定大于 96%。这一过程保持机内气压在 0.02～0.03MPa 之间。

同样，发电机需排氢时，先将机内氢压降至0.02～0.03MPa之间，再用二氧化碳驱赶发电机内的氢气，待二氧化碳含量超过95%以后，即可引入压缩空气驱赶二氧化碳，直至二氧化碳含量少于5%以后，才可终止向发电机内送压缩空气，这一过程也应保持机内气压在0.02～0.03MPa之间。

发电机气体置换耗气量估计值如表19－1所示。

表19－1 气体置换耗气量估计值

所需气体种类	置换操作内容	耗用气体数量
CO_2	用 CO_2 驱赶发电机内空气 （机内 CO_2 浓度应达到85%）	1.0V
H_2	用 H_2 驱赶发电机内 CO_2 （机内 H_2 浓度应达到96%）	2.0V
H_2	发电机内氢压至额定氢压(0.4MPa)	4.2V
CO_2	用 CO_2 驱赶发电机内 H_2 （机内 CO_2 浓度应达到96%）	1.5V
CO_2	在紧急情况下（发电机处于高速工况）用 CO_2 驱赶发电机内 H_2 （机内 CO_2 浓度应达到96%）	2.0V

注：V＝发电机充氢容积120Nm^3。

在整个置换过程中，应密切注意油氢差压和发电机漏液探测装置，防止漏氢或发电机内进油。

气体置换过程中，在每次置换结束后，都要在以下几处死区位置进行适当的排放，以保证完全置换到位。

(1)氢气干燥装置排空管路上的阀门，应手动操作排放，排放完毕应关严这些阀门之后操作人员才能离开。

(2)发电机漏液探测器、氢侧回油漏液探测器底部排污门也应手动操作排放，排放完毕应关严这些阀门之后操作人员才能离开。

(二)投运系统

如图19－10所示，发电机氢气系统阀门状态为机组正常运行时的状态（黑色阀门代表常关、灰色阀门代表常开），以此为基础，介绍发电机氢气系统投退过程。

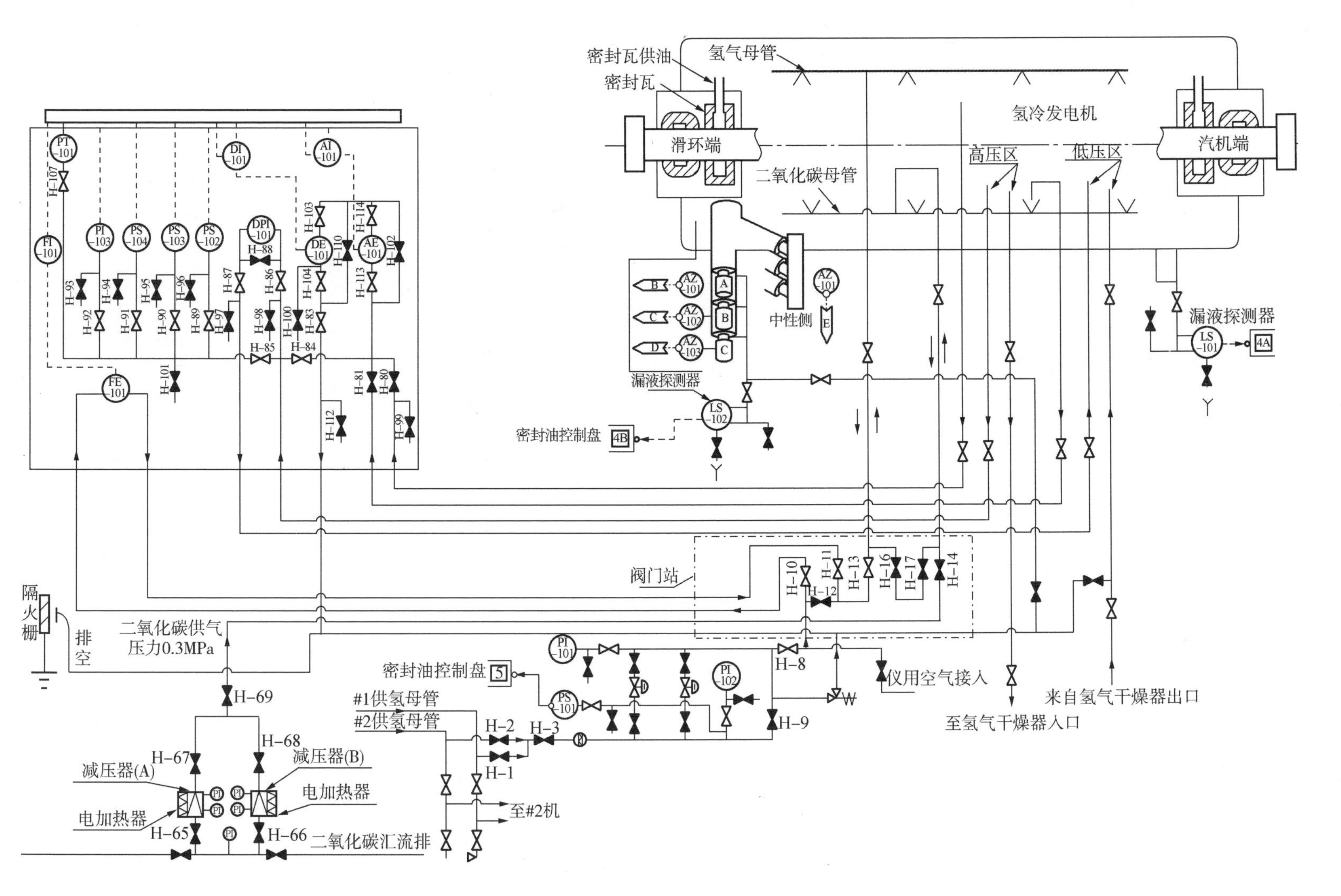

密封瓦供油
密封瓦
氢气母管
氢冷发电机
滑环端
汽机端
高压区
低压区
二氧化碳母管
中性侧
漏液探测器
4A
漏液探测器
密封油控制盘
4B
阀门站
隔火栅
排空
二氧化碳供气
压力0.3MPa
密封油控制盘
5
仪用空气接入
来自氢气干燥器出口
至氢气干燥器入口
#1供氢母管
#2供氢母管
至#2机
减压器(A)
电加热器
减压器(B)
电加热器
二氧化碳汇流排

图19-10 氢气置换图

1. 用二氧化碳置换发电机内空气

(1)首先检查三范围气体纯度表是否显示为“Air - 100%”。

(2)关闭氢气压力/纯度检测装置中湿度传感器进、出口阀门 H - 103、H - 104,再开启氢气压力/纯度检测装置发电机氢气低位取样 H - 81、氢气压力/纯度检测装置中湿度传感器旁路阀 H - 110,微小开启氢气排放阀 H - 112。

(3)关闭氢气供应装置上进氢阀 H - 3。

(4)开启阀门站上二氧化碳进口阀 H - 14、排空阀 H - 16 和进氢旁路阀 H - 12。

(5)再开启二氧化碳汇流排上减压器进出口截止阀 H - 65,H - 66,H - 67,H - 68 和 H - 69。

(6)上述操作完成后,即可开启二氧化碳瓶出口阀,从气瓶引入 CO_2 至发电机。此过程中,应将二氧化碳汇流排减压器(CR - A 和 CR - B)出口压力调整在 0.1MPa,并对排空阀 H - 112 和排空阀 H - 16 的开度进行控制,以维持发电机内的气压保持在 0.02 ~ 0.03MPa 之间。

(7)随着 CO_2 不断引入发电机,应检查三范围气体纯度表的显示是否已转换为“CO_2 - 100%”,当确认已转换后,应开启氢气压力/纯度检测装置的取样阀 H - 80(接自发电机内顶部),且关闭取样阀 H - 81(接自发电机内底部)。再次检查三范围气体纯度表显示是否恢复到“Air - 100%”。

(8)此时应监测机内 CO_2 浓度(二氧化碳在空气中的含量),并与取样化验结果相比较(取样化验接口阀 H - 101),当机内 CO_2 含量超过 85% 以后,可停止引入 CO_2(发电机内 CO_2 浓度接近 85% 时,对氢气干燥器及漏液探测器进行适当的排放)。

(9)先关闭二氧化碳瓶出口阀 H - 70 至 H - 79,以及二氧化碳汇流排减压器进出口截止阀 H - 65 至 H - 69,再关闭阀门站上二氧化碳进口阀 H - 14、排空阀 H - 16 和进氢旁路阀 H - 12。

2. 用氢气置换发电机内二氧化碳

(1)在氢气压力/纯度检测装置中,保持阀 H - 80、H - 112、H - 110 在开启状态。

(2)开启阀门站上排空阀 H - 17。

(3)开启氢气供应装置上进氢阀 H - 3。

(4)上述操作完成后,即可从制氢站引入氢气至发电机。此过程中,通过控制氢气供应装置上旁路阀 H - 9,同时控制阀门站上阀 H - 17 开度,以维持发电机内的气压保持在 0.02 ~ 0.03MPa 之间。

(5)随着氢气不断引入发电机,应检查三范围气体纯度表的显示是否已转换为“H_2 - 100%”,当确认已转换后,应开启氢气压力/纯度检测装置的取样阀 H - 81(接自发电机内底部),且关闭取样阀 H - 80(接自发电机内顶部)。再次检查三范围气体纯度表显示是否恢复到“CO_2 - 100%”。

(6)此后应监测机内氢气纯度(氢气在空气中的含量),并与取样化验结果相比较(取样化验接口阀 H - 101),当机内氢气纯度达到 96% 以后,关闭氢气供应装置进氢阀 H - 3,停止充氢,且关闭阀门站排空阀 H - 17。对氢气干燥器及漏液探测器进行适当的排放。

(7)持续监测机内氢气纯度 5 ~ 10min。若氢气纯度下降,则继续充氢进行置换,直至氢气纯度再次达到96%。若氢气纯度能够保持不变，则关闭排空阀 H-17 和进氢阀 H-3，氢气供应装置上旁路阀 H-9。

(8)检查阀门站上排空阀 H-17、H-16 和 H-14 是否关严；关闭氢气压力/纯度检测装置中取样阀 H-81，并保持 H-80 关闭状态；关严湿度传感器旁路阀 H-110；关严排空阀 H-102；开启湿度传感器前后截止阀 H-103、H-104。

3. 升氢压

(1)检查供氢压力正常，开启氢气供应装置进氢阀 H-3，调整供氢压力大于发电机内氢压，通过氢气供应装置上旁路阀 H-9，缓慢升高发电机机内氢气压力至所需压力。

(2)关闭进氢旁路阀 H-9，关闭氢气供应装置进氢阀 H-3。

4. 氢气干燥器投入

发电机内置换成合格的氢气，氢气干燥器系统排空完毕后，干燥器各阀门位置正常，冷却水及压缩空气已正常投入，则就地投运氢气干燥器，检查运行正常。

5. 氢气冷却器的投运

发电机升压完毕后，给氢冷器注水排空，排空完毕后投入氢气冷却器运行。投入氢气冷却器工业水时，注意控制工业水进水调整阀，保证工业水压力低于发电机内氢压 0.05 MPa。

(三)系统运行监视与维护

1. 氢气系统的运行监视

发电机正常运行中，机内氢压保持在 0.4MPa 左右，高于 0.435MPa 或低于 0.385MPa 发生报警。氢压高时，手动缓慢地开启排放阀排去部分氢气，降氢压至正常值。氢压过低时应及时向发电机补氢。在氢压不能维持时，允许降低氢压运行，根据氢压调整发电机出力，按表 19-2 调整。

表 19-2 氢压与发电机允许出力对应表

氢压/MPa	0.4	0.3	0.2
容量/MKA	额定	89%额定	77%额定

发电机计算及测定效率时的氢气纯度为98%，当机内氢气纯度≥95%时，发电机可发额定功率。发电机正常运行中机内氢气纯度维持在96%以上，低于96%时应进行机内氢气排补，提高机内氢气纯度至98%以上。

发电机正常运行时，为使氢气系统正常运行，必须保持密封油系统正常运行，密封油压力恒定大于机内氢压 60kPa。

发电机正常运行时，两组氢冷却器均应投入。当一组冷却器故障时，在额定 H_2 压力、额定功率因素下，发电机出力可达 67%。检查氢气冷却器出口冷氢温度：42.2℃(保证点)，33.3℃(冬季工况)，44.9℃(夏季工况)；氢气冷却器进口热氢温度：小于 80℃。检查氢气冷却器进水温度低于 38℃，压力在 0.3MPa 左右。

检查发电机的制氢站氢气充足，氢气纯度不低于 99.5%，露点≤-25℃。发电机总容积为 120m^3，氢气损耗量应小于 14 Nm^3/天。计算每天因氢压下降的补氢量，如过大，应进行查漏。

检查发电机液位检测计显示均应为 0mm，当液位检测计有液位显示时，应进行排油并查明原因，排油时，注意防止氢气大量外漏。

氢气干燥器巡检时注意检查：

(1)工作压力同发电机内氢压。

(2)入口温度 47℃。

(3)入口露点温度(工作压力)10℃。

(4)出口露点温度(工作压力) -40℃。

(5)再生塔内温度 163℃ ±28℃(设定数值 204 ℃)。

(6)再生塔出口蒸汽温度 82℃ ±11℃。

(7)冷却后再生管路氢气温度 < 38℃。

(8)仪用压缩空气供气压力 0.5 ~0.8MPa。

2. 发电机运行中补排氢

如发电机内氢气不合格或者氢气纯度低后，应该立即进行排补。排补氢时，应控制好补氢旁路门和氢气排氢门开度，使补氢量尽量等于排氢量。氢气排大气门开启不应过大，以免排氢量过大，流速过快，而与管道磨擦发热。

(1)检查并操作氢气系统下列阀门开：H-1 或 H-2、H-3、H-9、H-10、H-11、H-13、H-20、H-21。检查下列阀门关：H-8、H-12、H-14、H-16、H-17。

(2)关闭氢气系统取样阀 H-85。打开氢气系统 H-8，检查仪表盘补氢流量计有数值显示，即已向发电机补氢。

(3)微开氢气系统 CO_2 排气阀 H-17，维持发电机内气体压力。

(4)打开氢气系统 H-102。监视机氢气压力正常，油氢差压正常。

(5)排补至机统发电机氢气纯度到 98% 以上，操作下阀门。

(6)关闭 CO_2 排气阀 H-17。关氢气系统 H-8，检查仪表盘补氢流量计显示数值为 0。关氢气系统 H-102。开氢气系统 H-85。

(7)检查氢气纯度到 98% 以上。

3. 氢气泄漏测算

氢气泄漏的测量有两种方法，发电机漏氢量 L_1 <14Nm^3/天为合格。

氢气泄漏测量方案一：

$$L_1 = V(T_0/P_0)(24/\Delta t)\{[(P_1 + B_1)/(t_1 + 273)] - [(P_2 + B_2)/(t_2 + 273)]\}$$

其中，L_1 为气体泄漏量换算到给定状态(P_0 =0.1MPa，t_0 =20℃)下的值 m^3；T_0 为给定状态下大气绝对温度，$T_0 = 273 + t_0 = 293$K；P_0 为给定状态下大气绝对压力，P_0 =0.1MPa；Δt 为试验连续进行的时间，单位：h；P_1 为试验开始时机内气体压力(表压)，单位：MPa；P_2 为试验结束时机内气体压力(表压)，单位：MPa；B_1 为试验开始时当地大气绝对压力，单位：MPa；B_2 为试验结束时当地大气绝对压力，单位：MPa；t_1 为试验开始时机内气体的平均温度，单位:℃；t_2 为试验结束时机内气体的平均温度，单位:℃；V 为发电机的充气容积为，V =120m^3。

注意事项：

（1）检测开始之前应做好相应的系统准备工作。首先应确认系统所有排放阀门已关严。此外，由于氢气系统中设有自动补氢的减压器，只要发电机内氢压低于额定值，减压器就开启自动向机内补充氢气（前提是减压器无故障且氢气源正常），因此，漏氢检测试验开始之前必须先关闭氢气减压器的出口阀 H－8，以确保试验的准确性。

（2）在发电机运行工况下做该项检测时，应在检测过程中随时注意发电机内氢压变化情况，以便及时采取应对措施。

氢气泄漏测量方案二：

通过氢气流量计直接测量24h内发电机的补氢量，即可得出每日漏氢量。发电机进氢流量计安装在“氢气压力/纯度检测装置”上。该流量计可累积测量发电机的补氢量（从表计上可直接读出测量值），由此可方便地得出每日的漏氢量。同样要注意，检测开始之前应做好相应的系统准备工作。首先应确认系统所有排放阀门已关严；其次应检查阀门站上相应阀门的开关状态，氢流量计进出口阀 H－10 和 H－11 应全开，氢流量计旁路阀 H－12 应全关。

可分别采用上述两种方法来检测发电机的漏氢量，并比较两种测量的结果，可重复多次进行测量，以获得较为准确的检测结果。

4. 发电机气密性试验

发电机大、小修之后，或者发电机置换成氢气之前，应对发电机进行仪用压缩空气的气密性试验（风压试验），检查计算发电机漏氢量及发电机氢气系统是否存在明显漏点，以保证机组运行时设备状态正常。发电机气密性试验的范围是发电机本体内部及供氢母管进口门后的所有氢气管道及二氧化碳管道。

试验应具备条件：发电机、密封油系统、氢气冷却系统的设备检修工作全部结束，现场已清理，系统恢复正常；汽轮发电机转子处于静止状态。热工仪表均已校验正确，自动控制系统能正常投入；氢气和二氧化碳供应系统与发电机已完全隔离（加堵板）；压缩空气系统能提供合格的压缩空气，压缩空气应进行净化处理，除去油雾、水雾和杂物，保证空气干燥清洁，其相对湿度不应大于50%；定子绕组内压力处于大气压力。

试验步骤：

（1）发电机气密性试验的压缩空气，应采用干燥清洁的仪用压缩空气。压缩空气由阀门站的仪用压缩空气接口进入。

（2）氢气管道进口处加装堵板，打开阀门站二氧化碳进口阀 H－14。将二氧化碳排空阀 H－17 打开，以便充气时排尽发电机壳体及管道内的空气。

（3）打开阀门站仪用压缩空气进口阀 H－15、H－12 向发电机内充入干燥的压缩空气，并把发电机内部的空气驱除。

（4）关闭二氧化碳排空门 H－17，不断通入干燥的压缩空气直到氢气供应装置上的氢气系统压力表读数为0.2MPa，关闭阀门站仪用压缩空气进口阀 H－15。

（5）用洗洁精勾兑的检查液检查所有焊口、法兰、阀门、接头等处是否有漏气。

（6）开启阀门站仪用压缩空气进口门 H－15 继续通入压缩空气，直到氢气系统压力为0.4MPa。

（7）待发电机内部气压稳定2h后，确定无漏后做好记录，开始计时做24h的发电机严密性试验。保压24h，发电机系统内气体压力，温度、环境温度及大气压力每隔1h记录一次。

合格判断标准：

(1)试验过程中，如果密封油系统真空泵没有运行，则将所得数据用上面漏氢量公式进行计算。计算出24 h的泄漏量 L_1 不大于 $4.3m^3/d$，则试验合格，否则延时重做并查找原因。

(2)试验过程中，如果密封油系统真空泵在运行，则按下式计算出气体容入密封油的溶解量，再求算出泄漏量。

$Q_H = 1.44 \times P \times q \times V_0 (m^3/d)$

Q_H：溶解量

P：机内绝对压力（kg/cm^2）

q：氢侧密封油回油量(L/min，请参照密封油系统计算)

V_0：溶解率(%)，与密封油温度有关(可参考氢气空气在密封油中的溶解率对照表)

泄漏量 $L_2 = (L_1 - 0.5Q_H)$（m^3/d）

计算出24 h的泄漏量 L_2 不大于 $1m^3/d$，则试验合格，否则延时重做并查找原因。

(四)系统的停运

1. 发电机排氢

发电机有正常排氢和紧急排氢两种操作。

(1)当发电机系统有着火爆炸危险，符合紧急停运条件时，应进行紧急排氢，开启发电机氢气排放阀H-16，快速降低发电机氢压到0.03MPa，与此同时需将发电机紧急打闸解列。并快速用二氧化碳气体置换氢气。这是要注意密封油油氢差压调节正常，否则手动调节。

(2)正常排氢，应在盘车停运，发电机静止状态下进行。排氢前，防止氢冷器冷却水漏至发电机内，应先停运氢冷器，关闭氢冷器冷却水进口阀，并放水排空。排氢过程中严密监视密封油油压调节及油箱油位，否则手动调节。

2. 用二氧化碳置换发电机内氢气

(1)关闭氢气供应装置进氢阀H-3，关闭阀门站进氢阀H-10、H-11、H-13，并保持阀H-12在关闭状态。

(2)逐渐开启阀门站上排空阀H-16，排放发电机内氢气，并降压至接近0.03MPa。关闭排空阀H-16。

(3)开启氢气压力/纯度检测装置取样阀H-81(接自发电机内底部)。

(4)开启阀门站上 CO_2 进口阀H-14，再开启二氧化碳汇流排减压器(CR-A和CR-B)进出口截止阀H-65、H-66、H-67、H-68和H-69。

(5)上述操作完成后，即可开启气瓶出口阀H-70至H-79，从气瓶引入 CO_2 至发电机。此过程中，应将二氧化碳汇流排减压器(CR-A和CR-B)出口压力调整在0.3～0.5MPa，并控制排空阀H-16的开度，以使发电机内的气压保持在0.02～0.03MPa之间。

(6)微小开启氢气压力/纯度检测装置排空阀 H－112，并保持其余阀门开关状态不变。

(7)随着 CO_2 不断引入发电机，应检查三范围气体纯度表的显示是否已转换为“CO_2－100%”，当确认已转换后，应开启氢气压力/纯度检测装置的取样阀 H－80(接自发电机内顶部)，且关闭取样阀 H－81(接自发电机内底部)。再次检查三范围气体纯度表显示是否转换到“Air－100%”。

(8)此时应监测机内 CO_2 浓度(二氧化碳在空气中的含量)，并与取样化验结果相比较(取样化验接口阀 H－101)，当机内 CO_2 含量超过96%以后，可停止引入 CO_2(发电机内 CO_2 浓度接近96%时，对氢气干燥器及漏液探测器进行适当的排放)。

(9)关闭阀门站排空阀 H－16，关闭氢气压力/纯度检测装置排空阀 H－112。

(10)关闭气瓶出口阀 H－70 至 H－79，关闭二氧化碳汇流排上减压器(CR－A 和 CR－B)进出口截止阀 H－65 至 H－69，关闭阀门站上二氧化碳进口阀 H－14。

3. 用压缩空气驱赶发电机内 CO_2

(1)关严氢气供应装置上进氢阀 H－3，以及出口阀 H－8。

(2)检查并确认阀门站进氢阀 H－10、H－11、H－12、H－13，二氧化碳进口阀 H－14，以及排空阀 H－16 是否已经关闭，否则应关严。

(3)取下阀门站上活动接管，将临时接管“A”与阀 H－12 进口相接。

(4)开启阀门站进氢阀 H－12 和 H－13。

(5)再适当开启阀门站压缩空气进口阀 H－15，从压缩空气系统向发电机内引入压缩空气。在此过程中，应注意节流阀 H－15，控制进气速度，以免影响仪用压缩空气系统的供气压力。

(6)检查三范围气体纯度表的显示，若空气浓度开始增加，则开启氢气压力/纯度检测装置的取样阀 H－81(接自发电机内底部)，且关闭取样阀 H－80(接自发电机内顶部)。

(7)完全开启阀门站排空阀 H－16。

(8)当三范围气体纯度表的显示转换到“Air－100%”时，关闭压缩空气进口阀 H－15，停止向机内引入压缩空气。

4. 进入发电机前的注意事项

(1)打开发电机之前，应先打开漏液探测器的排污阀(H－44 和 H－45)，并确认机内气压已为零。

(2)打开发电机之后，应先使用便携式气体探测仪，对发电机内的 CO_2 或 O_2 气体的浓度进行探测。确认机内已不存在 CO_2 或 O_2 浓度合格，不含可燃气体，并对发电机供氢管路加装堵板后，方可允许人员进入机内工作。

(五)防止发电机氢气泄漏、爆炸的反措

(1)发电机在运行中，应保证密封油氢压差在规定范围内。要防止因密封油系统异常导致氢气自密封瓦处大量泄漏；要保持密封油系统运行正常，备用密封油泵在正常备用状态，严防密封油系统中断。

(2)发电机气体置换要严格按规程规定进行，及时化验，及时、正确排除死区内的气体。

(3)定期试验备用交直流密封油泵，保证其在异常情况下能及时、正常投入运行。

(4)操作氢气系统阀门应均匀缓慢，禁止剧烈地排送，以防因磨擦引起自燃。

(5)严密监视发电机内氢气纯度，化学按规定时间对制氢设备及发电机氢冷系统的氢气纯度进行检测，保证其在规定范围内。

(6)发电机为氢气运行时，应将补空气管路隔断，并加严密的堵板；当发电机置换为空气运行时，应将补氢管路隔断开，加装严密的堵板，防止阀门不严窜入空气或漏入氢气。

(7)严密监视发电机漏氢装置读数，防止发电机封闭母线内漏入氢气，造成氢气聚集而引起着火爆炸。若发现读数上升，应立即查找漏氢点，将漏点消除。

五、系统典型异常及处理

(一)发电机机内氢压降低或漏氢

可能原因：

(1)表计故障，测量不准确。

(2)密封油系统油压降低或者密封油中断。

(3)氢气系统中有泄漏。

处理措施：

(1)检查若是发电机氢气压力测点故障，则尽快修复测点。

(2)机内氢压下降，应立即到就地检查并补氢。

(3)如果密封油系统故障，应尽快恢复密封油系统正常运行，并补氢至正常压力。

(4)查找氢气系统和密封油系统泄漏的地方并及时消除泄漏，若漏氢量大且漏氢点不能马上消除时，则应降氢压，同时相应减负荷，降氢压后仍不能维持运行，应申请停机，排氢后处理。若密封油压低引起，则按密封油压低处理。

(5)补氢时，若供氢压力低，则联系制氢站提高供氢压力。

(6)发电机密封瓦损坏，发电机出线套管损坏，应迅速申请故障停机。

(7)如漏氢导致起火或爆炸，按发电机氢气起火或爆炸处理。

(二)发电机内氢气压力高

可能原因：

(1)氢气压力测点故障。

(2)发电机内氢气温度过高。

(3)补氢装置异常或者手动门有内漏。

处理措施：

(1)检查发电机氢气测点是否正常，若故障尽快修复测点。

(2)检查发电机线圈、绕组、冷氢温度是否过高，检查工业水系统运行是否正常，调整氢冷器工业水调门，直到温度恢复正常。

(3)检查供氢装置是否正常，关闭 H_2 压力调节器进口门，检查补氢旁路手动门是否关严，有无内漏。

(4)开启 CO_2 排放阀，待机内氢压降低至0.4MPa时，关闭排气阀。

(三)发电机内氢气纯度低

可能原因：

(1)氢气纯度测点故障。

(2)氢气干燥器故障，无法正常工作。

(3)密封油真空油箱真空过低或者真空油箱解列，无法正常分离水分。

处理措施：

(1)检查发电机氢气纯度测点是否正常，若故障尽快修复测点。检查氢气纯度分析器电源是否送上，若没有送上，送上电源。

(2)检查氢气干燥器是否工作正常，恢复氢气干燥器正常运行。检查干燥剂是否工作失效，若失效，更换干燥剂。

(3)发现机内氢气纯度低至96%时，应立即进行机内氢气排补，使机内氢气纯度>98%。

(4)检查密封油真空油箱真空是否正常，若不正常，检查真空泵是否工作正常，若真空泵工作不正常，应查明原因，及时处理并恢复真空泵正常运行。

(四)氢气纯度高

可能原因：纯度变送器系统故障。

处理措施：氢气纯度高表示纯度指示系统故障，应及时检修处理。

(五)氢气温度高

可能原因：

(1)氢气温度测点故障。

(2)发电机负荷过高。

(3)氢冷器冷却水水量不足、氢冷器顶部积存有空气。

(4)氢冷器冷却器工业水水温高。

处理措施：

(1)检查发电机氢气温度测点是否正常，若故障尽快修复测点。

(2)发电机冷氢温高时，应检查氢冷器的冷却水温度、压力是否正常，及时调整工业水水温及压力恢复正常。打开氢冷器顶部排空手动阀，将氢冷器顶部积存的空气排出，直至有连续工业水流出后关闭。若氢温上升至55℃，应按发电机有关规定处理。

(3)发电机热氢温高时，首先检查冷氢温度或无功负荷是否太高，并及时进行调整，如调整无效，应按发电机有关规定处理。

(4)若氢冷器工业水水量不足，检查氢冷器工业水电动门是否正常打开，调节氢冷器工业水进口调门，保证工业水正常供应。

(六)发电机漏液探测器液位高

可能原因：

(1)发电机漏液探测器测点故障。

(2)氢气冷却器有泄漏，工业水进入发电机。

(3)密封油排氢调节油箱回油不畅，或者密封油压力过高导致发电机内积聚有油。

处理措施：

(1)检查发电机漏液探测器测点是否正常，若故障尽快更换测点。

(2)发电机液位检测计内液位高时，应立即检查漏入的液体是水还是油。

(3)若漏油时，应先检查密封油油氢压差是否太高，若太高，调整至正常值。另外，还应检查密封油回油是否顺畅，检查密封油回油液位探测器中是否有积油，如有则应按密封油排氢调节油箱液位高事故处理。如油的泄漏是连续又无法消除，应申请停机处理。

(4)若漏水时，当水量比正常增加时，应检查发电机氢冷器冷却水温是否太低，使管壁结露所致，如属结露，应适当提高闭式冷却水温。如漏水量较多或有固定水流时，则可能是发电机氢冷器管子破裂，应尽快隔离泄露冷却器并撤出运行，机组相应减负荷运行，并注意监视发电机两侧的冷氢温度，最高冷氢温度保持在50℃以下。

(七)发电机氢气着火或者爆炸

(1)当发电机由于漏氢或在漏氢地点工作引起氢气着火时，应迅速设法阻止漏 H_2，用 CO_2 灭火。火焰扑灭后，应找出漏氢原因并消除。

(2)当发电机内发生爆炸时，应立即解列停机，紧急排氢，迅速降氢压，同时充入 CO_2 灭火。

(3)有必要紧急从发电机排气时，则打开排氢气阀，排氢的同时，打开 CO_2 进口阀及 CO_2 瓶阀，将 CO_2 充入机内，提高充入压力0.1～0.2MPa以便在尽可能短的时间内充入 CO_2。

第二十章

循环水系统

一、系统概述

循环水系统的功能是向凝汽器提供冷却水，冷却汽轮机低压缸排汽，以建立凝汽器的真空；向水－水交换器提供冷却水以冷却工业水；提供循环水泵的自身轴承润滑冷却水；当不启动冲洗水泵或冲洗水泵全部故障时，可提供旋转滤网的冲洗水。另外循环水还提供余热锅炉排污井的冷却用水。

循环水系统分为开式循环水系统和闭式循环水系统。开式循环水系统中，从江、河、湖泊、海洋等天然水体中取水作为循环冷却水，经凝汽器冷却汽轮机低压缸排汽后，再排入江、河、湖泊、海洋。闭式循环水系统中，冷却水直接在凝汽器工作后，进入冷却设备（冷却塔）降温后又回到凝汽器，如此在冷却设备（冷却塔）和凝汽器之间往复循环。各发电厂根据所处地水源不同而采用不同的循环水系统。离江、河、湖泊、海洋距离近的可采用开式循环水系统；当发电厂不靠近这些天然的大型水源地时，循环水一般采用地下水、自来水补水及远距离取水，用水费用相对较高，电厂可采用闭式循环水系统。本章以某电厂 3 台 M701F3 联合循环机组的循环水系统为例进行介绍。

二、系统流程

循环水系统主要包括公用的循环水母管部分和各机组用的机组循环水部分以及其他配套的设备系统。

（一）循环水母管系统

循环水母管系统如图 20－1 所示。海水经过平板钢闸门进入循环水泵的吸水水室，经过拦污栅拦截较大体积的垃圾后再经过旋转滤网进行进一步过滤处理，保证循环水泵吸人海水的清洁度。若循环水系统为母管制运行（循环水联络门开启），泵将循环水抽至母管，再由母管分别引至不同机组的凝汽器循环水进水管去冷却凝汽器；若系统为单元制运行（循环水联络门关闭），则每台机组的 2 台循环水泵将循环水直接抽至各相应机组的凝汽器循环水进水管去冷却凝汽器。不管循环水系统采用母管制运行还是单元制运行，循环水均要为水－水交换器提供冷却水来冷却工业水，即循环水至工业水冷却水母管电动门在开启位置。循环水泵全停时，则由冲洗水泵提供水－水交换器的冷却水；循环水系统全停后，循环水泵启动前出口蝶阀后管道的注水也是用冲洗水泵通过循环水至工业水冷却水母管电动门倒灌来实现的。

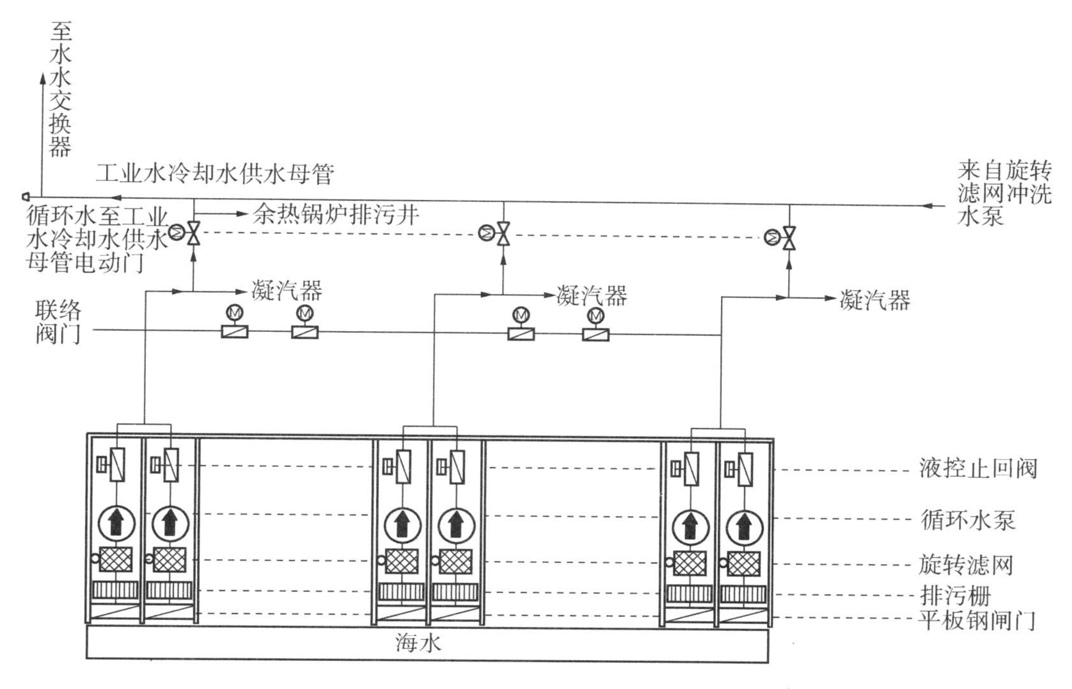

图 20－1 循环水母管系统图

(二)机组循环水系统

机组循环水系统主要由循环水进水母管，二次滤网，凝汽器 A、B 水室，胶球清洗装置，凝汽器循环水出水管及疏水排污组成。机组循环水系统如图 20－2 所示，机组循环水进水母管引自循泵房循环水母管，循环水通过进水母管经过二次滤网过滤后分别通过凝汽器 A、B 水室进水管进入凝汽器 A、B 水室进行冷却，冷却后的循环水分别通过 A、B 水室出水管道及出口阀门进入循环水出水母管后排入到虹吸井，从虹吸井溢出的海水将流回大海。三台机组的循环水出水管沟共用一座排水虹吸井。虹吸井的作用是保证凝汽器出水口到虹吸井之间的管道总是充满水，防止空气倒流入凝汽器钛管降低冷却效果。

二次滤网用于过滤和清除进入凝汽器循环水中的杂物，保证凝汽器等换热设备及胶球清洗装置的正常运行。正常运行状态下，二次滤网投远程自动方式，二次滤网根据其前后的压差或停运的时间进行自动启动；另外，二次滤网可切“就地”方式进行手动操作。

胶球清洗系统主要是为了对凝汽器钛管进行清洁。胶球泵将集球器里的胶球通过注球管注入 A、B 水室的进水管道，胶球跟随着循环水清洁钛管后进入 A、B 水室的循环水出水管，在出水管上装设有收球网，胶球进入收球网后再沿着管道回到集球器。

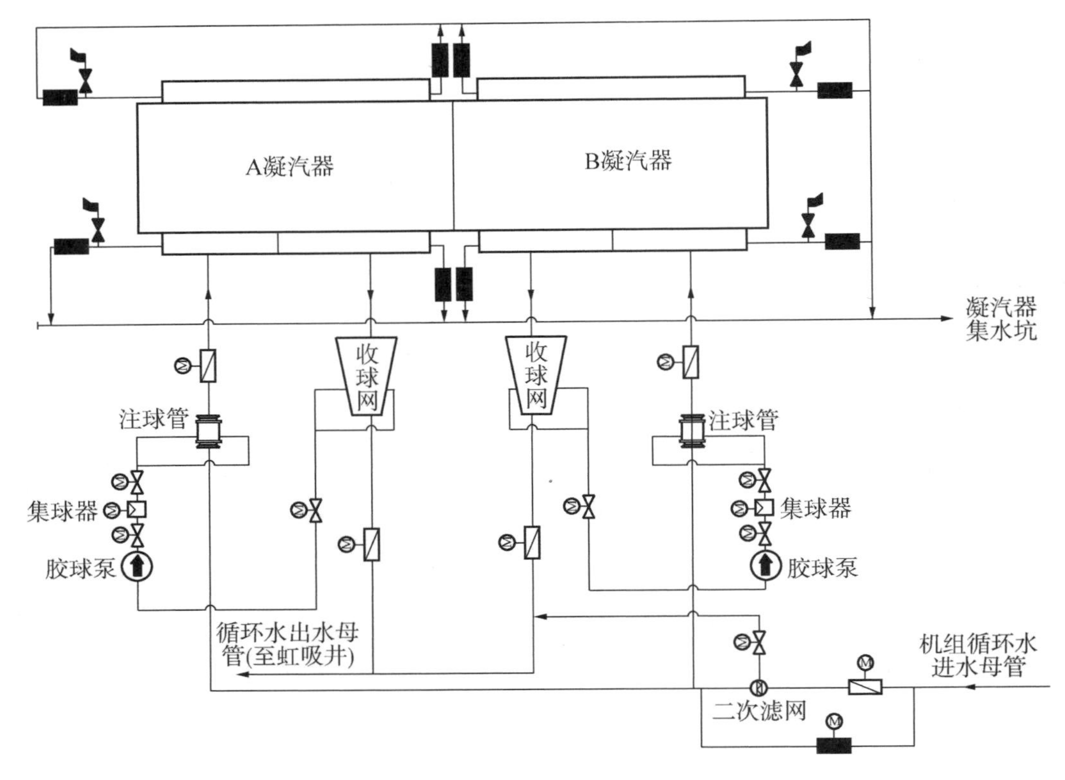

图 20－2　机组循环水系统图

(三)冲洗水系统

冲洗水泵设置在循环水泵房内，其主要作用是冲洗旋转滤网、清污机集污槽、旋转滤网集污槽，同时在循环水泵启动前及停运过程中提供循环水泵轴承润滑冷却水(循环水泵启动运行后，由循环水泵出口及冲洗水两路共同提供循环水泵轴承润滑冷却水)。此外，当循环水泵全停时，冲洗水泵可提供水－水交换器冷却水，也可作为机组循环水系统管道注水排空用。冲洗水系统如图 20－3 所示。#1、#2 冲洗水泵布置在#3 循环水泵引水间隔，#3、#4 冲洗水泵布置在#4 循环水泵的引水间隔。

根据冲洗水泵的功能，各冲洗水泵通常有两路回路：一路为水－水交换器提供冷却水，一路作为旋转滤网冲洗水。两回路管道通过手动阀选择切换。各台泵至旋转滤网冲洗水回路设置了通过检测前后差压来实现反洗的自清洗过滤器。冲洗水通过冲洗水泵增压，并经过自清洗过滤器过滤，进入旋转滤网冲洗水母管，由母管分配至各个用户。

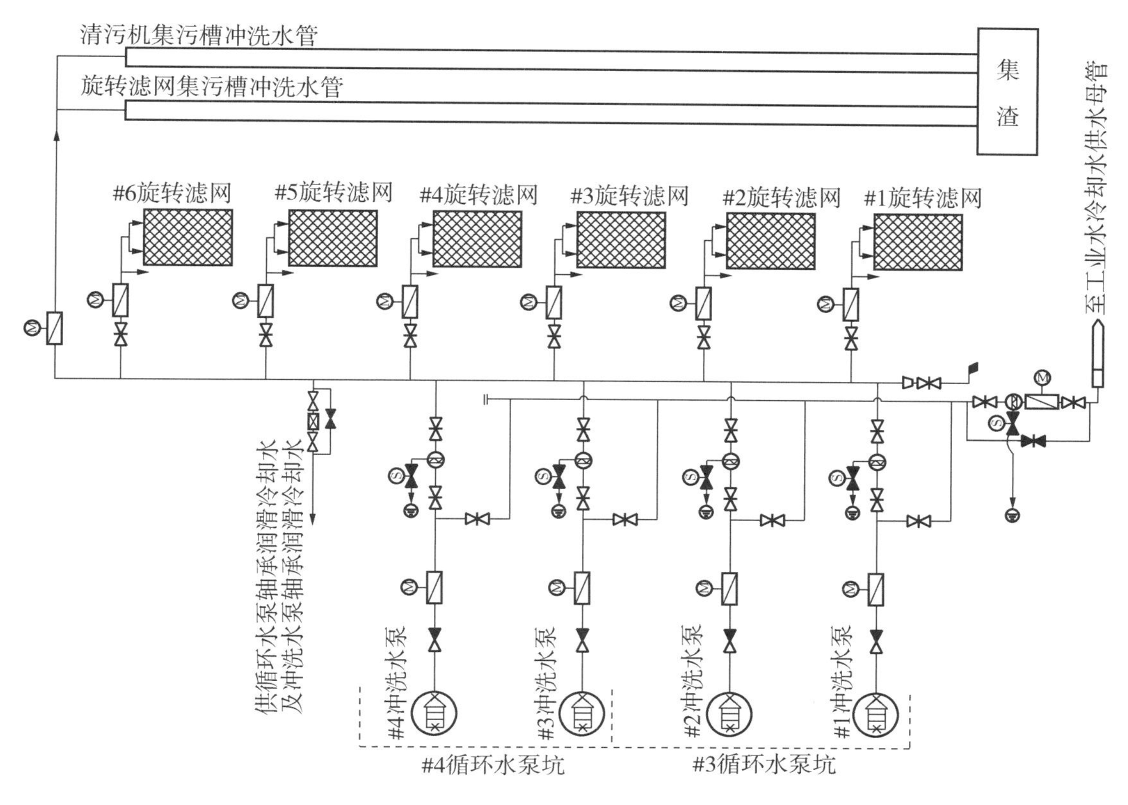

图 20－3 冲洗水系统图

三、系统主要设备

循环水系统的主要设备有循环水泵、液控蝶阀、旋转滤网、冲洗水泵、二次滤网、胶球清洗装置等。

(一)循环水泵

2 台 M701F3 联合循环机组配备了 6 台 6W 立式斜流循环水泵，每台循环水泵为 50 的额定流量。循环水泵本体由三个主要部分组成，即外壳、内壳和转子结合部。外壳部分主要由外接管(上、中、下)、外吐出接管、吸入喇叭管等件组成。内壳部分主要由叶轮壳体、导流壳、轴承体、内接管(上、中、下)、内吐出接管等件组成。转子结合部主要由叶轮、叶轮螺母、叶轮密封环、轴、联轴器、轴头螺母、填料轴套、轴套等件组成。水由吸入喇叭管吸入后，进入叶轮，流经导流壳、外接管、沿外吐出管改变方向后流出。泵的转子结合部、内壳、外壳、电机座等重量，通过外吐出接管传到基础座上后，作用到地基上。泵转子在运转中产生的轴向力，由电动机上的止推轴承承受，其径向载荷由泵内轴承体上的轴承承受。轴承的润滑水从填料函的注水孔注入，流经轴承体、内接管后，由平衡孔排回泵吸入口。

循环水泵的运行性能曲线如图 20－4 所示，随着流量 Q 的增大，扬程 H 会减少，效率

η 会增大，达到最大效率流量后再增加泵的流量，泵的效率会随之降低。泵的功率 P 会随着泵的出力变化而出现相应的变化。当出力达到一定值时，泵的功率达到最大；再增加流量，泵消耗的功率会随之减少，泵的运行电流也会随着流量的增大而减少。

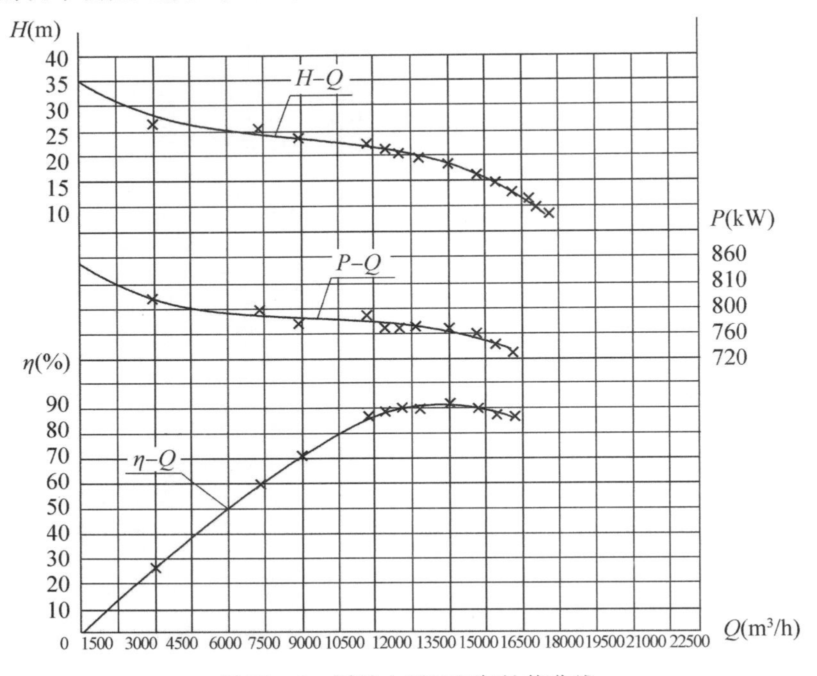

图 20－4 循环水泵的运行性能曲线

（二）液控蝶阀

循环水泵出口液控蝶阀结构示意图如图 20－5 所示。

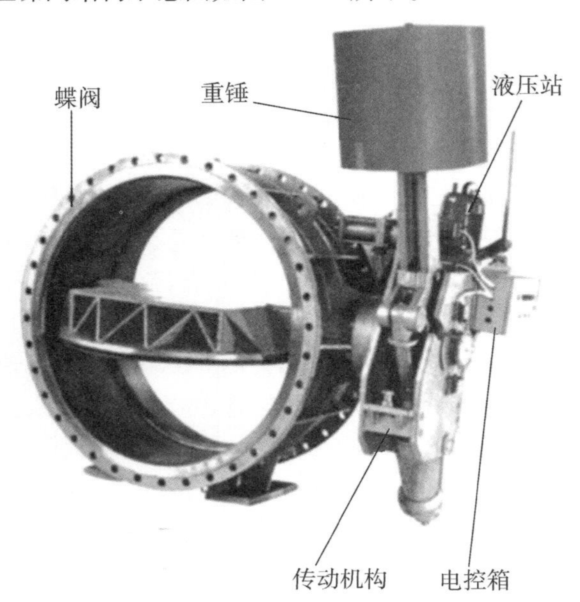

图 20－5 液控蝶阀结构示意图

循环水泵出口液控蝶阀结构如下：

(1)阀门主要由阀门本体、传动结构、液压站、电控箱等四部分组成。

(2)阀门本体由阀体、蝶板、阀轴、滑动轴承、密封组件等主要零件组成。

(3)重锤式阀体均采用卧式结构，阀轴采用半轴结构。

(4)传动结构主要由液压缸、摇臂、支撑墙板、重锤、杠杆、锁定油缸等组成，是液压动力开、关阀门的主要执行结构。

(5)传动液压缸上设有快关时间调节阀、慢关时间调节阀和快、慢关角度调节阀。

(6)液压站包括油泵机组、手动泵、蓄能器、电磁阀、溢流阀、流量控制阀、截止阀、液压集成块、油箱等零部件。

(7)液压系统电磁换向阀控制特征一般为正作用型，即电磁阀得电蝶阀开阀、失电蝶阀关阀；反之则为反作用型，即电磁阀失电蝶阀开阀，得电蝶阀关阀。

循环水泵出口液控蝶阀液压控制原理图如图 20－6 所示。循环水泵出口液控蝶阀全开角度为 90°，全关角度为 0°；带中间接点，失电时即关闭。液控止回蝶阀开阀时靠油泵电动机提供动力，关阀时由升起的重锤提供能量驱动阀门关闭。重锤式自动保压型系统中，蓄能器用作系统压力的补偿，流量控制阀用于开阀时间调节，手动泵用于系统调试和特殊工况下的阀门启闭。

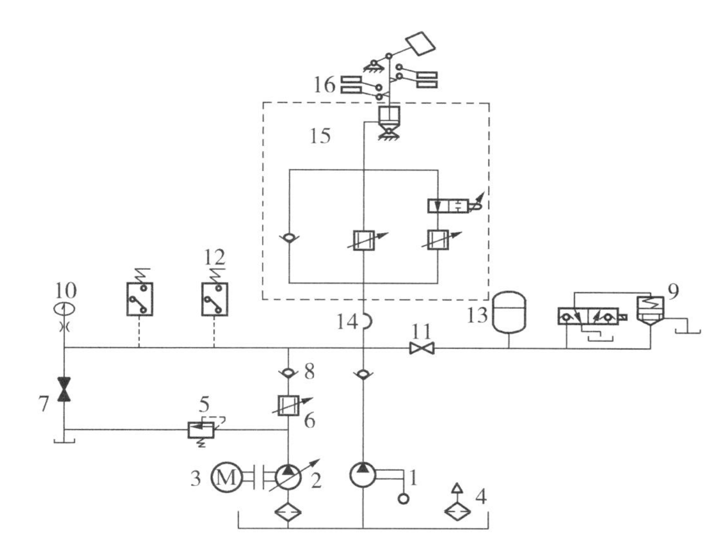

图 20－6 循环水泵出口液控蝶阀液压控制原理图

1—手动泵；2—油泵；3—电机；4—空气滤清器；5—溢流阀；6—流量控制阀；7—常闭截止阀；8—单向阀；9—插装阀；10—压力表；11—常开截止阀；12—压力开关；13—蓄能器；14—高压软管；15—油缸；16—行程开关

开阀原理：按就地电控箱开阀按钮或远方发开阀令，蝶阀油泵启动，液压油经流量控制阀，高压软管进入油缸，推动活塞，带动与之相连的杠杆举起重锤开阀。开阀到位后行程开关压合，全开指示灯亮；同时自动保压系统启动，电机继续给蓄能器充压；当压力达高压力开关设定点 14MPa 时，油泵停机。除此之外，关闭液压系统常开截止阀，摇动手动泵，压力油即直接经高压软管进入油缸，推动活塞，带动连杆系统开阀。

自动保压原理：系统泄漏，压力降至低压力开关设定点 KP2，油泵自动启动补压，达高压力开关设定点 KP1 后油泵自停。KP2 设定为 5MPa，KP1 设定为 14MPa。

关阀原理：按就地电控箱关阀按钮或远方发关阀令，油缸内压力油经快、慢关节流阀、高压软管、电磁阀回到油箱，阀杆及蝶板旋转实现关阀。除此之外，打开常闭截止阀，油缸内压力油经快、慢关节流阀、高压软管、截止阀回到油箱，在重锤势能的作用下，阀杆及蝶板旋转实现关阀。

停止原理：在正常开阀或关阀过程中，均可以通过就地电控箱停止按钮终止动作，让阀门停止在任意位置，以方便用户调试。

循环水泵联动蝶阀原理：远方发循环水泵组启动令后，蝶阀开至 15°时循环水泵启动，随后蝶阀继续开至全开；远方发循环水泵组停止令后，蝶阀关至 75°时循环水泵停运，随后蝶阀继续关至全关。

（三）旋转滤网

旋转滤网是火力发电厂和其他地表取水工程中必不可少的滤水清污设备。它与上游的拦污栅配套使用，可以有效地拦截和清除水流中的杂草、树叶、鱼虾等水生物以及工农业和城市生活中废弃等杂物，使经过滤的水达到一定的水质条件。

旋转滤网主要由导轨与弹性密封装置、上部机架、网板组件、传动系统、罩壳冲洗水管路及安全保护装置等部分组成。

1. 导轨与弹性密封装置

导轨为钢件结构，由多段组合而成。滤网底部导轨比上部宽，下部进水口较大，可降低进水流速，改善流态，以免水到达水泵时因较多漩涡脱流而造成紊流、汽蚀，降低泵的效率及泵壳叶轮的使用寿命。弹性密封装置由端面密封板、密封条、弹性不锈钢板组成，端面密封板与密封条间隙在 0 ～ 2mm 范围内，从而使杂物不至窜入轨道，达到完全阻隔杂物的目的。

2. 上部机架

上部机架为钢结构件，用于支撑主轴、安装罩壳。

3. 网板组件

网板由网框和不锈钢冲孔滤网组成，直接承受前后水位差所造成的水压力。旋转滤网网面呈半圆弧形（C 型）结构，不仅提高了清污能力，而且还增加了有效通流面积和网板强度。网板与网板间设置橡胶密封，有效地控制网板间的间隙。

4. 传动系统

传动系统由驱动装置（电机、行星摆线针轮减速器、蜗轮蜗杆减速器）、主轴提升链轮和工作链条组成。网板组件连接在工作链条上，组成连续工作运动。工作链条由链板、滚轮、轴套及销轴组成。

5. 罩壳冲洗水管路

冲洗管路由喷水管和一定数量喷嘴组成。冲洗喷管位于网板顶部回转处上方，当网板携带垃圾上升到滤网顶部时，随着网板的运转而实现倾倒，由于垃圾自重，大部分掉入集污槽内，再附以喷嘴从上而下的冲洗，可以达到网板的完全清洁。罩壳由玻璃钢制成，并设有可开启的观察孔。

6. 安全保护装置

为了确保旋转滤网安全运行，旋网系统设置有电机过电流保护、机械接触式超负荷保护装置和链条伸长报警装置。超负荷保护装置是依照作用力与反作用力原理，当网板超负荷运行时，保护装置内压缩弹簧动作，即触动行程开关使电机停运。链条伸长报警装置作用：当链条松紧状态达不到正常工作时，可发报警信号，及时调整；该装置可直观地反映链条在运行中的松紧程度，保证滤网在最佳状态下运行。

旋转滤网受电机驱动，经减速机减速后，通过涡轮直接带动主轴和提升链轮传动，提升链轮带动工作链条，带动用螺栓与之相连的网板，作自上而下的移动。利用网板的弧形冲孔板，有效地拦截网前水流中的污物并提升到地面以上，由冲洗水管系统产生的压力水冲洗，将网板上的污物冲入冲渣槽内，达到水质过滤的目的。当工作链条超负荷工作时，超负荷保护装置发出故障信号并自动停机，从而保护旋网。其传动过程：操作启动后，电动机驱动行星针轮减速机、蜗轮蜗杆减速机旋转，带动主轴链轮转动，使固定在主轴上两链轮同步转动带动两根链条自下而上连续运动，完成清污循环全部动作。

旋转滤网设计允许最大过网流量为0.8 m/s，运行水位差低速/高速为200/300 mm，报警水位差为500 mm，电动机(户外型)功率为4/5.5 kW，转速为970/1440 r/min，喷嘴出口处冲洗水压为0.3～0.5 MPa，一台滤网冲洗水量为80 m^3/h。

(四)冲洗水泵

冲洗水泵为立式长轴泵，轴功率为55kW，扬程为42m，流量为280m^3/h；冲洗水泵电机功率为55kW，额定电压为380V，额定电流为103A，转速为1480r/min。冲洗水泵主要由轴、轴套、叶轮、吸入喇叭、空间导叶、外管、出水弯管等组成。

(五)二次滤网

二次滤网安装在凝汽器循环水进水母管上，用于过滤和清除进入凝汽器循环水中的杂物，保证凝汽器等换热设备及胶球清洗装置的正常运行。二次滤网一般采用网芯固定排污斗旋转分区强化反冲洗工作原理，其网芯以隔板沿周向分成若干分格并与外壳固定，对流经网面的循环水进行过滤，网芯内部设置一排污斗，排污斗步进旋转依次对准网芯每一分格，利用循环水进出水管之间的压差，对网面进行分区强化反冲洗排污。如图20－7所示，二次滤网前后设差压测量系统，用于二次滤网控制及报警。当二次滤网前后压差达到12kPa，或其停运时间超过240min时，二次滤网排污阀门自动打开，排污斗开始转动，在每格网芯停留30s，旋转一周后自动停止。二次滤网反洗压差达到15kPa时，发出“二次滤网差压高”报警。

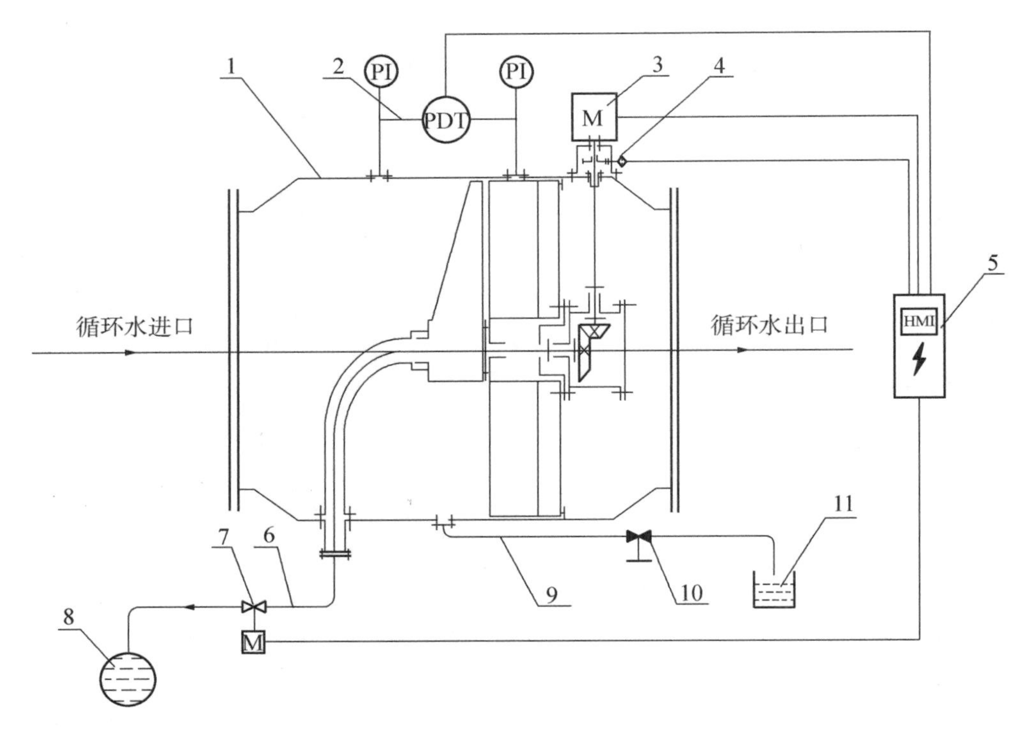

图 20－7　二次滤网结构示意图

1—二次滤网；2—差压测量装置；3—驱动机构；4—排污斗旋转定位检测装置；5—PLC 程控柜；6—排污管；7—电动排污阀；8—循环水出水管；9—放水管；10—放水阀；11—集水坑

（六）胶球清洗装置

凝汽器采用胶球清洗装置，可将钛管内径污垢清洁干净，降低凝汽器端差，提高凝汽器内的真空度，从而提高汽轮机的热效率，同时也可以减缓钛管水侧腐蚀，并且最大优点是在机组不减负荷情况下清洗凝汽器。胶球清洗所用胶球有硬胶球和软胶球两种。硬胶球的直径比钛管内径小 1～2mm，胶球随循环水进入钛管后不规则地跳动，并与钛管内壁碰撞，加之水流的冲刷作用，将附着在管壁上的沉积物清除掉，达到清洗的目的。软胶球的直径比钛管大 1～2mm，质地柔软的海绵胶球随循环水进入钛管后，即被压缩变形与钛管壁全周接触，从而将管壁内的污垢清除掉。

胶球清洗系统由收球网、集球器、胶球泵、切换阀等组成。胶球清洗的方法：将胶球装入集球器，由胶球泵送入凝汽器循环水入口管，胶球随循环水流经凝汽器水室进入钛管内，达到清洗的目的。凝汽器循环水出水管装有收球网，把胶球收集后送入胶球泵，由胶球泵将胶球再打入集球器，如此不断循环，反复清洗，以达到凝汽器钛管全面清扫的目的。凝汽器胶球清洗装置结构如图 20－8 所示。

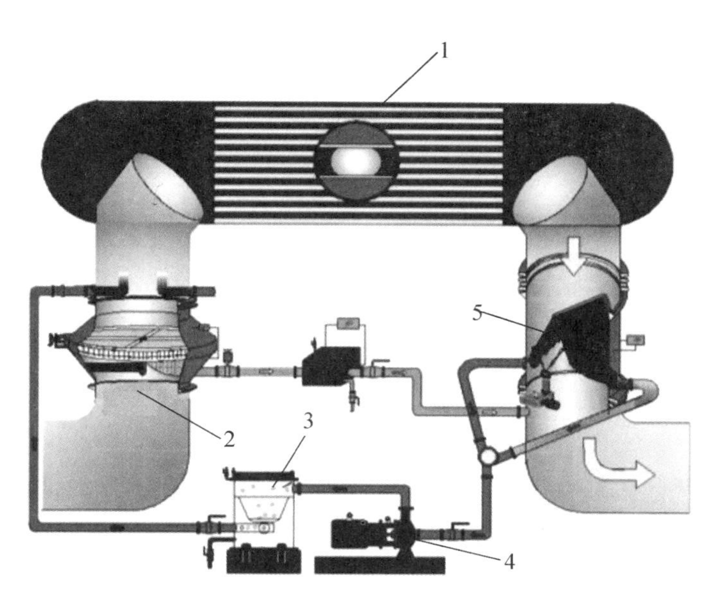

图 20－8　凝汽器胶球清洗装置结构示意图

1—凝汽器；2—二次滤网；3—集球器；4—胶球泵；5—收球网

四、系统运行维护

(一)循环水系统的启动

1. 启动前的准备和检查

经过检修或者长期停运后，循环水系统启动前需要对循环水系统及相关辅助系统进行全面的检查，并利用冲洗水泵对系统管道进行注水排空。对于两班制运行的联合循环机组来说，循环水系统投运前需确认各阀门状态是否正常、循环水泵电机等电源开关状态是否正常、循环水泵是否具备启动条件。

2. 系统的投运

启动循环水泵前检查下列条件满足：

循环水加药系统可以投入运行；扒渣机可以投入运行；对应旋转滤网试转正常，旋转旋滤网及冲洗系统可以投入运行；循环水泵入口闸门开启；循环水泵出口蝶阀关；循环水泵入口水位不低于 9m；电机轴承油位、油质正常；循环水泵电机驱动端轴承温度 < 85℃，循环水泵电机非驱动端轴承温度 < 85℃，电动机绕组温度 < 120℃；凝汽器循环水侧至少有一侧进、出水电动门未处于全关状态；跳泵保护已复位；外接润滑冷却水供给正常；机组凝汽器循环水进口总门开启或循环水母管联络门开启。

先开启机组凝汽器两侧循环水出口电动调阀微小开度，启动循环水泵。循环水泵系统启动完成后要加强检查，检查电动机电流、绕组温度，轴承油位及温度，泵的振动、盘根漏水情况；检查循环水泵出口自动排空气阀动作是否正常以及循环水系统管道是否有外漏现象等。系统启动后将二次滤网投入运行并监视二次滤网前后差压。

(二)循环水系统运行监视及维护

1. 循环水泵及电动机运行监视及维护

(1)循环水泵无异响、异味，振动正常，盘根密封。

(2)电动机电流、轴承和绕组温度正常；循环水泵电动机轴承油位正常，油质合格。

(3)循环水泵润滑冷却水压力正常(不低于0.04MPa)。

(4)循环水泵盘根处有少量水流出(每分钟数滴水即可)。

(5)循环水泵出口液控蝶阀就地阀位正常，电气控制箱上状态指示正常，液压油机构油位、油温、油压正常，无漏油现象，蝶阀电机不应频繁打压。

2. 循环水管道运行监视及维护

(1)循环水泵进口水位>9m。

(2)循环水泵入口滤网、拦污栅前后水位差正常。

(3)循环水母管压力正常。

(4)循环水管道无外漏。

3. 机组循环水运行监视及维护

(1)凝汽器A、B侧循环水进出口压力正常。

(2)凝汽器A、B侧循环水进出口温差为8℃左右。

(3)二次滤网运行正常，就地控制柜无异常报警。

(4)系统无泄漏。

(5)主厂房凝汽器集水坑排污泵良好，处于备用状态。

4. 冲洗水泵和旋转滤网的日常监视及维护

(1)冲洗泵投运后应注意检查声音、振动、电机电流及外壳温度、出口压力、盘根发热和漏水等是否正常。

(2)无特殊情况下，旋转滤网应在自动控制方式。

(3)旋转滤网不允许在无冲洗水情况下运行。

(4)旋转滤网运行时，检查滤网是否跑偏，捞渣板是否有脱落，密封装置是否完好。

(5)旋转滤网运行时，检查滤网、滤网电机声音、振动正常；检查旋转滤网电机电流、外壳温度正常；检查轴承油位正常。

(6)旋转滤网运行时，检查冲洗水喷嘴是否有堵，滤网网板上是否有冲不掉的垃圾。

(7)旋转滤网差压应低于200mm水柱，高于200mm水柱旋转滤网在低速运行，高于300mm水柱切至高速运行。如水位差达不到自启动值200mm时，其冲洗应能定时启动。

(8)拦污栅差压低于500mm水柱，高于500mm水柱时，启动耙渣机耙渣。

(9)如自启动装置故障时，应根据旋转滤网前后水位差的变化转为手动清洗，并通知检修人员尽快处理恢复自动。

(10)旋转滤网控制系统柜应无“网过载”“网松链/安全销”“泵故障”任何声光报警，如有报警时应查找原因并通知检修人员处理。

(11)发现旋转滤网转动过程中有摩擦异常声音应停止运行，通知检修人员检查。

5. 二次滤网的日常监视及维护

(1)检查二次滤网 PLC 界面无报警，参数设置是否正常(每格反洗时间设定为30s，定时反洗周期设定为240min，自动反洗差压设定为12kPa，过高报警差压设定为15kPa)。

(2)检查二次滤网电机声音、振动、电流正常；检查二次滤网运行无异响、振动正常。

(3)一旦凝汽器循环冷却水流通，应及时投入二次滤网运行，避免网芯中垃圾积存过多影响反冲洗效果，造成“积垢难除”的现象。

(4)定期巡查差压情况是否正常，并经常反洗测压管路，当出现异常高差压时及时检查测压管路和滤网情况。

(三)循环水系统停运

机组的循环水系统停运前，需确认以下停运条件：

(1)机组真空至0，轴封系统已停运超1h。

(2)主蒸汽系统和辅助蒸汽系统无疏水至凝汽器。

(3)低压缸排汽温度低于45℃且无上升趋势。

(4)胶球清洗系统已停运。

(5)二次滤网已停运。

具备以上停运条件时方可停止本机组对应的循环水系统运行，即关闭机组凝汽器循环水入口总阀。若机组的循环水管道设备需检修，则还需关闭与相邻机组的循环水联络门、本机组的循环水至工业水冷却水母管电动门，停运本机组两台循环水泵等。机组循环水系统停运隔离前需确认水－水交换器工业水冷却水已切换至其他机组循环水系统或冲洗水泵供水。循环水泵停运前需确认外接润滑冷却水压力正常。一般在 DCS 上远程操作停止循环水泵运行，就地检查循环水泵出口液控蝶阀正常关闭。循环水泵停运后，检查循环水泵电动机加热器自动投入正常。

循环水系统运行期间，备用循环水泵对应旋转滤网也应该投入自动运行正常，对应凝汽器循环水侧至少有一侧进、出水电动门未处于全关状态。如发电计划显示机组全停一天以上，3 台机组均满足停运循环水系统，则可全停 6 台循环水泵，视工业水温度情况投运冲洗水系统来提供水－水交换器工业水冷却水。

(四)循环水系统的联锁保护

循环水系统主要联锁保护如下：

(1)循环水泵电机驱动端轴承温度85℃报警，达到95℃延时20s 跳泵。

(2)循环水泵电机非驱动端轴承温度85℃报警，达到95℃延时20s 跳泵。

(3)循环水泵电机任一绕组温度120℃报警，达到160℃延时20s 跳泵。

(4)循环水泵运行时其出口蝶阀未全开，延时1min 跳泵。

(5)循环水泵运行时出口蝶阀关至75°，立即跳泵。

(6)循环水泵电气保护动作跳泵。

(7)旋转滤网后水位低于5.5m 报警，低于5m 延时10s 跳循环水泵。

(8)冲洗水泵出口压力低于0.3MPa 或高于0.47MPa 报警，高于0.51MPa 延时1min 跳泵。

(9)冲洗水泵电气保护动作跳泵。

(10)#3 循环水泵变频运行时，还有以下保护跳泵：单元过热保护、变压器过热保护(130℃)、功率柜出口温度高保护(85℃)、现场机械故障保护、电机过热保护、过电流保护、过电压保护、欠电压保护、高压失电保护。

五、系统典型异常及处理

(一)循环水泵已停但出口蝶阀在全开位置无法关闭

可能原因：

机械卡涩、阀位开关故障、蝶阀油压无法泄掉。

处理措施：

(1)关闭该循泵与其他机组循环水母管之间的联络阀，保证其他机组的安全运行。

(2)确认水-水交换器工业水冷却水已转由其他机组或冲洗水供水。

(3)尝试远方手动关闭循环水泵出口蝶阀。

(4)现场尝试开出口蝶阀液压油路上的常闭截止阀，并通知检修敲重锤关阀。

(5)无法及时关阀应及时停运该机组另一台循泵，机组按循环水中断处理。

(6)紧急停机后，低真空保护动作时确认进入凝汽器的疏水阀全部关闭。

(7)转速 <300r/min 时，破坏真空，停轴封。

(8)检查低压缸大气薄膜是否完好，必要时更换。

(9)严密监视低压缸排汽温度，循环水中断后必须在凝汽器温度低于50℃后才可恢复循环水系统。

(二)机组运行过程中一台循环水泵跳闸

可能原因：

电气保护动作、电机轴承或绕组温度高、循环水泵入口水位低、循环水泵出口蝶阀故障自动关闭、循环水泵出口蝶阀75°限位开关故障误动、#3 循环水泵变频器故障等。

处理措施：

(1)确认跳闸的循环水泵出口蝶阀及时关闭。

(2)通过各机组凝汽器循环水出口蝶阀调整循环水母管压力，同时密切监视各机组真空情况。

(3)如有备用循环水泵，则立即启动备用循环水泵。

(4)并视真空情况决定是否适当降负荷或启备用真空泵。

(5)检查泵跳闸原因并处理。

(三)二次滤网差压大

可能原因：

二次滤网手动停运状态，二次滤网运行时排污门阀未开启，二次滤网故障、堵塞，仪表故障。

处理措施：

(1)检查二次滤网在自动投运状态，且设置参数正常(机组大修长时间停运后初次投循环水系统，应该把差压报警设定值调高以免差压过高发故障报警而无法运行)。

(2)如二次滤网不能正常转动，应及时通知检修处理。

(3)检查二次滤网排污阀自动开启正常，如电动无法开启，手动开启。

(4)检查确认二次滤网差压计相关阀门状态正确，如仪表故障，通知检修处理。

(5)如二次滤网故障差压大，有堵塞现象，不能短时处理好，影响机组真空，应开启二次滤网旁路阀，并需根据机组真空情况适当降负荷，待二次滤网修复正常后再关闭其旁路阀及恢复负荷。

(6)同时要注意检查旋转滤网前后水位差是否正常，确认旋转滤网运行正常，拦污栅前后水位差正常，若设备有问题，则联系检修及时处理。

六、系统优化及改造

(一)循环水泵变频改造

循环水泵运行时，工频泵耗电较多。循环水泵变频改造采用“一拖一加手动旁路”方式，可通过刀闸切换实现工频/变频运行的切换，一次接线示意图如图 20－9 所示。

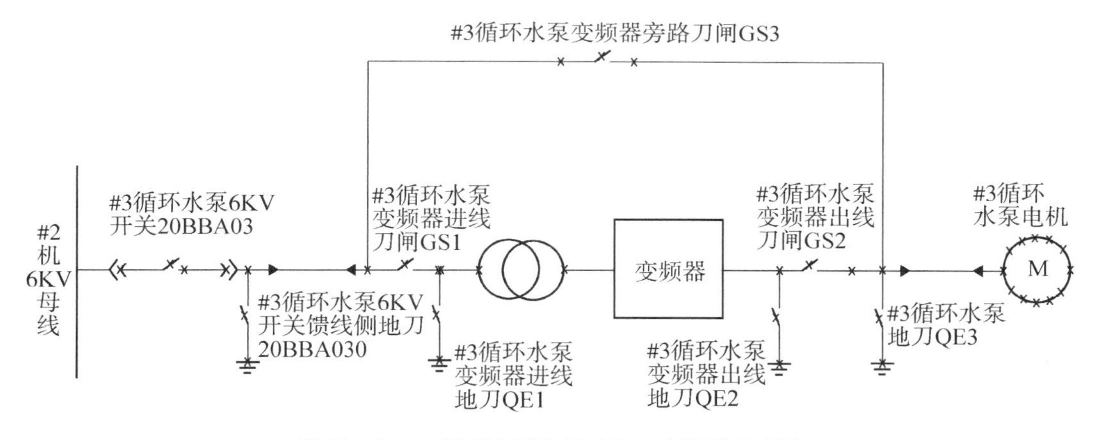

图 20－9 #3 循环水泵变频改造一次接线示意图

在机组带负荷情况下，#3 循环水泵变频运行时，为维持循环水压力，可调节其频率至 50Hz；在机组全停时，机组循环水母管压力不需要较高压力，这时可将#3 循环水泵频率调至较低，以达到节能目的。

(二)循环水母管制运行优化

循环水系统在无机组循环水及相关系统检修时均采用母管制运行，根据季节变化及真空情况，来调整循环水泵运行台数。经过试验，得出启动循环水泵台数与启机台数、月份关系如表 20－1 所示，既能保障机组安全运行，又可实现节能降耗目的。

表 20-1　启动循环水泵台数与启机台数、月份关系表

启机台数＼月份	1～3 月	4～11 月	12 月
1 台机	启 2 台循泵	启 2 台循泵	启 2 台循泵
2 台机	启 3 台循泵	启 4 台循泵	启 4 台循泵
3 台机	启 4 台循泵	启 6 台循泵	启 5 台循泵

（三）循环水反供冲洗水优化

循环水系统未启动前，冲洗水泵要提供旋转滤网的冲洗水；在循环水系统启动完毕后，可停运冲洗水泵，打开冲洗水至工业水冷却水供水电动门，循环水反供冲洗用水，以实现节能降耗目的。

（四）循环水泵轴承润滑冷却水电磁阀优化

循环水泵需满足润滑冷却水电磁阀开启 60s 才能启动，若遇运行循环水泵跳泵，备用泵启动常需要等待时间较长，对机组的安全运行影响较大，故对循环水泵轴承润滑冷却水管道进行改造，去除润滑冷却水电磁阀，由常开手动门替代，并取消循环水泵润滑冷却水电磁阀的相关逻辑，避免了备用循环水泵启动的等待时间。

第二十一章

工业水系统

一、系统概述

工业水系统又被称为闭式循环冷却水系统，其作用是为整个机组的各种换热器、辅机轴承、旋转设备等提供清洁的冷却水源，同时还具有机械密封功能。由于工业水为闭式循环使用，所以系统工质为除盐水，避免了系统各种管板、阀门等金属部件的腐蚀、堵塞和结垢问题。一般用循环水对工业水进行换热冷却。

M701F3 型联合循环机组的工业水主要用户有发电机氢冷器、润滑油冷却器、凝结水泵轴承冷却水、凝结水泵机械密封水、真空泵冷却器、真空泵汽水分离器补水、控制油冷却器、密封油冷却器、密封油真空泵冷却水、发电机氢气干燥器冷却器、高压给水泵冷却水、中压给水泵冷却水、炉水再循环泵冷却水、汽水取样冷却器等。

二、系统流程

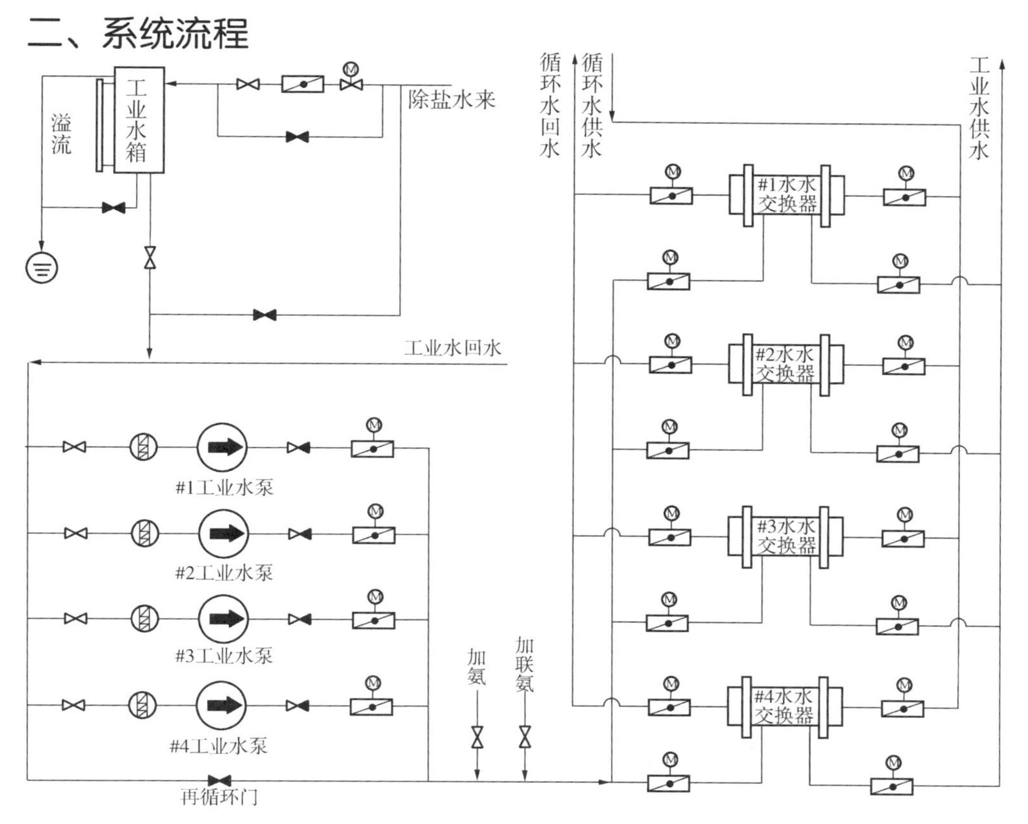

图 21－1　工业水流程示意图

工业水系统流程如图 21 -1 所示。工业水泵进口母管内的工业水经过工业水泵升压后进入水 - 水交换器，在水 - 水交换器内与循环水进行换热降温；冷却后的工业水经过机组工业水进口阀门进入机组工业水进水母管；然后进入各辅机设备的冷却器，冷却设备后的工业水汇集至机组工业水回水母管，最后汇集到工业水泵进口母管。

三、系统主要设备

工业水系统主要由工业水泵、水 - 水热交换器、工业水箱（又称膨胀水箱）、各用户冷却器以及系统管道阀门等组成。

（一）工业水泵

工业水泵主要为工业水增压，使得从工业水泵中流出的冷却水有足够的压力完成向系统各工作部件的流动，工业水泵的扬程需克服管道、阀门、换热器阻力并满足系统流量需求。工业水泵一般为中开式单级双吸离心泵，其工作原理是利用叶轮旋转而使水产生离心力。当叶轮高速旋转时，叶轮带动叶片间的液体旋转，液体从叶轮中心被甩向叶轮外缘，动能增加。当液体进入蜗壳形流道后，随着流道扩大，液体流速降低，压力增大，水的动能转化为压力势能。与此同时，叶轮中心处由于液体被甩出而形成一定的真空，吸入管路的液体在压力差作用下进入泵内。叶轮不停旋转，液体也连续不断地被吸入和压出。

工业水泵设计流量为 790m^3/h，设计扬程为 19m，汽蚀余量为 5.8m，电动机额定电压为 380V、额定电流为 139.7A。工业水泵结构如图 21 -2 所示。

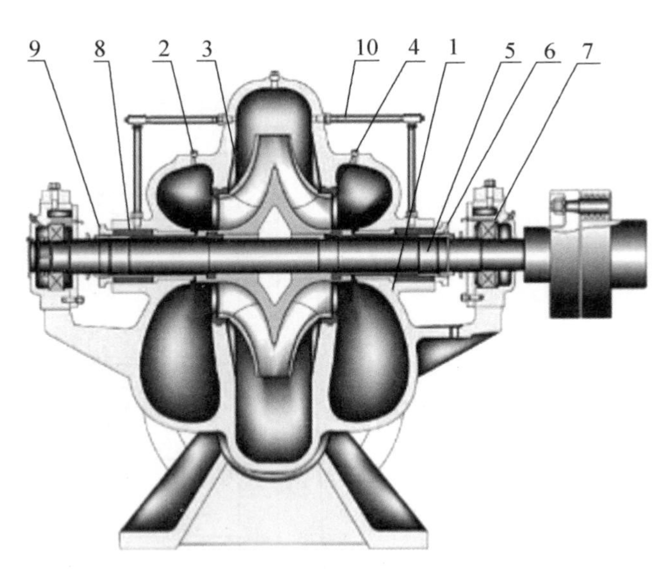

图 21 -2　工业水泵结构

1—泵体；2—泵盖；3—叶轮；4—密封环；5—轴；6—轴套；7—轴承；8—填料；9—填料压盖；10—水封管件

(二)水－水热交换器

水－水热交换器利用开式循环水来冷却吸热后温度上升的工业水，以控制工业水供水温度，为满足工业水的流量和冷却要求，通常采用多台水－水热交换器集中换热。水－水热交换器结构如图21－3所示，采用逆流换热方式，交换器壳侧介质为工业水，管侧介质为循环水。温度较高的工业水进入水－水热交换器的壳侧，与管侧内流通的循环水进行热交换，以达到冷却工业水的效果。为防止水质较差的循环水渗漏进水质较好的工业水，水－水交换器运行时，应保持工业水压力大于循环水压力。

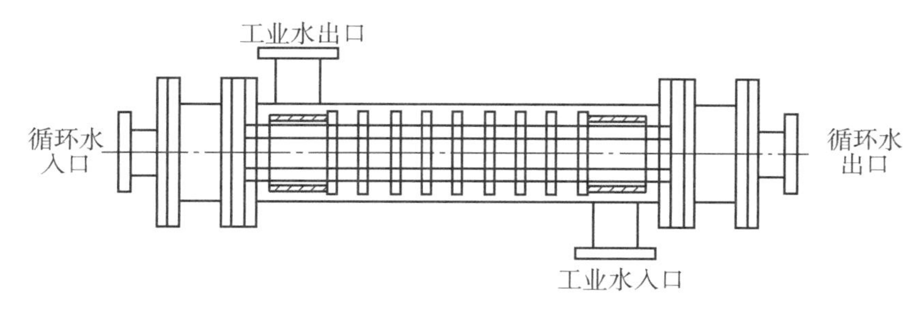

图21－3　水－水交换器结构

水－水交换器采用折流式换热器。折流杆换热器是管壳式换热器的一种，如图21－4所示，其壳体内的折流元件由众多相互平行的细小折流杆组成，并以一定的间距焊在圆环上形成折流圈，折流圈按一定的排列焊接于拉杆上形成折流杆网络。通常相邻两个折流圈的折流杆方向是互相垂直的，既对换热管起到了支撑作用，又对流体有扰动作用，以此达到强化传热的目的。

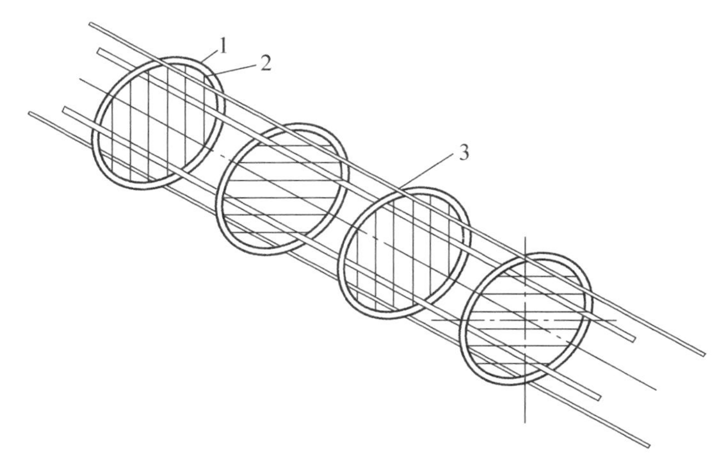

图21－4　水－水交换器内部折流杆结构

1—折流栅；2—折流杆；3—轴向拉杆

(三)工业水箱

工业水系统配置有一个工业水箱，其经管道与工业水泵进口母管相连，并配置有补水管道、溢流管道、疏水管道及水位计等。工业水箱作用是保证工业水系统水量充足及吸收系统热胀冷缩引起的水位变化。其补水方式分为有压补水及无压补水两种，水源来源于除盐水。

（四）其他设备

系统相关用户各自设置有相应的冷却器。另外，工业水泵出口母管上设有氨和联氨加药点，水－水交换器出口母管和机组工业水回水管上设有取样点，通过取样和加药来监视和控制工业水水质。

四、系统运行维护

工业水系统是保障电厂安全运行十分重要的公用系统，一般不会停运，因机组检修等情况需要时可隔离单台机组的工业水系统。正常运行中，工业水泵的运行台数和水－水交换器投运组数根据机组实际需要确定。

（一）工业水系统的投运

在实际运行中，工业水系统通常与某台机组工业水母管和部分用户一同投运。在投运前，应通知化学运行人员做好系统启动准备，并对系统进行全面检查。具体操作步骤如下：

（1）确认除盐水系统已投运正常。

（2）开启待启动工业水泵进口阀、待投运水－水交换器工业水侧进出口阀和待投运机组工业水母管的进出口阀。

（3）通过工业水箱向工业水系统注水排空。

（4）系统注水排空结束后，检查系统管道无空气。

（5）启动工业水泵，并检查工业水泵运行正常。

（6）投运水－水交换器循环水侧。

（7）根据需要投运相关工业水用户。

（8）根据系统需要启动多台工业水泵，投运多组水－水交换器。

系统投运注意事项如下：

（1）因工业水箱至工业水泵进口母管补水管径较小，系统补水速率有限。因此，工业水系统运行期间，新投运工业水用户时，相应冷却器的注水排空应尽量缓慢，以免工业水箱补水不及，水位下降导致工业水泵跳泵。

（2）如果仅启动工业水泵运行时，可通过开启工业水泵再循环阀以维持工业水泵最小流量，在机组工业水投运后再关闭该阀。

（二）工业水系统的运行监视

（1）检查工业水箱水位在2200～2700mm之间，自动补水正常，不频繁补水，不溢流。

（2）检查工业水泵无异响、异味，振动、盘根密封、轴承温度、电动机温度、电动机电流等均正常。

(3)检查工业水供水母管压力在0.30～0.35MPa之间，工业水泵进口滤网差压正常。
(4)检查水－水交换器进、出口水温正常，工业水供水温度为25～35℃。
(5)检查工业水系统无泄漏。
(6)定期轮换工业水泵运行。

(三)工业水系统的停运

通常单台机组工业水系统的停运是通过关闭机组工业水母管进出口阀进行隔离的。只有在机组全部停运且有检修需要时，工业水系统才会全部停运。

工业水泵全停前，应确认所有工业水用户已满足停运条件。具体操作步骤如下：
(1)工业水备用泵退出联锁备用。
(2)关闭水－水交换器循环水侧进出口阀。
(3)停运工业水泵。
(4)关闭工业水箱补水阀。
(5)根据需要开启排空阀、疏水阀对系统进行放水。

(四)工业水系统联锁保护

系统正常运行时主要参数及限额如下：
(1)工业水箱水位低于2200mm自动补水，低于2100mm发水位低报警，低于1500mm发水位低低报警。
(2)工业水箱水位高于2700mm自动停止补水，高于2800mm发水位高报警。
(3)工业水供水温度高于35℃发出水温高报警，高于40℃发出水温高高报警。
(4)工业水供水压力低于0.3MPa发出水压低报警，高于0.45MPa发水压高报警。

五、系统典型异常及处理

(一)工业水箱水位低

可能原因：
(1)工业水箱补水异常。
(2)除盐水供应异常。
(3)工业水用户大量注水。
(4)工业水系统放水阀或排空阀被误开。
(5)工业水系统管道外漏或内漏。
处理措施：
(1)若工业水箱自动补水系统异常，应及时调整或开启旁路补水。
(2)若除盐水系统运行异常，立即通知化学人员恢复除盐水系统。
(3)若机组补水量大导致除盐水母管压力低，应适当降低机组补水。
(4)若有正在投入工业水用户，应控制新用户注水速度。
(5)若有凝结水泵刚停运，工业水会通过凝结水泵机械密封进入凝结水系统，应及时关闭已停运凝结水泵工业水侧机械密封水阀门。

(6)若工业水系统有放水阀或排空阀被误开，应及时恢复。

(7)若工业水系统有外漏，应及时调整运行方式或联系检修堵漏。

(8)检查发电机运行是否正常，若发电机底部漏液探测器有大量积水，应紧急停机隔离氢冷器处理。

(9)经以上检查未发现异常时，尝试通过切换水－水交换器和短时隔离工业水用户检查是否存在内漏。

(10)若缺陷短时无法处理，工业水箱水位持续下降，必要时可考虑凝结水通过真空泵补水处倒供工业水，以保证工业水系统运行。

(11)如工业水箱水位低导致工业水系统停运，机组应紧急停机并尽快恢复工业水系统运行。

(二)工业水供水母管压力低

可能原因：

(1)工业水箱水位过低。

(2)运行工业水泵异常或跳闸。

(3)用户用水量增大。

(4)工业水泵再循环阀被误开。

(5)工业水系统出现较大漏水。

处理措施：

(1)若工业水箱水位低，按工业水箱水位低处理。

(2)若工业水泵运行异常或跳闸，应及时启动备用工业水泵，调整工业水压力，在压力稳定后联系检修检查处理异常工业水泵。

(3)若有新投入工业水用户，应暂停投入，待压力恢复后再缓慢投入。

(4)若工业水用户工业水调门开度变大，应恢复或增加工业水泵运行。

(5)若工业水泵再循环阀误开，应关回。

(6)若工业水系统有较大的外漏或内漏，按工业水箱水位低处理。

(7)处理期间严密监视工业水系统及相关用户参数，必要时降负荷或停机。

(三)工业水温度高

可能原因：

(1)水－水交换器循环水量不足；

(2)水－水交换器工作异常，如循环水侧堵塞等；

(3)机组工业水用户运行异常。

处理措施：

(1)检查水－水交换器循环水供应是否异常，必要时多启动一台循环水泵或冲洗水泵。

(2)检查水－水交换器工业水进出口温度，如有异常，可尝试切换备用水－水交换器。

(3)若循环水管道有泄漏，应立即联系检修堵漏。

(4)检查各工业水用户工作情况，如有异常，应及时处理。

(5)若短时无法排除故障，应对工业水进行排补，视工业水用户工况调整机组负荷，必要时停运部分机组以维持工业水温度。

六、系统优化及改造

(一)工业水泵改型

正常运行时，由于原工业水泵扬程高、流量大，只能通过工业水泵出口门节流降压，运行很不经济，因此对工业水泵进行大泵换小泵的改造。改造后，在满足工业水用户需求的前提下，工业水泵运行功率大幅下降，工业水泵出口门也不再需要节流调压。

(二)工业水用户冷却水量调节

工业水用户冷却水量设计的裕度较大，且机组运行期间和备用期间各工业水用户对冷却水量的需求也有很大的变化。因此，根据试验确定工业水大用户(发电机氢冷器和润滑油冷却器)在运行期间和备用期间冷却水调门的合理开度，从而减少工业水泵运行的台数，达到了节能的效果。

第二十二章 压缩空气系统

一、系统概述

经空压机做机械功使本身体积缩小、压力提高后的空气叫压缩空气。压缩空气是一种重要的动力源。与其他能源比，它具有清晰透明、输送方便、没有特殊的有害性能、没有起火危险、不怕超负荷，能在许多不利环境下工作等特点。

燃机电厂压缩空气系统有两个作用，一个是提供压缩空气给检修、吹扫、燃机停机后为防止猫拱背等的冷却空气，对于压缩空气质量要求比较低，这类压缩空气称为杂用压缩空气；另一个是为气动自动化控制设备提供动力气源，如气动执行机构、气动阀和气动调节阀等，对于压缩空气质量要求比较高，必须采用一套空气净化处理系统，将压缩空气进行除油、除颗粒、干燥后满足一定的要求后再送出给用户，这类压缩空气称为仪用压缩空气。

电厂一般设立有空压机房，主要是用来放置安装空压机，让其有独立的工作空间。空压机工作时，温度很高，需要良好的散热条件，同时空压机需要布设很多的管道连接，需要一定的空间。空压机属于特殊生产机械，具有一定的危险性，独立的空压机房，也为安全做一定的保障。同时也将空气净化处理系统放在房间里，自动控制设备也放置相邻房间，屋外空间放置储气罐，构成一个压缩空气供气站。

二、系统流程

如图 22 -1 所示，空压机房内有 5 台空压机母管制运行，其中 1 台主运，其他 4 台根据系统需求自动投退。

压缩空气经过空压机出口母管汇合后进入中间缓冲罐，中间缓冲罐起到对出口含水量较大压缩空气进行初步分离，底部设有自动疏水电磁阀。

经过中间缓冲罐后压缩空气分成两路，一路进入杂用空气储罐作为杂用空气气源，另一路经过干燥装置处理后进入仪用空气罐作为仪用空气气源。

系统配备四套干燥能力为 $20m^3/min$ 的干燥装置，集成油过滤器和除尘过滤器，两运两备，保证经干燥净化处理后的压缩空气品质符合技术参数要求。

系统中设有一个 $30m^3$ 的杂用储气罐和三个 $30m^3$ 仪用压缩空气储气罐，以满足在空压机失电停运的情况下，维持仪用空气 5～10min 的用气量。储气罐设计压力 1.1MPa，工作压力 1.0MPa。

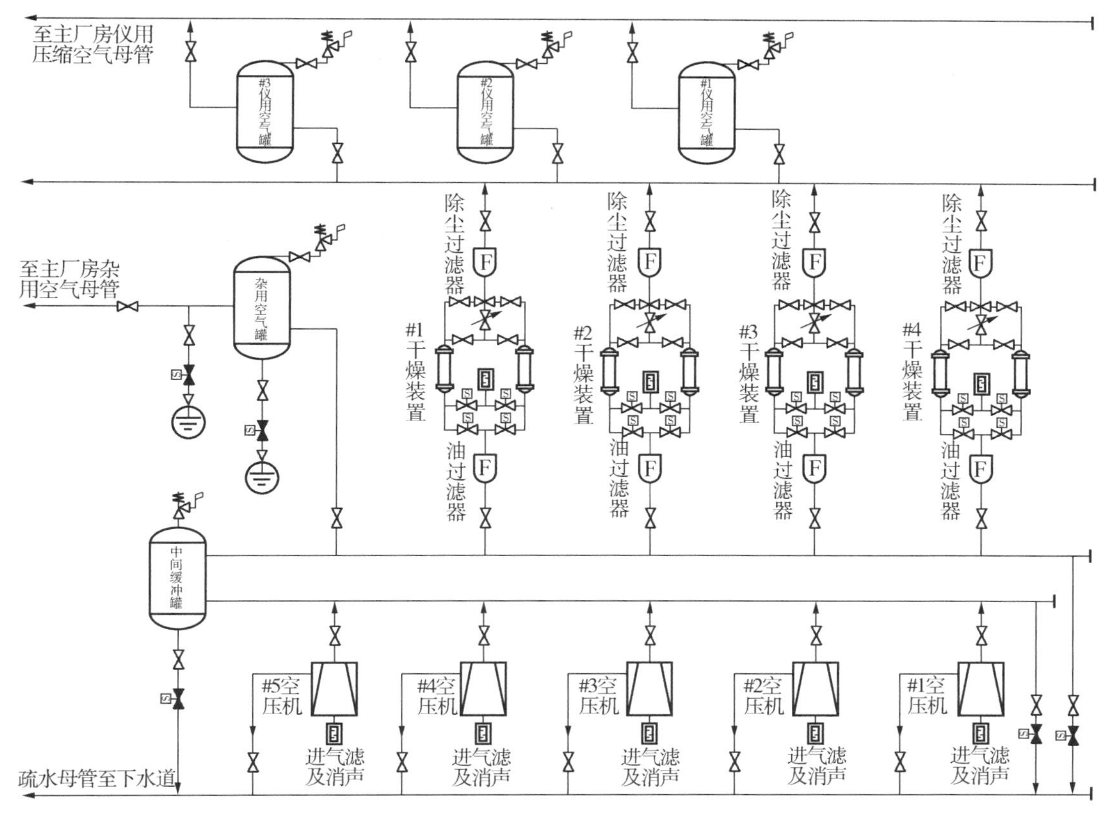

图 22－1　空压机房压缩空气系统图

前湾燃机电厂仪用空气的作用如下：

(1)为全厂气动门提供动力气源。

(2)为燃机点火装置提供动力气源。

(3)为盘车啮合装置提供动力气源。

(4)为发电机气体置换提供置换气源。

杂用空气的作用如下：

(1)为燃机透平提供冷却吹扫气源。

(2)为机组检修提供检修气源。

三、系统主要设备

压缩空气系统主要设备包括空压机、干燥装置、仪用空气罐、杂用空气罐、中间缓冲罐以及附属的相关仪表阀门。

(一)空压机

采用的空压机是单级压缩的风冷双螺杆式空压机，容积流量为 17.3Nm^3/min，排气压力为 1MPa，电机额定功率为 110kW，额定电压 380V，额定电流 180A。

空压机内部系统如图22－2所示。大气进入进气过滤器过滤后，通过螺杆式空压机的进气控制阀进入空压机主机中压缩，压缩后的压缩空气在油分离器内分离冷却油后，经最小压力阀导出。最后经后冷却器冷却至适当的温度，进入水分离器分离冷凝水后，进入空压机出口母管。

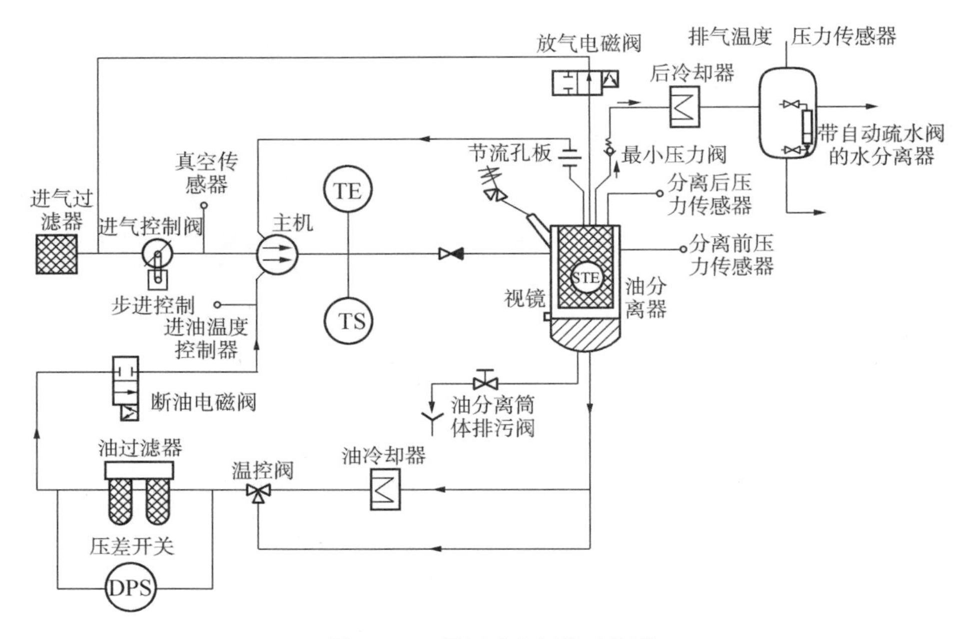

图22－2　螺杆式空压机系统图

当空压机卸载运行时，进气控制阀几乎全闭(进气控制阀略为打开一点以维持适当油池压力，从而确保正常的冷却油流量和平稳的运行)，放气电磁阀打开，压缩空气通过放气软管返回进气口，空压机以最小功率运行。最小压力阀能防止空气从电厂空气系统倒流过来。

空压机主要由进气过滤系统、空压机主机、后冷却系统、润滑冷却系统、油分离系统、控制系统等组成。

1. 空压机主机

螺杆式空压机是一种工作容积作回转运动的容积式气体空压机械。气体的压缩依靠容积的变化来实现，而容积的变化又是借助空压机的一对转子在机壳内作回转运动来达到。

螺杆式空压机主机基本结构如图22－3所示。在空压机的机体中，平行地配置着一对相互啮合的螺旋形转子。通常把节圆外具有凸齿的转子，称为阳转子或阳螺杆，把节圆内具有凹齿的转子，称为阴转子或阴螺杆。一般阳转子与原动机连接，为主转子；阴转子的槽与阳转子啮合，被其驱动，为从动转子。排气端上采用圆锥滚子轴承，以避免转子的轴向窜动。在空压机机体的两端，分别开设一定形状和大小的孔口。一个供吸气用，称为进气口；另一个供排气用，称作排气口。

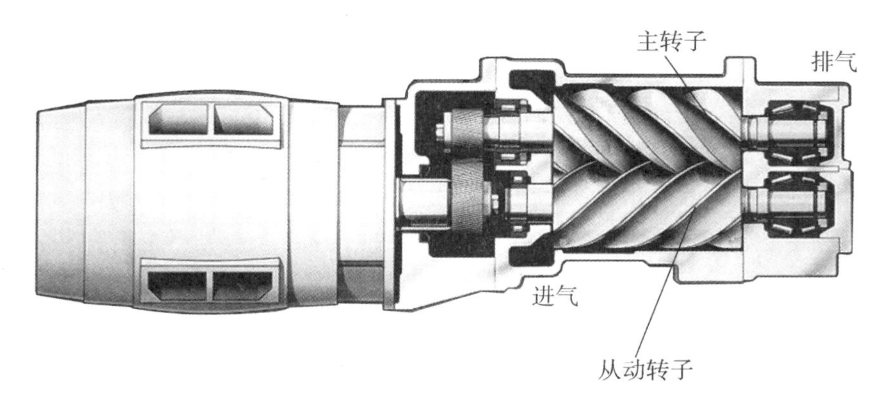

图 22－3　螺杆式空压机主机结构图

进气过程：螺杆式空压机转子转动时，阴阳转子的齿沟空间在转至进气端壁开口时，其空间最大，此时转子齿沟空间与进气口的相通，因在排气时齿沟的气体被完全排出，排气完成时，齿沟处于真空状态，当转至进气口时，外界气体即被吸入，沿轴向进入阴阳转子的齿沟内。当气体充满了整个齿沟时，转子进气侧端面转离机壳进气口，在齿沟的气体即被封闭。

压缩过程：螺杆空压机的阴阳转子在吸气结束时，其阴阳转子齿尖会与机壳封闭，此时气体在齿沟内不再外流。其啮合面逐渐向排气端移动。啮合面与排气口之间的齿沟空间渐渐减小，齿沟内的气体被压缩压力提高。

排气过程：当螺杆空压机的转子的啮合端面转到与机壳排气口相通时，被压缩的气体开始排出，直至齿尖与齿沟的啮合面移至排气端面，此时阴阳转子的啮合面与机壳排气口的齿沟空间为零，即完成排气过程，在此同时转子的啮合面与机壳进气口之间的齿沟长度又达到最长，进气过程又再进行。

2. 后冷却系统

如图 22－2 所示，后冷却系统由热交换器(位于空压机的冷却风入口)、冷凝水分离器与自动疏水阀组成。通过装设在空压机尾部的风扇将排出空气冷却，空气中所含大量水分冷凝出来，自动从疏水管道中排出。

3. 润滑和冷却系统

螺杆式空压机主机运行时需要冷却油进行冷却、润滑及转子间隙密封。如图 22－2 所示，冷却油在压力迫使下，从油分离器油池流到油冷却器进口以及温控阀的旁通口。温控阀通过旁路调节油冷却器旁路流量来达到适当的喷油温度。当空压机冷车启动时，部分冷却油旁通冷却器。当系统温度上升到温控阀的设定值以上时，冷却油会流向冷却器。当机组在高温环境温度下运行时，全部冷却油都流经冷却器。空压机的最低喷油温度是受控的，以排除水蒸气在油分离器内凝结的可能性。通过保持足够高的喷油温度，机组排出的油气混合物的温度便能保持在露点以上。温度受控的冷却油在恒定的压力下经油过滤器及断油电磁阀进入主机。

油冷却器是装于空压机内部的，是由油冷却芯、风扇及风扇电机等组成的。冷却气流从罩壳的前端流入，通过垂直安装的冷却器芯后，由罩壳后面向上排出。

4. 油气分离系统

如图 22 -4 所示，油气分离系统由内部结构经专门设计的筒体，两极聚集式分离芯以及回油管路组成。

来自空压机主机的冷却油和空气通过一个切向排气口进入筒体。该排气出口使油气混合物沿着筒体的内壁旋转，于是油便聚集起来滴落到筒体油池内。

内部折流板使余下的冷却油滴和空气继续沿内壁流动。在折流板的作用下，油气流的方向不断改变，加上惯性作用，越来越多的油滴从空气中除去，并回到油池中。

这时的气流已基本上是非常小的薄雾，朝分离芯流去。分离芯由两个紧密填塞的纤维同心圆柱组成，每个圆柱都用钢丝网加固。分离芯用法兰安装于筒体出口盖上。

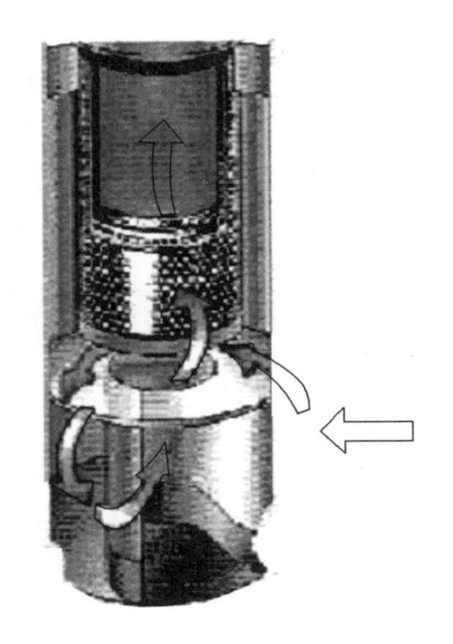

图 22 -4　油分离器

气流径向进入分离芯，薄雾聚合，形成小滴，聚集于外侧第一级上的油滴落入油池，而聚集于内侧第二级上的油滴聚集在分离芯出口的附近，通过安装于回油管路上的过滤网和节流孔接头，抽回到压缩主机进油口。

这时的气流已基本上无冷却油(低于 3ppm)，从分离器流到后冷却器、水分离器，最后到达空压机出口母管。

5. 控制系统

Intellisys 智能控制器控制着空压机各种控制模式。它同时实现了流量、运行、故障三大控制，同时还可监控空压机的多个主要运行参数。控制器对步进电机进行调节，根据系统的用气需求精确控制进气阀的开度。在控制器的控制下，空压机始终在卸载启动，配合星三角启动器，使得空压机主电机启动和加速时需要的冲量电流大为降低。

空压机智能控制系统有三种气量控制方式，分别为 ON - OFF Line(加载/卸载控制)、Modulation Only(单调节控制)、MOD/ACS(调节/自动控制)，可满足不同的用气要求。

(1)ON - OFF Line 控制。对于用气需求变化很大的系统，ON - OFF Line 控制方式可以满气量供气(空压机发挥最大效率)或以零气量运行(空压机最小功率消耗)，是最高效的控制方式。智能控制器根据系统压力的变化来控制空压机。一旦系统压力低于回跳压力设定值，智能控制器步进电机就将进气阀打开，将放气阀关闭，空压机便开足马力满气量为系统供气。如系统压力高于起跳压力设定值，进气阀关闭，放气电磁阀将分离筒体放空管路打开，使其压力下降，空压机继续以最小功耗运行。

(2)Modulation Only 控制。对于具有连续的、接近空压机满气量用气要求的压缩空气系统，Modulation Only 控制模式可以防止空压机过多循环，并提供更为稳定的压力。调节模式保留了 ON - OFF Line 控制一切功能特点外，还通过进气控制阀对空压机进气量进行调节，使之与系统用气量相匹配。当空压机供气量大于系统用气量时，排气压力升高。当系统压力达到空压机额定排气压力的 96% 时，进气控制阀关小。随着管路压力的不断上升，进气控制阀不断关小，当空压机排气量等于系统用气量时，进气控制阀保持稳定。如果系统用气量继续减少到低于60%空压机额定气量时，系统压力继续升高，空压机将在起跳压力设定点上卸载。如果管路压力跌到回跳压力设定点以下，空压机将在 Modulation Only 控制模式下加载。

（3）MOD/ACS 控制。MOD/ACS 控制模式是用于连续监控电厂运行中任何时刻的用气需求量，据此决定选用 ON－OFF Line 控制模式还是 Modulation Only 控制模式，哪种最为有利，就选哪一种。这样，空压机无须看管便自动以最有效率的模式运行，从而将能耗降至最低。如果空压机在 3min 内连续完成 3 次加载、卸载循环，智能控制系统便可确定压缩空气需求量很高，便切换到 Modulation Only 控制模式，目的是通过调节气量来满足对压缩空气的需求。直到空压机连续卸载运行达到 3min 时，这说明压缩空气的用量已降低，智能控制系统便自动切换至更为合适的 ON－OFF Line 控制模式运行。

此外，空压机智能控制系统还有自动停机再启动功能。选择此功能后，如果系统用气需求低，系统空气压力上升到空压机起跳压力，空压机卸载运行设定时间后便会自动停机，待系统空气压力降至空压机回跳压力时，空压机便会自动启动。

（二）干燥装置

干燥装置为无热吸附式干燥装置，是根据变压吸附的原理，对压缩空气进行干燥的一种设备。在一定的压力下，压缩空气自下而上流经吸附剂层（干燥床），在常温高压下，吸附剂吸收空气中的水分，使压缩空气得到干燥。用少量（14%）的出口干燥空气与吸附剂接触，从而除去被干燥剂吸附的水分，并排出机外，使吸附剂得到再生。

如图 22－5 所示，无热吸附式干燥装置有 2 个柱形吸附塔，每个塔内都有一层被称为多孔吸湿材料的活性氧化铝。当压缩空气通过其中一个吸附塔的氧化铝层时，气态及液态水蒸气分子均被吸附在吸附剂颗粒表面。这一过程一直持续到氧化饱和。然后第二个吸附塔开始干燥工作，第一个已饱和的吸附塔则通过利用第二个吸附塔排出的部分干燥空气进行解吸再生，从而保证不间断地提供压缩空气，通过这种交替的干燥和再生程序，氧化铝可保持其吸湿能力。

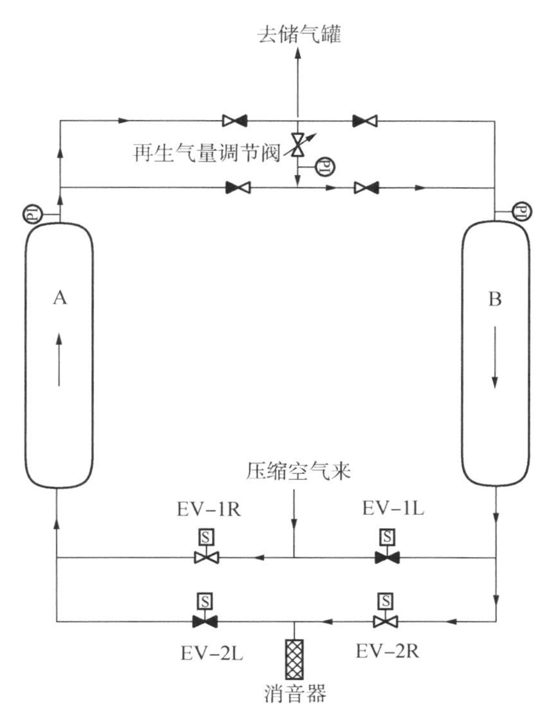

图 22－5　干燥器原理图

图 22－5 中是 A 塔工作，B 塔再生的状态，其中 EV－1R 和 EV－1L 是压缩空气进气电磁阀，EV－2R 和 EV－2L 是再生排气电磁阀，干燥器出口主路各有一个逆止阀，再生气管路各有一个逆止阀，再生气源有一个气量调节阀及压力表。

无热再生式干燥器是按美国全国电

器制造商协会(NEMA)规定的10min循环设计。其中干燥5min、降压10s、再生260s，升压30s。当干燥塔内与管道同压的5min期间，另一塔内的干燥剂在再生，再生塔的压力应小于0.022MPa。其简单的工作过程如下：

(1)A塔工作，B塔再生：EV-1R、EV-2R开，EV-1L、EV-2L关，压缩空气进入A塔，干燥后出来经A侧的逆止阀到压缩空气母管。少量再生压缩空气由出口母管引来，经气量调节阀后经再生气管逆止阀到B塔，对氧化铝进行解吸再生，带有解吸水的压缩空气经EV-2R由消音器排到大气中，此时A塔出口压力表指示工作压力，B塔出口压力表指示再生压力。

(2)A塔工作，B塔升压：B塔再生260s后，EV-1R开，EV-2R、EV-1L、E-2L关，A塔继续工作，B塔升压，此时B塔逐渐升至工作压力。

(3)A塔降压，B塔工作：B塔升压30s后，EV-1R关，EV-2R，EV-1L、EV-2L开，A塔开始降压，B塔开始工作。

(4)A塔再生，B塔工作：A塔降压10s后，EV-1R、EV-2R关，EV-1L、EV-2L开，A塔开始再生，B塔继续工作。

(5)A塔再生后升压转为工作，B塔则降压转为再生，如此不断循环。

四、系统运行维护

(一)启动前的检查

(1)检查压缩空气系统管路完好。

(2)检查各阀门状态正常。

(3)检查各仪表投入正常。

(4)检查空压机正常备用，具备启动条件。

(5)检查压缩空气干燥装置正常备用，具备启动条件。

(6)检查确认各动力电源和控制电源送上。

(7)检查空压机及干燥器就地控制，无报警，控制设置正常。

(二)系统的启动

(1)选择主运空压机，设置各空压机压力、时间设定及加载顺序。主运空压机气量控制选择Modulation Only控制模式，不投自动停机再启动；其他空压机气量控制选择ON-OFF Line控制模式并投入自动停机再启动。

(2)就地启动主运空压机，确认启动正常，10s后开始加载运行，检查各参数正常。

(3)就地启动其他4台空压机，检查其启动后自动根据系统压力加、卸载及自动停机再启动。

(4)启动两台干燥器运行，检查干燥器工作正常，前后过滤器压差正常。

(5)检查压缩空气系统升压至设定压力，并稳定控制在设定压力范围内。

(6)根据需要投入各压缩空气用户。

(三)压缩空气系统运行维护

(1)检查压缩空气系统压力稳定控制在设定压力范围内(0.75MPa 左右，厂级压缩空气母关压力低于0.65MPa 报警，燃气轮机压缩空气系统压力低于0.45MPa 报警)，空压机能根据系统压力自动加、卸载及自动停机再启动。

(2)检查压缩空气系统自动疏水电磁阀动作正常，如有异常，定期手动疏水。

(3)检查压缩空气系统无内外漏。

(4)检查空压机运行正常，无异响、无泄漏，显示屏上各参数正常，无报警。

①空压机排气温度 < 环境温度 +8℃。

②空压机排气温度在 80 ~ 98℃，大于 105℃报警，大于 109℃自动停运。

③空压机排气压力约为 0.75MPa。

④空压机满负荷运行时进气负压大于 0.005MPa。

⑤空压机满负荷运行时油分离器前后压差小于 0.08MPa，如超过应更换油分离滤芯。

(5)检查压缩空气净化装置运行正常。

①干燥器运行指示正常。

②干燥器前后过滤器进出口压差指示显示不高，自动排污正常。

③干燥塔压力为 0.75MPa 左右；再生塔压力小于 0.022MPa，超过 0.035MPa，应更换消声器。

④干燥器工作流程正常，工作周期为 10min。

⑤检查水分指示器，确认出口空气干燥，蓝色表示干燥，粉红色表示潮湿。

(6)定期轮换空压机及干燥器运行。

(7)定期对杂用空气管道进行放水。

(四)压缩空气系统停运

压缩空气系统停运，应确认压缩空气系统已无用户后方可停运。先停备用空压机，再停主运空压机，空压机停机分正常停机及紧急停机两种。

正常停空压机：操作需要停运空压机控制面板上的“停机”按钮，若空压机正在加载运行，则先卸载，维持卸载运行 10 ~ 30s 后停机。若空压机本在卸载运行，则立即停机。

紧急停空压机：按红色紧急停机按钮并自动锁定，其余操作同正常停机。非紧急情况下勿使用红色紧急停机按钮停机，带负荷停机有可能损坏空压机。排除故障后，将紧急停机按钮顺时针旋转、拨出即可解除锁定。空压机停运 20s 内不可重新启动(自闭锁)。但 20s 内发出的开机指令将储存在电脑控制器中，20s 后自启动。

空压机全停后，停运压缩空气干燥装置，根据需要对压缩空气系统进行隔离泄压。

五、系统典型异常及处理

(一)系统压力低

可能原因：

(1)系统用气需求超过空压机能力，燃机吹扫空气手动门开度过大。

(2)空压机故障。

(3)空压机运行设置不正常，在卸载模式中运行或起跳压力设定值过低。

(4)压缩空气系统漏气。

(5)阀门误关。

处理措施：

(1)如压缩空气系统压力低，注意备用空压机自动启动维持系统压力，否则手动启动。

(2)检查是否系统用气量突然增大，如燃机停机，燃机吹扫空气需求大增，会导致压缩空气系统压力降低，联启备用空压机，检查燃机吹扫空气手动门开度是否开得过大，恢复其适当开度，如有人大量使用检修用气，应及时制止。

(3)就地检查空压机运行情况，如空压机故障跳闸或出力不足，分析空压机故障原因并处理。

(4)检查空压机控制参数设置是否不正常，空压机起跳压力设定值是否过低，各空压机的运行方式设置是否有误，如有问题则重新设置。

(5)检查空压机是否都在卸载模式运行，如是，应手动加载。

(6)检查压缩空气系统是否有较大的内外漏，如有，应对泄漏点及时隔离堵漏。如泄漏点无法有效隔离堵漏，机组运行期间，应增加空压机运行台数，减少不影响机组运行的压缩空气用量，以维持压缩空气压力。

(7)如阀门被误关，应及时恢复。

(二)压缩空气中有水

可能原因：

(1)干燥装置异常。

(2)中间缓冲罐、杂用空气罐积水严重，自动疏水电磁阀异常或者排水管道堵塞。

(3)水分离器故障。

(4)水分离器疏水手动门误关或其管道堵。

(5)后冷却器芯脏，冷却效果差。

处理措施：

(1)检查干燥器运行正常，如有问题切换干燥器。

(2)检查压缩空气系统自动疏水管路阀门是否异常，如有问题，应手动疏水，并联系检修处理。

（3）检查确认水分离器疏水手动门打开。

（4）联系检修对空压机水分离器及后冷却器进行检查处理。

（5）对压缩空气系统低点疏水进行排水。

六、系统优化

（一）杂用空气疏水

杂用空气由于没经过干燥处理，空气中含水量大，经过一段时间后，厂房内杂用空气管内积累了大量水，杂用空气主要供燃机吹扫空气，当机组停运后燃机内部温度还很高，冷水进入燃气轮机将导致设备损坏及锈蚀。因此在厂房零米的杂用空气母管低点加装疏水管路，进行定期疏水。

（二）压缩空压机控制优化

由于联合循环机组多以两班制方式运行，机组运行期间压缩空气用气量很小，而机组停运 24h 内由于燃机通入吹扫空气，压缩空气量需求较大，机组停运 24h 后，压缩空气需求量又变得很小。根据机组两班制运行压缩空气用气量变化大的实际情况，优化压缩空气系统的控制，合理的运用空压机气量控制模式并优化参数。以 1 台空压机主运空压机，气量控制选择 Modulation Only 控制模式，不投自动停机再启动；另 4 台空压机作为备用空压机，气量控制选择 ON－OFF Line 控制模式，并投入自动停机再启动。每台空压机根据系统用气量设定不同的压力带控制运行。通过这种设定后，当压缩空气需求量少时，仅主空压机运行；当空气量需求增大时，根据各台备用空压机的压力设置依次自动启动部分备用空压机运行；当空气量需求减小时，则依次停止部分备用空压机运行，这样自动根据压缩空气需求量，自动启停相应的空压机台数，从而减少空压机卸载运行小时数，降低厂用电量。

参考文献

[1] 何川，郭立君．泵与风机[M]．北京：中国电力出版社，2008.

[2] 清华大学热能工程系动力机械与工程研究所．燃气轮机与燃气：蒸汽联合循环装置[M]．北京：中国电力出版社，2007.

[3] 刘万琨．燃气轮机与燃气－蒸汽联合循环[M]．北京：化学工业出版社，2006.

[4] 沈炳正，黄希程．燃气轮机装置[M]．北京：机械工业出版社，1991.

[5] 中国华电集团公司．大型燃气－蒸汽联合循环发电技术丛书．设备及系统分册[M]．北京：中国电力出版社，2009.

[6] 张东晓．大型燃气－蒸汽联合循环发电技术丛书．综合分册[M]．北京：中国电力出版社，2009.

[7] 张俊伟．M701F 燃气－蒸汽联合循环机组凝结水泵变频改造[J]．广东电力，2015，28(1)：26－30.

[8] 毛丹．M701F 联合循环机组给水系统节能变频研究[J]．江西电力职业技术学院学报，2014，27(1)：22－25.

[9] 康玉洁．燃气－蒸汽联合循环发电系统的现状和展望[J]．电气时代，2013(6)：60－61.

[10] 杨松，李世魁．燃气－蒸汽联合循环余热锅炉概述[J]．电站系统工程，2005，21(4)：43－44.

[11] 焦树建．燃气－蒸汽联合循环[M]．北京：机械工业出版社，2004.

[12] 黄力森，陈红英．M701F 型燃气轮机冷却空气系统[J]．热力发电，2006，35(10)：54－56.

[13] 李俊，邓小明．M701F 燃气轮机进气过滤系统改进[J]．热力发电，2015(7)：121－124.

[14] 中国电力企业联合会电力工程造价与定额管理总站、电力建设技术经济咨询中心．火力发电工程．机务[M]．中国电力出版社，2012.